ÉLÉMENTS

DE

ZOOLOGIE

(VERTÉBRÉS OVIPARES ET ANIMAUX SANS VERTÈBRES)

PAR

PAUL GERVAIS

Professeur à la Faculté des sciences de Paris

ÉDITION MISE EN RAPPORT

avec les programmes officiels de 1866

POUR L'ENSEIGNEMENT SECONDAIRE SPÉCIAL

(DEUXIÈME ANNÉE)

PARIS

LIBRAIRIE DE L. HACHETTE ET Cⁱᵉ

BOULEVARD SAINT-GERMAIN, Nᵒ 77

1869

ÉLÉMENTS

DE ZOOLOGIE

VERTÉBRÉS OVIPARES
ET ANIMAUX SANS VERTÈBRES

DIVISION DE L'OUVRAGE

En rapport avec les Programmes de l'Enseignement secondaire spécial[1].

1º ANNÉE PRÉPARATOIRE.

2º PREMIÈRE ANNÉE : *Notions générales et Histoire des Mammifères.*

3º DEUXIÈME ANNÉE : *Vertébrés ovipares (Oiseaux, Reptiles, Batraciens, Poissons) et Animaux sans vertèbres (Articulés, Mollusques, Rayonnés et Protozoaires).*

4º TROISIÈME ANNÉE : *Anatomie et physiologie de l'Homme et des Animaux.*

5º QUATRIÈME ANNÉE : *Zoologie appliquée à l'Agriculture, à l'Industrie et à l'Hygiène.*

1. Chacun des cinq volumes se vend séparément.

Les volumes 2 et 4 répondent au *Programme de l'Enseignement secondaire classique.*

Imprimerie générale de Ch. Lahure, rue de Fleurus, 9, à Paris.

ÉLÉMENTS

DE

ZOOLOGIE

(VERTÉBRÉS OVIPARES ET ANIMAUX SANS VERTÈBRES)

PAR

PAUL GERVAIS

Professeur à la Faculté des sciences de Paris

———

ÉDITION MISE EN RAPPORT

avec les **Programmes officiels de 1866**

POUR L'ENSEIGNEMENT SECONDAIRE SPÉCIAL

(DEUXIÈME ANNÉE)

———

PARIS

LIBRAIRIE DE L. HACHETTE ET Cie

BOULEVARD SAINT-GERMAIN, N° 77

—

1868

L'ENSEIGNEMENT SECONDAIRE SPÉCIAL

ZOOLOGIE.

(DEUXIÈME ANNÉE.)

Histoire naturelle. — *Zoologie (Oiseaux, reptiles, poissons, insectes, etc).*

Rappeler les caractères généraux de l'embranchement des vertébrés.

Classe des Oiseaux. — Mode d'organisation des oiseaux. — otions sur les plumes; leur développement et leurs usages. — Structure des ailes. — Mode de respiration des oiseaux.

Différences dans la conformation des oiseaux en rapport avec leur manière de vivre. — Oiseaux de proie, oiseaux de rivage, oiseaux nageurs, oiseaux nocturnes et diurnes, oiseaux coureurs. — Oiseaux granivores, oiseaux insectivores, bons voiliers.

Exemples de ces divers groupes : aigle, hibou, hirondelle, pie, pigeon ou poule, autruche, cigogne, canard, cygne. — Oiseaux de haute mer.

Construction des nids. — Éducation des jeunes. — Voyages.

Classe des Reptiles et classe des Amphibiens. — Notions sur le lézard et le crocodile.

Notions sur les tortues. — Construction de la carapace de ces animaux.

Notions sur les serpents. — Différences entre les serpents venimeux et les serpents non venimeux. — Exemples. — Caractères à l'aide desquels on peut distinguer entre elles les vipères et les couleuvres. — Serpents à sonnettes.

Différences entre les reptiles et les batraciens. — Notions sur l'histoire naturelle de quelques-uns de ces animaux. — Venin qui suinte de la peau des crapauds. — Fables relatives aux salamandres.

Classe des Poissons. — Notions sur l'histoire naturelle et sur le mode d'organisation de ces animaux. — Structure de leurs nageoires. — Comparaison entre ces organes et les pattes des mammifères. — Vessie natatoire; ses usages. — Mécanisme de la respiration des poissons.

Poissons osseux et poissons cartilagineux.

Notions sur l'histoire naturelle du saumon, du hareng et de quelques autres espèces.

Résumé sur la classification naturelle des animaux vertébrés.

Classe des Insectes. — Caractères généraux de ces animaux. — Leur squelette extérieur; divisions du corps; nombre et structure des pattes. — Structure des ailes. — Mode de respiration. — Différences dans la conformation de la bouche suivant le régime. — Insectes mâcheurs, insectes suceurs, etc.

Métamorphoses.

Différences entre un scarabée, un criquet, une demoiselle, une abeille, un papillon, une punaise des bois, une mouche et une puce (ou entre d'autres espèces, choisies d'une manière analogue).

Conclusions. — La classe des insectes doit être divisée en plusieurs ordres qui renferment chacun l'un des insectes dont il vient d'être question et que l'on désigne sous les noms de *coléoptères, orthoptères, lépidoptères,* etc.

Présenter, sous forme de tableaux synoptiques, les caractères à l'aide desquels on peut reconnaître l'ordre auquel un insecte appartient.

Histoire naturelle du hanneton pris comme exemple de l'ordre des coléoptères.

Lampyres ou vers luisants.

Histoire naturelle des sauterelles prises comme exemple de l'ordre des orthoptères.

Histoire naturelle des termites ou fourmis blanches.

Histoire naturelle des abeilles et des autres espèces qui appartiennent à la même famille naturelle. — Bourdons, abeilles solitaires, etc.

Insister sur les instincts particuliers de ces animaux. — Leur architecture.

Des papillons diurnes, crépusculaires et nocturnes. — Compléter l'histoire des vers à soie et dire quelques mots des autres espèces dont le cocon peut être utilisé de la même manière.

Teignes — Leur industrie.

Des cigales, etc.

Des cousins et des autres insectes pourvus de venin.

Différences entre le dard de l'abeille et les instruments vulnérants des mouches en général.

Résumé sur la classification des insectes.

Caractères des principaux ordres et de quelques familles naturelles.

Quelques notions sur les animaux annelés des autres classes.

Arachnides : araignées, scorpions, mites.

Crustacés : écrevisses, homards, crabes.

Annélides : sangsues.

Vers intestinaux et autres parasites. — Exemples : œstres du cheval et du mouton.

Notions sommaires sur les métamorphoses et les migrations des parasites.

Des mollusques. — Du colimaçon et de quelques autres animaux qui sont organisés à peu près de la même manière.

Mollusques marins qui produisent des matières colorantes (pourpre).

De la seiche.—Conformation.—Encre de la seiche (sépia), etc.

Mollusques acéphales. — Moules d'eau douce. — Huîtres perlières, etc.

Tarets. — Dégâts qu'ils occasionnent en perçant le bois des navires, des pilotis, etc.

Notions sur le corail et quelques autres *zoophytes*. — Mode de formation des polypiers. — Rôles de ces animaux dans l'économie générale de la nature. — Formation des récifs et des îles de corail dans l'océan Pacifique, etc. — Quelques notions sur la nature des éponges.

Infusoires. — Notions relatives à l'existence d'animalcules qui sont trop petits pour être visibles sans le secours du microscope.

Anguillules de la colle et du vinaigre. — Monades, etc.

Résumé. — Coup d'œil général sur la classification naturelle du règne animal. — Résumé des principaux caractères des embranchements des classes et des familles les plus importantes.

ZOOLOGIE.

VERTÉBRÉS OVIPARES
ET ANIMAUX SANS VERTÈBRES.

CHAPITRE I.

CLASSIFICATION DES ANIMAUX.

Les différentes classes dont se compose le règne animal peuvent être rapportées à cinq grandes catégories primordiales nommées types ou embranchements, auxquelles on a donné les noms d'animaux vertébrés, animaux articulés, animaux mollusques, animaux rayonnés et animaux très-simples ou protozoaires.

Aux ANIMAUX VERTÉBRÉS, dont les principaux caractères sont d'avoir un squelette intérieur et une moelle épinière protégée par la colonne vertébrale, appartiennent les *mammifères*, les *oiseaux*, les *reptiles*, les *batraciens* et les *poissons*.

Les animaux de ces cinq premières classes sont trop connus pour qu'il soit nécessaire d'en citer des exemples.

Les ANIMAUX ARTICULÉS comprennent les *insectes* proprement dits ou insectes à six pattes, les *myriapodes* ou mille-pieds, les *arachnides*, telles que les araignées, les *crustacés*, dont les crabes et les écrevisses font partie, et les *systolides*, animaux presque microscopiques que l'on rangeait autrefois avec les infusoires à cause de leur petite dimension. On y rapporte aussi les *vers*, partagés à leur tour en *annélides* et *helminthes* de différents ordres.

Tous les animaux de cette grande division ont le corps plus ou moins annelé extérieurement et par conséquent articulé, ce qui leur a valu le nom sous lequel on les réunit; ils ont en général une chaîne nerveuse ganglionnaire placée au-dessous du tube digestif.

Aux ANIMAUX MOLLUSQUES appartiennent les *céphalopodes*, les *céphalidiens*, partagés en gastéropodes, hétéropodes et ptéropodes, les *lamellibranches*, les *brachiopodes*, les *tuniciers* et les *bryozoaires*. Les seiches sont des céphalopodes; les limaces, les limaçons et les pourpres sont des céphalidiens gastéropodes; les huîtres des lamellibranches; les térébratules des brachiopodes; les ascidies des tuniciers et les alcyonelles des bryozooaires.

Tous les mollusques ont le corps mou et inarticulé; leur système nerveux ne forme pas une chaîne ganglionnaire comme cela se voit chez presque tous les articulés.

Les ANIMAUX RAYONNÉS ou *radiaires*, dont le nom rappelle la forme caractéristique, sont : 1° les *échinodermes*, c'est-à-dire les échinides ou oursins, les astérides ou étoiles de mer, ophiures et encrines, et les holothurides ou holothuries ; 2° les *polypes* ou *radiaires cœlentérés*, partagés en acalèphes ou physophores et polypo-méduses, zoanthaires et coralliaires.

Les PROTOZOAIRES ou *animaux les plus simples* se subdivisent en *spongiaires*, *foraminifères* et *infusoires*. Leurs organes sont rarement séparés et ils ont en général la structure sarcodique, c'est-à-dire diffluente et homogène. Cette homogénéité des tissus les rend très-différents des espèces classées dans les autres embranchements.

Nous connaissons déjà les principales particularités propres à l'ensemble des animaux vertébrés, ainsi qu'aux quatre autres embranchements dont il vient d'être question [1], et la première classe du règne animal, celle qui surpasse toutes les autres en perfection ainsi qu'en utilité, c'est-à-dire la classe des mammifères nous a particulièrement occupés dans le volume qui précède [2]. Nous devons maintenant passer en revue l'ensemble des classes du règne animal qui manquent de mamelles et ne nourrissent pas leurs petits avec du lait. Nous procéderons à cette revue, en commençant par la classe des oiseaux, dont l'étude est si intéressante à tant d'égards et en nous occupant ensuite de toutes les autres nous en rappellerons les principales particularités ; ce sera l'objet du présent volume.

Qu'il nous suffise pour compléter dès à présent ces remarques générales sur l'ensemble du règne animal de rappeler dans un tableau les noms des différentes classes qui le composent, en indiquant pour chacune d'elles la place que lui assignent dans son propre embranchement les principaux caractères qui la distinguent.

1. *Zoologie*, 1re année : *Notions générales*, p. 114.
2. *Zoologie*, 1re année : *Mammifères*.

TABLEAU DE LA CLASSIFICATION

DES ANIMAUX.

I **VERTÉBRÉS**	ALLANTOÏDIENS	*Mammifères.* *Oiseaux.* *Reptiles.*
	ANALLANTOÏDIENS	*Batraciens.* *Poissons.*
II **ARTICULÉS**	CONDYLOPODES ou *Arthropodes.*	*Insectes.* *Myriapodes* *Arachnides.* *Crustacés.* *Systolides.*
	VERS	*Annélides.* *Helminthes divers.*
III **MOLLUSQUES**		*Céphalopodes.* *Céphalidiens.* *Lamellibranches.* *Brachiopodes.* *Tuniciers.* *Bryozoaires.*
IV **RAYONNÉS**	ÉCHINODERMES	*Échinides.* *Astérides.* *Holothurides.*
	POLYPES	*Acalèphes.* *Zoanthaires.* *Cténocères* ou *Coralliaires.*
V **PROTOZOAIRES**		*Foraminifères.* *Infusoires.* *Spongiaires.*

CHAPITRE II.

DES OISEAUX EN GÉNÉRAL.

Les oiseaux nous fournissent l'exemple d'une classe parfaitement naturelle. Aussi à toutes les époques et dans tous les pays ces animaux ont-ils été compris sous une dénomi-

FIG. 1. — *Coq* et *Poule sauvages.*

nation commune. Leur apparence extérieure ainsi que les caractères de leur organisation les font très-aisément reconnaître pour être d'une seule et même grande division et ne laissent aucun doute sur les affinités que leurs espèces ont entre elles, à quelque ordre qu'ells appartiennent.

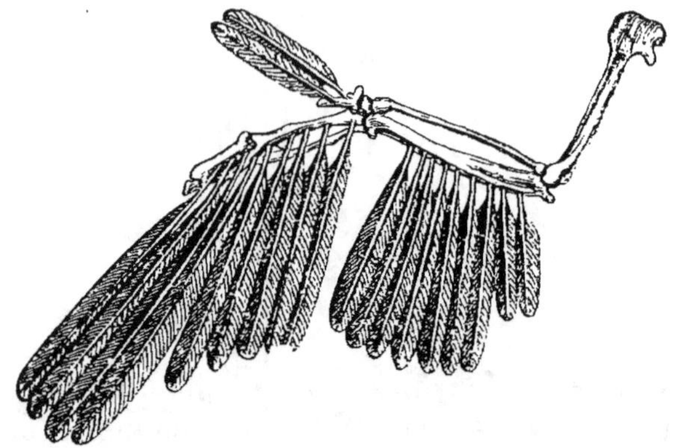

FIG. 2. — Aile du *Moineau* et ses pennes.

Les oiseaux ont le corps couvert de plumes. Leurs membres antérieurs auxquels s'insèrent des plumes plus dé-

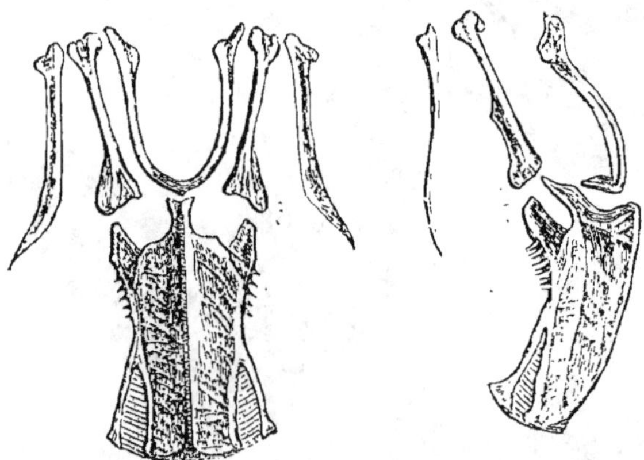

FIG. 3. — Épaule et sternum du *Moineau*.

veloppées que celles des autres parties du corps, mais dont on retrouve cependant les analogues implantées sur la queue, forment des ailes (fig. 2), et leurs membres postérieurs, qui servent seuls à la marche, constituent des pattes plus ou moins allongées ayant les métatarsiens principaux réunis en un seul os, et les doigts au nombre de quatre au plus et pourvus d'ongles.

Leur bouche est garnie d'un bec corné protégeant les mâchoires; ils n'ont ni lèvres molles comparables à celles des mammifères ni dents apparentes. On suppose cependant qu'il y a au-dessous des étuis solides dont le bec est constitué des dents rudimentaires susceptibles d'être observées pendant le jeune âge de ces animaux. Les denticules dont est bordé le bec des canards et des oies sont de simples saillies de la matière cornée et non de véritables dents (fig. 4).

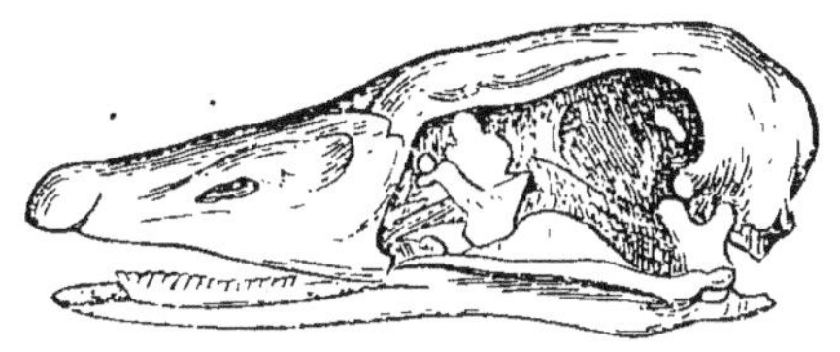

Fig. 4. — Crâne de l'*Oie*.

Chez les oiseaux il existe habituellement un jabot situé à la partie inférieure de l'œsophage, dont il constitue un renflement. Il y a aussi un ventricule succenturié au lieu d'un simple cardia, comme chez les mammifères, à l'entrée de l'estomac, et, dans beaucoup de cas, un gésier[1], sorte de pylore bien plus musculeux que celui de ces derniers animaux.

Les intestins des oiseaux ont souvent un double cœcum[2] au point de jonction de l'intestin grêle avec le gros intestin et ils se terminent constamment dans un cloaque servant à la fois à l'expulsion des excréments, à celle de l'u-

1. *Zoologie*, 1re année : *Notions générales*, fig. 34.
2. *Zoologie*, 3e année : *Anatomie et Physiologie*, fig. 10.

rine et à celle du produit de la génération qui consiste.
toujours en œufs dont le développement se fait au dehors.

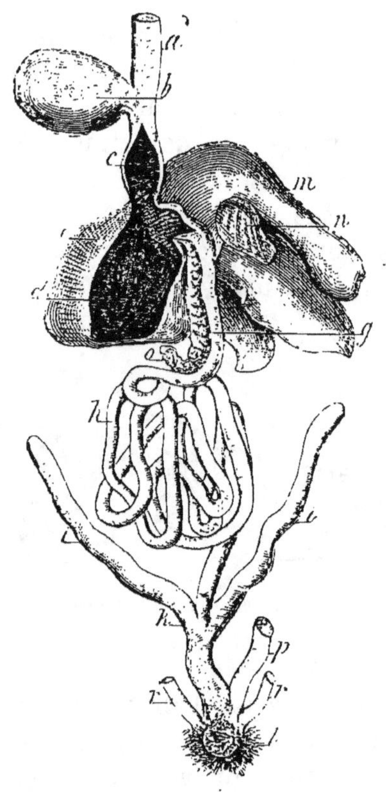

Fig. 5. — Appareil digestif de la *Poule*.

a) partie inférieure de l'œsophage ; — *b*) jabot ; — *c*) ventricule succenturié ;
— *d*) gésier ; — *e*) sa paroi musculaire ; — *g*) duodénum ; — *h*) intestin grêle ;
— *ii*) les deux cœcums ; — *k*) commencement du gros intestin ; — *l*) orifice du
cloaque ; — *m*) foie rejeté à gauche ; — *n*) vésicule biliaire ; — *o*) pancréas.

Le cœur des oiseaux est pourvu de quatre cavités comme
celui des mammifères, mais leurs globules sanguins sont
elliptiques [1].

Sauf chez l'apt\u0301ryx, oiseau sans ailes propre à la Nou-

1. *Anatomie et Physiologie*, fig. 22, *e* et *d*.

velle-Zélande, la cage thoracique des espèces de cette classe

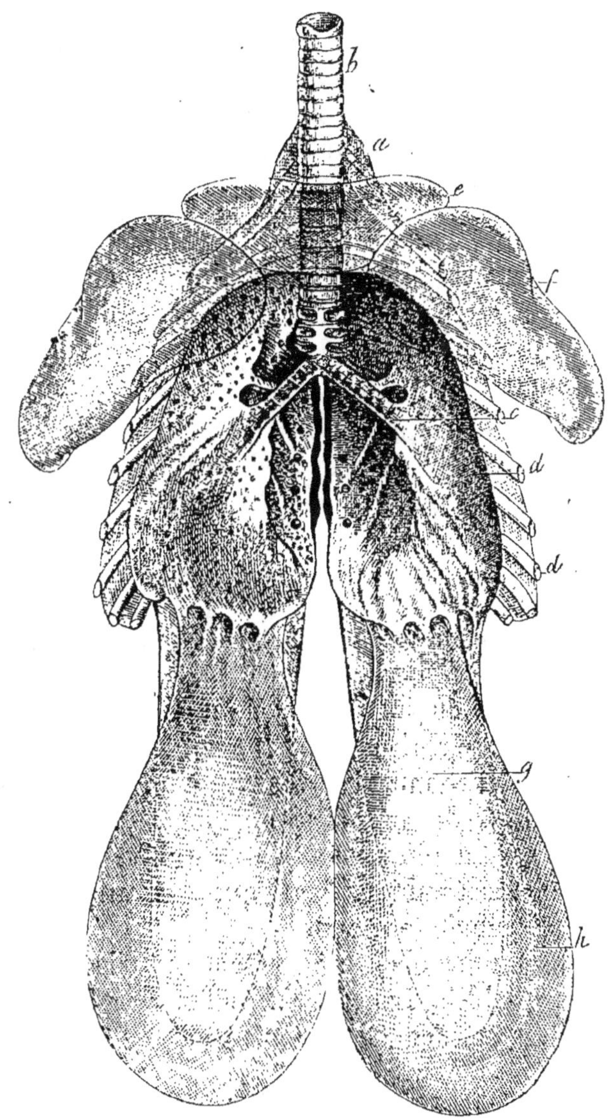

FIG. 6. — Appareil respiratoire de la *Poule.*

n'est séparée de leur cavité abdominale que par un diaphragme rudimentaire, et la pénétration de l'air dans des

sacs aériens répandus dans le corps et jusque dans l'intérieur de la plupart des os, se joint à la structure particulière des poumons pour donner à la respiration une grande activité. C'est ce qui a fait dire que les oiseaux ont la *respiration double* et il résulte en effet de cette disposition un développement de chaleur vitale supérieure à celle de tous les autres animaux.

Le cerveau des oiseaux n'est pas aussi volumineux que celui des mammifères et il est autrement disposé. Les lobes olfactifs y sont rudimentaires ou nuls; les hémisphères y manquent de circonvolutions et sont peu développés; les tubercules jumeaux ou corps optiques sont réduits à deux au lieu de quatre, et le cervelet a sa partie moyenne ou vermis plus considérable que les lobes latéraux [1].

Les oiseaux n'ont qu'une médiocre intelligence; chez eux c'est l'instinct qui domine. La plupart n'en sont pas moins remarquables par la singularité des actes qu'ils accomplissent et l'étude de leurs mœurs est des plus attrayantes.

Chez les oiseaux les sens restent assez imparfaits, sauf celui de la vue qui a une grande portée. Celui de l'ouïe leur fournit aussi des indications plus délicates que celles qu'ils tirent de l'odorat ou du goût. Le toucher est peu développé.

Les oiseaux aperçoivent de fort loin. Ils ont dans l'œil un petit appareil inconnu chez les mammifères, appelé peigne, qui paraît destiné à approprier leur organe visuel aux distances. La plupart ont le cristallin plus aplati que celui des mêmes animaux [2], ce qui est aussi en rapport avec la longueur de leur vue.

Le squelette des oiseaux [3] présente plusieurs particularités remarquables. Leurs os s'ossifient de bonne heure, et les sutures crâniennes s'effacent peu de temps après la

---

1. *Zoologie, Notions générales*, fig. 95. — *Ibid.*, *Anatomie et Physiologie*, p. 101.

2. *Zoologie, Notions générales*, fig. 52, et *Anatomie et Physiologie*, fig. 96.

3. *Zoologie, Notions générales*, fig. 104, et *Anatomie et Physiologie*, fig. 53 et 54.

naissance. Avec l'âge, la plupart des os longs s'évident et deviennent fistuleux, ce qui donne accès à l'air dans leur intérieur et contribue à diminuer d'autant le poids relatif du corps.

Le crâne s'articule avec l'atlas par un seul condyle, au lieu de deux, comme nous l'avons vu chez les mammifères, et il y a entre l'articulation de la mâchoire inférieure et le temporal un os détaché de ce dernier, qu'on appelle os carré ou tympanique, ce qui n'a pas lieu chez les mammifères. C'est cet os et non la mâchoire qui porte ici le condyle sur lequel joue l'articulation (fig 4 et 7).

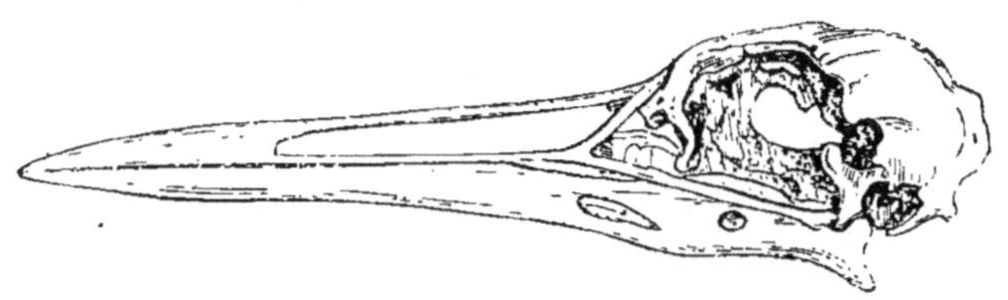

FIG. 7. — Crâne de *Grue*.

Les vertèbres du cou sont toujours plus nombreuses que celles des mammifères ; celles du dos sont en partie soudées entre elles, et celles des lombes ainsi que du sacrum le sont en même temps avec les os iliaques. La queue est courte ; elle se compose habituellement d'un petit nombre de pièces, dont les dernières sont presque toujours réunies en un os unique, rappelant par sa forme un soc de charrue.

Les côtes sont osseuses dans leurs deux parties vertébrale et sternale ; elles présentent le plus souvent, au bord postérieur de leur partie vertébrale, une apophyse particulière, dite apophyse récurrente, qui manque aux autres vertébrés. Le sternum est en forme de bouclier, et, sauf chez les autruches et les autres oiseaux du même groupe naturel, comme les casoars et l'aptéryx, il présente une carène longitudinale, placée antérieurement sur sa partie médiane : c'est le bréchet. Il sert de point d'appui aux muscles grands et petits pectoraux, qui ont ici un dévelop-

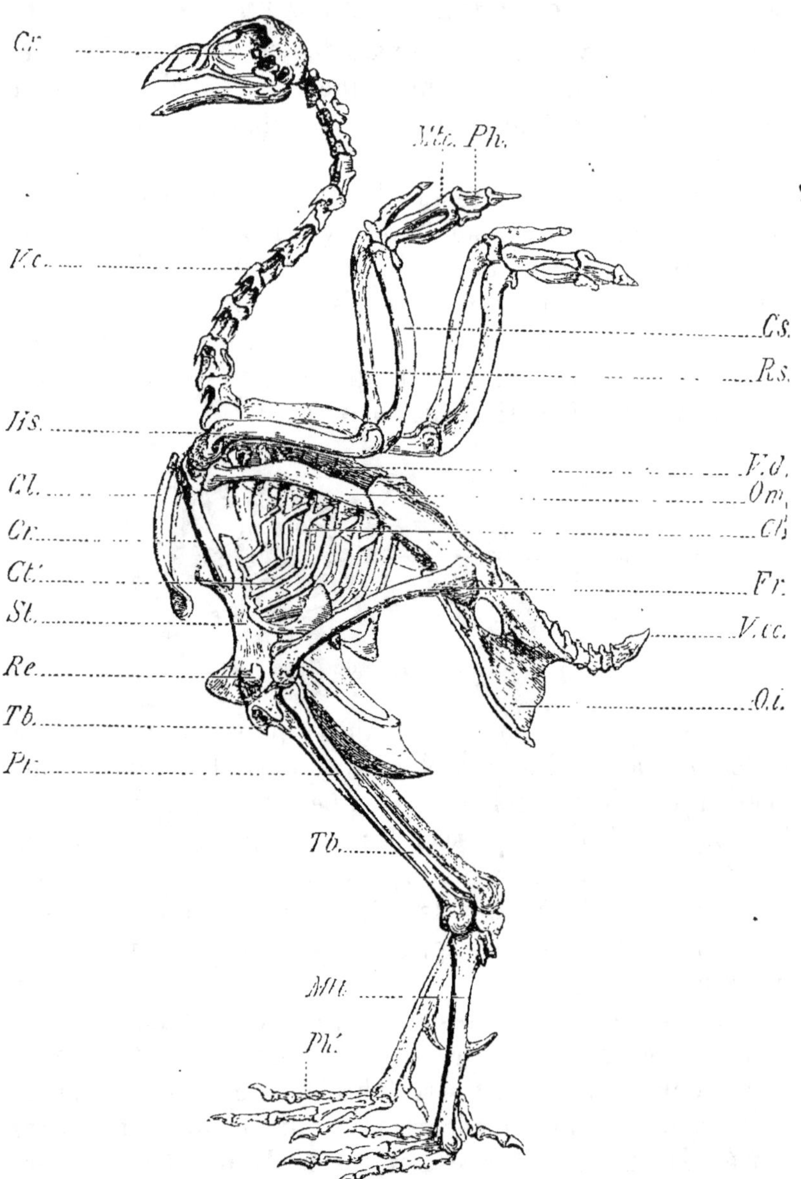

FIG. 8. — Squelette du *Coq;* = *cr*) le crâne ; — *vc*) vertèbres cervicales ; — *cl*) clavicule ou fourchette ; — *cr*) *coracoïdien :* — *st*) sternum ; — *om*) omoplate ; — *vd*) vertèbres dorsales ; — *ct*) côtes et leurs apophyses récurrentes ; — *oi*) os innominé ou du bassin, divisé en os des îles, pubis et iskion ; — *vcc*) vertèbres caudales ; — *hs*) humérus ; — *cs*) cubitus ; — *rs*) radius ; — *mtc*) métacarpe ; — *ph*) phalanges ; — *fr*) fémur ; — *rc*) rotule ; — *tb*) tibia ; — *pr*) péroné ; — *mtt*) métatarsiens réunis (vulgairement os du tarse) ; — *ph'*) phalanges.

pement considérable en rapport avec l'activité du rôle confié aux ailes dans la locomotion. Les muscles des cuisses sont aussi très-volumineux, la locomotion des oiseaux étant tantôt aérienne, grâce à la transformation de leurs membres antérieurs en ailes, tantôt terrestre et accomplie au moyen de leurs pattes.

Les doigts des membres supérieurs sont incomplets, et c'est moins par les os qui les constituent que par les pennes ou plumes principales qui s'y développent que ces membres peuvent servir d'ailes et soutenir le vol. Cependant on y observe quelquefois un ongle.

L'épaule (fig. 3 et 8) est formée de trois os pour chaque côté : l'omoplate, allongée et grêle, placée en arrière; la clavicule, dont la partie droite se soude à la gauche pour former l'os vulgairement appelé la *fourchette*, et le coracoïdien, qui va de l'articulation scapulo-humérale au sommet du sternum.

Aux membres postérieurs, la disposition caractéristique réside dans la réunion des métatarsiens des trois doigts principaux en un seul os, comparable au canon des ruminants; cet os est nommé le tarse par les ornithologistes, mais c'est plutôt le métatarse[1]. Le nombre ordinaire des doigts est de quatre. Le postérieur, appelé pouce, a deux phalanges; l'interne en a trois; le médian, quatre, et l'externe cinq. Quelques espèces ont deux doigts dirigés en

FIG. 9 et 10. — Pieds de *Rapace* et de *Grimpeur*.

avant et deux en arrière; ce sont celles qui constituent l'ordre des grimpeurs (fig. 10). D'autres n'ont que trois

1. *Anatomie et Physiologie*, fig. 53.

doigts, par suite de l'absence de pouce, et, chez l'autruche d'Afrique, le nombre de ces organes est réduit à deux.

La jambe des oiseaux est courte ou allongée, suivant leur mode de progression. Chez les espèces aquatiques, les doigts sont réunis plus ou moins complétement par des membranes ou bordés par de semblables expansions, ce qui les transforme en rames natatoires (fig. 11).

Fig. 11. — Pied de *Palmipède*

Contrairement à ce qui a lieu chez les mammifères, les oiseaux sont tous ovipares. Ces animaux pondent des œufs qui ne se développent que sous l'influence d'une chaleur à peu près égale à la leur ; aussi sont-ils dans l'obligation de les couver. On ne cite d'exceptions que pour les autruches africaines, qui peuvent confier aux sables chauds du désert le soin d'entretenir leurs œufs à la température de l'incubation, et pour les talégalles, oiseaux de la Nouvelle-Hollande. Ceux-ci (fig. 12) placent leurs œufs dans des amas de feuilles humides qui entrent bientôt en fermentation et leur fournissent la chaleur dont ils ont besoin.

Le coucou confie les siens à des oiseaux étrangers à sa propre espèce ou plutôt il les leur impose et il a bien soin de choisir des espèces qui soient insectivores comme lui.

La plupart des oiseaux font un nid pour recevoir leurs œufs et servir de berceau à leurs petits. Ces nids sont souvent construits avec un art admirable et pour chaque espèce ils ont un caractère particulier.

ŒUFS DES OISEAUX. — On sait que les œufs de tous les oiseaux sont enveloppés d'une coque de nature calcaire. La couleur de ces œufs est variable suivant les espèces, et ils ont aussi une forme assez différente, plus allongée ou plus arrondie, ou bien encore dissemblable aux deux extrémités, comme cela se voit dans ceux de la poule, qui nous sont le mieux connus. Une collection d'œufs

FIG. 12. — Talégalle de la Nouvelle-Hollande.

est le complément indispensable de toute collection ornithologique.

Les œufs des oiseaux sont un excellent aliment et l'on fait une grande consommation de ceux de quelques espèces, les unes sauvages, les autres domestiques. Les œufs des autruches sont recherchés avec soin par les peuples de l'intérieur de l'Afrique, et, dans le nord, on recueille ceux des oiseaux aquatiques qui nichent en grand nombre dans es endroits inhabités. Il ne se consomme pas à Paris moins de 175 000 000 d'œufs par année ; ce sont principalement des œufs de poules. Ils sont apportés en grande partie des départements voisins. En outre la France en exporte annuellement plus de 13 000 000 qui sont envoyés en Angleterre.

L'œuf d'un oiseau, celui d'une poule pris pour exemple, se compose essentiellement de deux parties : 1º le jaune ou vitellus, substance huileuse formée par un nombre considérable de cellules auxquelles est mêlé un principe azoté que l'on nomme la vitelline; 2º le blanc ou albumen, qui est de l'albumine associée à quelques sels.

Le *jaune* ou vitellus est sphérique et renfermé comme le blanc dans une membrane propre, mais plus mince, qu'on appelle la membrane vitelline. Il se forme dans l'ovaire (grappe jaune placée dans l'abdomen), et, lorsqu'il y est encore retenu, il renferme dans son intérieur une vésicule très-petite placée à son centre, qui a été découverte par M. Purkinje, d'où son nom de *vésicule de Purkinje*. Une vésicule semblable existe dans l'œuf de tous les autres animaux.

Une autre partie du jaune qui ne mérite pas moins d'être signalée est la *cicatricule*, petite tache de couleur claire qui se voit à sa surface. C'est cette portion du jaune et non le jaune tout entier qui se segmente lorsque le travail embryonnaire commence à s'opérer ; elle a alors reçu les matériaux de la vésicule de Purkinje, dite aussi vésicule germinative, et devient le point de départ de la formation du nouvel être.

Le *blanc*, albumen ou glaire, est renfermé dans une

membrane spéciale tapissant la face interne de la coquille, dont elle peut se détacher vers l'une des extrémités de l'œuf.

C'est là ce qui laisse entre cette membrane et la coquille un espace vide situé au gros bout et qu'on nomme la chambre à air. Cet air ne diffère pas par sa composition de l'air atmosphérique. Il s'introduit petit à petit dans l'œuf, pour la respiration et en échange de ce que celui-ci perd par l'évaporation. Aussi la cavité que l'air occupe dans un œuf est-elle d'autant plus considérable que la ponte remonte à une époque plus reculée.

Le blanc de l'œuf est formé de couches coucentriques, dont les intérieures ont plus de consistance que celles placées à la périphérie. Dans la plupart des espèces ces couches ne sont pas régulièrement sphériques ; elles ont plus d'épaisseur aux points qui répondent au grand axe de l'œuf, plus aussi à un des deux bouts qu'à l'autre. Il en résulte une inégalité des diamètres dans les œufs d'un grand nombre d'espèces ainsi que la prépondérance de l'un des bouts sur le bout opposé.

Le blanc est traversé suivant son grand axe par une substance de même nature que lui, mais contournée en tortillon qui va de l'enveloppe du jaune à son enveloppe propre ; c'est ce que l'on appelle les *chalazes*.

Le blanc est produit dans la partie du corps des femelles que l'on appelle l'oviducte. Dans un œuf mis en incubation il sert comme le jaune à la formation du poulet.

La coque ne le recouvre qu'en dernier lieu au moment où l'œuf doit être pondu, et l'on voit quelquefois les poules pondre des œufs dont la coquille n'est pas entièrement solidifiée ; ce sont des *œufs hardés*. Les poules dont la nourriture ne renferme qu'une quantité insuffisante de sels calcaires font souvent de semblables œufs.

L'albumen se coagule à 100° ; il se transforme alors en une masse blanche et consistante qui lui a valu son nom de blanc d'œuf.

Le développement du poulet est facile à observer en retirant successivement de dessous une poule les œufs qu'on lui a donnés à couver et dont on connaît le temps d'incubation. On peut également se servir d'une couveuse artificielle dont on entretient la chaleur avec de l'eau maintenue au moyen d'une lampe à la température voulue. Dans cette espèce l'incubation dure de vingt à vingt et un jours. Elle exige de 28 à 30° environ.

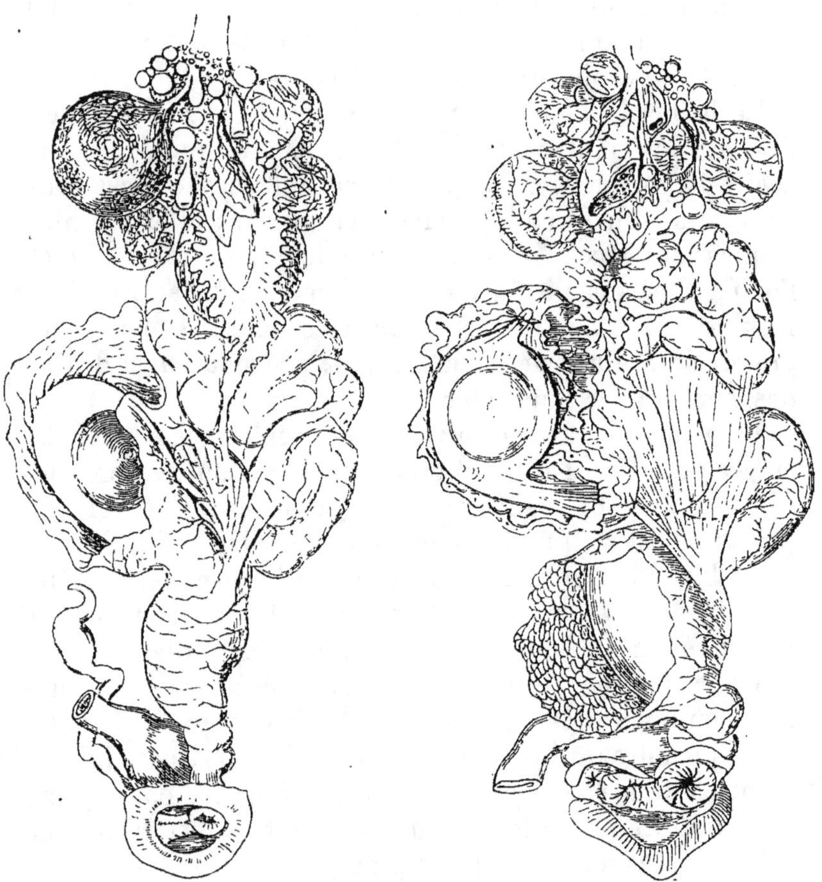

FIG. 13 et 14. — Mode de formation de l'œuf chez la *Poule*.

Un des premiers organes que l'on voit apparaître est le cœur, dont il part bientôt des vaisseaux dans lesquels s'observe déjà du sang. Quant au corps du petit poulet, c'est d'abord une masse elliptique présentant supérieurement un sillon longitudinal qui indique les premiers linéaments de la colonne vertébrale; ce sillon est destiné à recevoir le système encéphalo-rachidien. En dessous est un autre sillon plus grand que celui-là, qui deviendra la cavité thoraco-abdominale avec laquelle sont en rapport les vésicules allantoïde et vitelline. Les membres se montrent d'abord sous la forme de petits moignons ayant la même apparence en arrière et en avant. Les yeux sont gros dès les premiers temps et très-faciles à apercevoir.

Lorsque le poulet est complétement formé, il brise l'enveloppe calcaire de son œuf au moyen d'un onglet résistant qui termine sa mandibule supérieure. Il a le corps couvert de plumes comparables à du duvet. Son ventre renferme encore une partie assez considérable de la substance vitelline qui servira à son alimentation concurremment avec les graines qu'il va se procurer.

Fig. 15. — *Poussins.*

Le poussin ou poulet naissant marche en sortant de l'œuf; il est un exemple des oiseaux qu'on a appelés *précoces (præcoces)*, par opposition à ceux dont le petit naît faible et incapable de prendre lui-même sa nourriture, comme cela a lieu pour les pigeons. Ces derniers ont reçu le nom de *nourriciers* (*altrices*), parce que dans leurs espèces les parents nourrissent eux-mêmes les petits jusqu'à ce que ceux-ci aient assez de force pour se procurer leurs aliments.

FIG. 16. — Jeune *Pigeon*.

Les oiseaux ne sont pas moins intéressants à étudier dans les soins si variés et si tendres qu'ils donnent à leurs

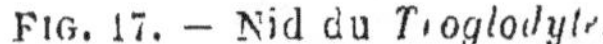

FIG. 17. — Nid du *Troglodyte*.   FIG. 18. — Nid de *Pinçon*.

jeunes; aussi l'observation de leurs mœurs est-elle l'une des parties les plus attrayantes de l'histoire naturelle.

Les nids de beaucoup d'espèces sont construits avec un art

admirable et les collections qu'on en a réunies ne sont
pas moins curieuses que celles qui nous font connaître les
œufs de ces animaux, la diversité de leurs formes et les

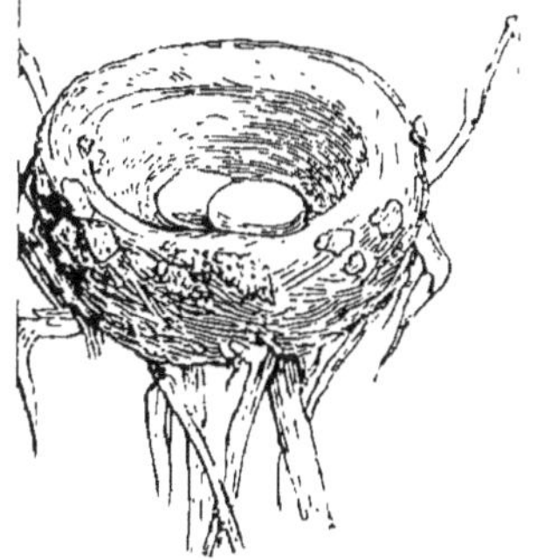

G. 19. — Nid d'*Oiseau-mouche*.

Fig. 20. — Nid de l'*Hirondelle salangane*.

Fig. 21. — Nid du *Républicain*.

Fig. 22. — Nid du *Fournier*.

variétés de leur plumage. Les petites espèces de l'ordre des
passereaux sont pour la plupart remarquables sous ces divers rapports, et celles des pays intertropicaux acquièrent
souvent un éclat remarquable.

La mélodie de la voix chez ceux de ces animaux dont le

larynx inférieur est plus compliqué mérite aussi d'être signalée, et certaines espèces peuvent articuler des sons très-variés, imiter même la parole humaine. Beaucoup d'oiseaux ont un chant agréable, tandis que d'autres se font remarquer par le caractère désagréable de leurs cris.

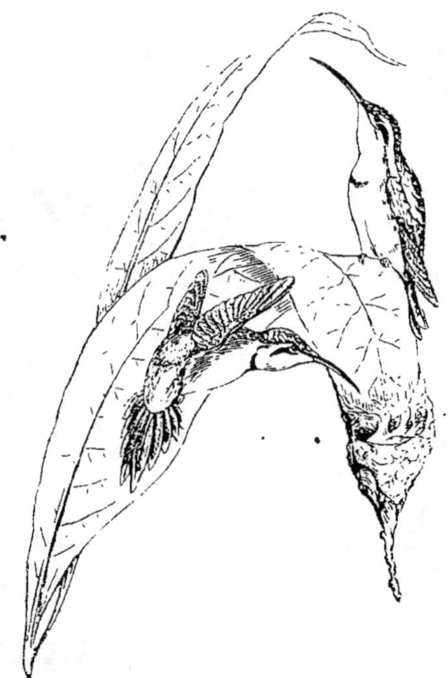

FIG. 23 — Nid du *Colibri ermite*.

Les changements que subit le plumage suivant l'âge, les saisons et le sexe, méritent aussi une attention particulière ; mais le nombre des espèces de la classe des oiseaux (environ onze mille) ne nous permettrait pas même de parler des principales, et nous devons nous borner à l'indication de celles qui offrent le plus d'intérêt pour nous.

Disons seulement quelques mots sur les téguments de ces animaux, c'est-à-dire sur leurs plumes.

Les oiseaux, à cause de la température élevée qu'ils produisent, avaient besoin d'être protégés contre le froid

de l'atmosphère et contre les autres causes capables de
leur faire perdre ce principe d'activité vitale. La nature
a couvert leur corps d'organes particuliers, appartenant à
la catégorie des phanères[1], et que tout le monde connaît
sous le nom de plumes. Ces organes, dont nous avons décrit
ailleurs la structure, n'ont pas toujours une même forme.

FIG. 24. — Oiseau montrant les diverses parties du corps.

1) bec ; — 2) mâchoire inférieure ; — 3) pointe du bec ; — 4) mâchoire supérieure ; — 5) joue ; — 6) région post-oculaire ; — 7) front ; — 8) vertex ; —
9) occiput ; — 10) région parotidienne ; — 11) gorge ; — 12) dessus du cou ; —
13) devant du cou ; — 14) dos ; — 15) lombes ; — 16) flancs ; — 17) poitrine ;
— 18) ventre ; — 19) bas-ventre ; — 20) épaule ; — 21) couvertures des ailes ;—
22) rémiges ou pennes alaires ; — 23) couvertures inférieures de la queue ; —
24) rectrices ou pennes caudales ; — 25) tarse ; — 26) doigts.

1. *Zoologie, Notions générales*, p. 51. — *Ibid., Anatomie et Physiologie*, p. 190.

On leur reconnaît suivant les parties du corps qu'elles protégent, les fonctions qu'elles sont appelées à remplir ou diverses particularités propres à certaines espèces, des apparences assez diverses.

Ainsi que nous l'avons déjà dit, on appelle *pennes*, les grandes plumes des ailes et de la queue qui servent essentiellement au vol; celles des ailes sont les *pennes rémiges* et celles de la queue les *pennes rectrices*. Les unes et les autres sont protégées à leur base par des plumes de forme peu différente de celles qui recouvrent le reste du corps et que l'on nomme les *couvertures*.

Chacune des régions du corps a reçu un nom particulier et les plumes y offrent parfois des caractères spéciaux, soit dans leur couleur, soit dans leur conformation. Ainsi, certaines d'entre elles sont en forme de palettes, ce qui tient à la soudure de leurs barbules et de leurs barbes; d'autres ont ces parties disjointes et comme indépendantes les unes des autres et sont dites décomposées; les plumes constituant le duvet sont plus particulièrement dans ce cas. Mais le plus souvent les plumes présentent la disposition bien connue dans laquelle l'enchevêtrement des barbules donne aux barbes et à la plume entière une certaine résistance, et rend sa surface lisse.

Les jeunes oiseaux diffèrent des adultes par leurs teintes, qui sont moins vives; mais dans beaucoup d'espèces les mâles prennent un éclat particulier, ainsi que des ornements qui concourent à les rendre plus beaux que les femelles ou que les jeunes dont la couleur ressemble le plus souvent à celle de ces dernières.

Les changements qui surviennent sous ce rapport sont le résultat de mues. Les plumes se renouvellent en effet à des époques déterminées, et leur succession peut amener de grands changements dans l'apparence extérieure des oiseaux.

Les couleurs qu'affectent les plumes sont aussi très-variables, qu'on les examine aux divers âges d'une même espèce ou dans la série des espèces constituant les différents ordres.

Elles sont blanches, brunes ou noires ou bien encore colorées plus ou moins vivement en violet, en bleu, en vert, en jaune ou en rouge, ce qui tient alors à la présence de pigments particuliers dans les cellules de nature épidermoïde dont elles sont formées. Dans certaines espèces elles prennent des teintes métalliques ou irisées, ce qui tient à la disposition même de leurs barbules et s'explique par la théorie des lames minces ou celles des réseaux dont les traités de physique nous donnent l'exposé. Ces teintes métalliques caractérisent plus particulièrement le plumage des oiseaux propres aux régions chaudes du globe et sont en rapport avec l'intensité de la lumière à laquelle ces oiseaux sont exposés.

Dans nos régions tempérées et dans le nord, les espèces de cette classe ont en général des couleurs moins vives, mais par compensation certaines d'entre elles ont une voix plus agréable. Au contraire, les espèces des tropiques, pour la plupart si brillamment ornées, leur sont presque toutes inférieures sous ce dernier rapport.

CHAPITRE III.

CLASSIFICATION DES OISEAUX.

Malgré les analogies de structure qui les relient entre eux et en font un des groupes les plus compactes du règne animal, les oiseaux présentent de nombreuses différences secondaires en rapport avec leur genre de vie et le rôle que chaque espèce est appelée à remplir. Beaucoup se nourrissent de graines ; d'autres mangent des insectes, et il en est un certain nombre qui sont de véritables carnassiers, vivant de rapine à la manière des mammifères, auxquels nous avons donné le nom de carnivores. Il faut également remarquer que tous ne sont pas destinés à chercher leurs aliments dans les mêmes conditions, et que certains d'entre eux habitent les endroits secs, se tiennent dans les bois, sur les montagnes, grimpent sur les arbres, sautillent de branche en branche, ou marchent à terre, tandis que d'autres préfèrent les marécages ou même les eaux de la mer. Ces derniers s'éloignent plus ou moins de la terre ferme, et la puissance de leur vol ou la facilité avec laquelle ils nagent en font des animaux pélagiens.

Aux différences d'appétit des oiseaux et à leur locomotion aérienne, terrestre, palustre ou aquatique, correspondent des particularités anatomiques, pour la plupart faciles à saisir, auxquelles on a eu recours pour classer ces animaux. Leur bec est fort et crochu s'ils vivent de proie et leurs ongles constituent alors des serres puissantes, également destinées à lacérer les chairs. Ceux qui fréquentent les marécages ont le tarse long et le bas des jambes dénudé ; les espèces nageuses ont, d'autre part, les doigts réunis par une membrane et sont palmipèdes. Beaucoup d'autres particularités de valeur secondaire caractérisent aussi les oiseaux et servent à les partager en ordres ainsi qu'en familles. On a également recours à la conformation du sternum, qui est, dans certains cas, dépourvu de brechet, tandis qu'il en possède le plus souvent un et présente souvent des échancrures inférieures, dont la forme fournit aussi d'excellentes indications.

En général, on partage les oiseaux en six ordres, sous le nom d'*accipitres* ou oiseaux de proie, *passereaux*, *grimpeurs*, *gallinacés*, *échassiers* et *palmipèdes*; groupes principaux auxquels de Blainville en a ajouté trois autres, savoir : les *préhenseurs* ou perroquets, qu'il sépare des grimpeurs ordinaires tels que les définit G. Cuvier; les *pigeons*, retirés des gallinacés parce qu'ils n'en ont pas le genre de vie polygame, et que leurs petits gardent le nid au lieu de pouvoir suivre les parents dès l'éclosion; enfin, les *coureurs* ou brévipennes, comprenant les autruches et genres voisins, ordinairement réunis aux échassiers à cause de la longueur de leurs tarses, mais qui se distinguent de ces derniers par l'état rudimentaire de leurs ailes et par l'absence de brechet à leur sternum.

Tout en reconnaissant la justesse de ces modifications, nous conserverons la division en six ordres ; mais nous partagerons chacun de ces groupes en catégories secondaires, de manière à en bien faire comprendre les affinités. L'ordre des accipitres ou oiseaux de proie est celui dont nous parlerons en premier lieu.

Ordre I. Accipitres. — Les accipitres, aussi appelés *rapaces* ou *oiseaux de proie*, comprennent les vautours (vautours, cathartes, condor, etc.), (fig. 25 et 26), qui recherchent les cadavres; les gypaëtes qui vivent dans les grandes chaînes des montagnes et enlèvent des agneaux ou des animaux plus grands encore; enfin les falconidés ou fau-

FIG. 25. — *Vautours fauves.*

cons de toutes sortes, tels que les faucons proprement dits, les gerfauts, les aigles, les aigles-pêcheurs, les balbusards, les harpyes, les autours, les milans, les busards, les buses, et d'autres encore.

Ce sont là les oiseaux de proie auxquels on donne le nom de diurnes parce qu'ils chassent de jour.

Les falconidés étaient autrefois partagés en oiseaux de proie nobles et oiseaux de proie ignobles, suivant la facilité

FIG. 26. — *Catharte alimoche.*

de leur vol. Les premiers ont la première des plumes alaires presque aussi longue que la seconde, qui dépasse les autres, tandis que chez les seconds elle est extrêmement courte. C'est cependant parmi ces derniers que se placent les faucons véritables dont on a fait si longtemps usage pour la chasse. L'art de la fauconnerie qui ne subsiste que chez quelques peuples de l'Afrique et de l'Asie, a été très-pratiqué en Europe pendant le moyen âge, et il était déjà en usage chez les anciens. On préparait le faucon en le retenant dans l'obscurité et en l'épuisant par le jeûne, puis on l'accoutumait à suivre tel ou tel gibier. Un mois suffisait souvent pour son éducation.

La famille des Falconidés est très-nombreuse en espèces

FIG. 27. — *Faucon cresserelle.*

et elle a des représentants sur tous les points du globe. On y a établi un assez grand nombre de genres dont un des plus curieux est le serpentaire (fig. 62) appelé aussi secrétaire et messager, qui ressemble aux échassiers par la longueur de ses tarses.

Il faut rapporter au même ordre, mais en les plaçant dans un sous-ordre à part, les espèces nocturnes connues sous le nom de chouettes, chevèches, hiboux, ducs, grands-ducs, etc. (fig 28).

Ce sont encore des oiseaux de proie, mais ils chassent de nuit et les caractères qu'ils présentent diffèrent à plusieurs égards de ceux des accipitres diurnes.

Leurs yeux sont volumineux et ils redoutent toute lumière un peu vive, ce qui fait employer certaines de leurs espèces

FIG. 28. — *Effraie.*

pour la chasse à la pipée. Leur plumage est aussi plus fin et plus moelleux que celui des oiseaux de proie diurnes, et en volant ils ne font pas le même bruit que ces derniers, ce qui leur permet de surprendre plus sûrement leur proie.

Une des espèces les plus connues de cette division est l'effraie (fig. 28), qui se tient le jour dans les grands bâtiments inhabités, sur les combles des églises, dans les tours abandonnées, etc.

La plus grosse est le grand-duc.

Les principaux caractères des accipitres sont faciles à saisir. Ces oiseaux ont tous le bec fort et crochu (fig. 29 et 30) et leurs ongles sont en forme de griffes ou serres acérées (fig. 31), ce qui leur permet de saisir leur proie et de la déchirer avec facilité. Ce sont les mieux armés de tous les animaux de la classe des oiseaux. Ajoutons que la base de leur bec est toujours garnie d'une membrane appelée *cire* (fig. 30).

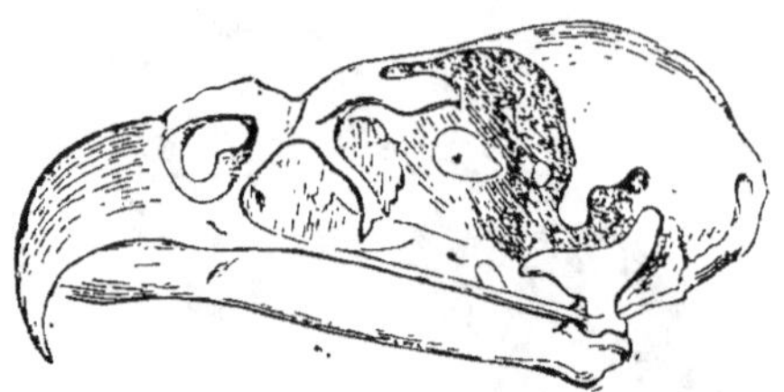

FIG. 29. — Crâne et bec de l'*Aigle*.

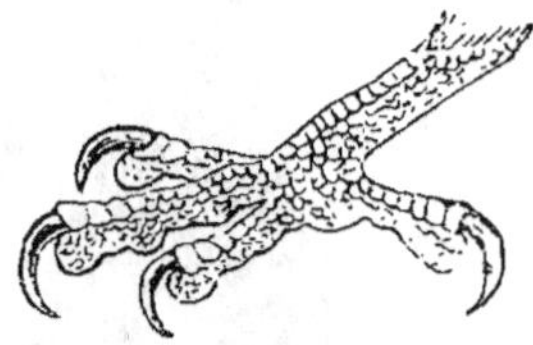

FIG. 30 et 31. — Tête et pied de *Harpye* (genre des Falconidés).

ORDRE II, PASSEREAUX, et ORDRE III, GRIMPEURS. — Ces deux ordres ne possèdent ni l'un ni l'autre des carac-

FIG. 32. — Pied de *Perroquet*.

ractères bien tranchés; mais leurs nombreuses espèces ne sauraient être placées dans aucune des autres divisions plus nettement définies de la classe des oiseaux. Les passereaux ont trois de leurs doigts dirigés en avant et un en arrière; les grimpeurs, dont le nom rappelle une des principales habitudes, celle de grimper le long des arbres, ont deux doigts en avant et deux en arrière. On peut, dans l'état actuel et purement provisoire de la classification ornithologique, associer leurs espèces à celles de la série des passereaux véritables et en établir la division en familles de la manière suivante :

1° En tête les *perroquets* (fig. 33 et 63), qui ont été appelés les singes de la classe des oiseaux. Ce sont les plus intelligents de ces animaux, et, de même que les singes, ils habitent de préférence les pays chauds. On en trouve toutefois en Australie, où n'existe aucun quadrumane.

FIG. 33. — *Ara bleu et Ara rouge.*

Leur distribution géographique est assez régulière. Les genres les plus connus de cette division sont les aras (fig. 33), les kacatoës, les amazones, les perruches (fig. 63), etc.

2° Les *grimpeurs ordinaires*, comme les pics (fig. 34), les coucous et les torcols, genres dont il y a des représentants dans nos pays, et les barbus, les toucans, les couroucous ainsi que les touracos dont toutes les espèces sont exotiques.

FIG. 34. — *Pic vert.*

Ces oiseaux et ceux de la division qui précède ont également deux doigts dirigés en avant et deux dirigés en arrière.

3° Les *dysodes*, dont le genre unique, appelé hoazin, avait été rapproché des faisans par Buffon et nommé par lui faisan de la Guyane. Leur sternum offre une conformation particulière. Ils ont trois doigts en avant et un en arrière.

4° Les *syndactyles*, qui ont surtout pour caractère d'avoir le doigt externe soudé à celui du milieu dans une grande partie de sa longueur. Ce sont principalement les calaos, gros oiseaux propres à l'Inde, dont le bec a des formes si singulières et devient très-volumineux dans quelques espèces. On y rapporte aussi les momots et les martins-pêcheurs. Une espèce de ce dernier genre habite l'Europe; c'est un de nos plus jolis oiseaux.

Les manakins, espèces fort élégantes qui vivent dans l'Amérique méridionale, appartiennent aussi à cette division.

Fig. 35. — *Hirondelle de cheminée.*

5° Les *déodactyles*, ou passereaux à doigts libres (trois en avant et un en arrière) et à sternum le plus souvent pourvu d'une seule paire d'échancrures à son bord postérieur. Cette division renferme des espèces encore plus nombreuses que celle qui précède.

C'est à elle que répondent les grands groupes de passereaux désignés par Cuvier sous le nom de *fissirostres* (engoulevents, martinets et hirondelles (fig. 35), *conirostres* (corbeaux, pies (fig. 36), moineaux, mésanges, alouettes), *dentirostres* (pies-grièches, tangaras, merles, grives, becs-fins) et *ténuirostres* (huppes et souïmangas).

FIG. 36. — *Pie.*

Beaucoup de passereaux sont granivores, et il en est aussi un grand nombre qui se nourrissent d'insectes. Ce n'est que par exception que ces oiseaux ont des appétits carnassiers.

On doit cependant citer comme telles, les pies-grièches

qui bien qu'insectivores attaquent quelquefois d'autres oiseaux ou de petits mammifères.

FIG. 37. — *Moineaux.*

Le colibris et les oiseaux-mouches, subdivision également importante de l'ordre qui nous occupe, ne vivent
qu'en Amérique; c'est dans les parties les plus chaudes de
ce continent qu'ils abondent. Ils se rappochent des ténuirostres par la gracilité de leur bec.

Ce sont les plus petits de tous les oiseaux et en même
temps ceux dont le plumage est le plus brillant. On en connaît près de quatre cents espèces bien caractérisées; elles
sont recherchées comme objets d'ornement à cause des re-
flets métalliques qui les distinguent; toutes sont remarquables par l'élégance de leurs formes ainsi que par la lé-

gèreté de leur vol. Les naturalistes en font maintenant plusieurs genres ; on les divisait autrefois en colibris ou espèces à bec courbe et oiseaux-mouches ou espèces à bec droit.

FIG. 38. — Oiseau-mouche Sapho.

ORDRE IV. GALLINACÉS. — La plupart des oiseaux de cet ordre ont avec le coq (*gallus*) une analogie évidente, et c'est à cela qu'ils doivent leur nom. Ainsi ils ont en général le vol lourd et les échancrures sternales étendues ; leurs doigts sont réunis, mais seulement à la base, par une très-courte membrane ; leur bec est voûté et leurs narines sont recouvertes par une sorte d'écaille molle.

On les partage en deux groupes, les gallinacés proprement dits et les pigeons.

.1. Les *gallinacés proprement dits* forment plusieurs familles. La première est celle des phasianidés, comprenant les faisans (fig. 64), paons, argus, éperonniers, lophophores, tragopans et coqs, dont les espèces sont toutes de l'ancien continent, principalement de l'Asie méridionale.

Les pintades, qui sont propres à l'Afrique, s'en rapprochent notablement, ainsi que les dindons, originaires de l'Amérique septentrionale.

Une seconde famille importante de gallinacés proprement dits est celle des hoccos (pauxis, pénélopes, etc.), qui habitent tous l'Amérique méridionale, et dont quelques espèces sont déjà à demi domestiques.

Viennent ensuite les mégapodes et les talégalles (fig. 12) de l'Australie; puis les tétras, comprenant les coqs de bruyère, les gélinottes et les lagopèdes (fig. 39); enfin, les

FIG. 39. — *Lagopède des Saules.*

perdrix (fig. 40), au groupe desquels se rattachent aussi les colins (fig. 65), aujourd'hui recherchés par les personnes qui s'occupent d'acclimatation. Les cailles rentrent dans la même famille que les perdrix et les colins.

FIG. 40. — *Perdrix rouge.*

C'est également auprès de ces oiseaux que se placent les gangas et les attagis ; mais ceux-ci s'écartent déjà, à quelques égards, des gallinacés ordinaires pour se rapprocher des pigeons.

Tous les vrais gallinacés vivent par troupes ; ils nous ont fourni la plupart de nos oiseaux de basse-cour et peuvent nous en fournir encore d'autres. Dans toutes ces espèces, les mâles ont plusieurs femelles, et, contrairement à ce qui a lieu pour les ordres précédents et dans une partie des deux ordres dont il nous reste à parler, les petits des gallinacés sont assez forts au moment de leur éclosion pour suivre la mère ; ils sont en état de chercher leur nourriture.

2. Les *pigeons*, que la plupart des auteurs classent néanmoins parmi les gallinacés, font exception sous presque tous les rapports à la caractéristique de cet ordre. Leurs mœurs ainsi que l'état sous lequel naissent leurs petits sont en particulier très-différents de ce que nous voyons pour les poules et les autres gallinacés. Les pigeons ne vivent que par paires et leurs jeunes sont très-débiles lorsqu'ils naissent : aussi gardent-ils le nid pendant un certain temps. C'est ce qui a conduit les ornithologistes modernes à faire de ces oiseaux un sous-ordre distinct de celui des gallinacés proprement dits, quelquefois même un ordre, et ce nouveau groupe a reçu de Blainville la dénomination de *sponsores*, signifiant épouseurs, qui fait allusion aux habitudes monogames des espèces qui le constituent.

FIG. 41. — *Pigeon ramier.*

ORDRE V. ÉCHASSIERS. — Comme leur nom l'indique, ces oiseaux ont habituellement les pattes fort longues. Cela leur permet de marcher à gué dans les cours d'eau ou dans les marécages sans se mouiller le corps. Le bas de leurs jambes est dénudé, et leurs tarses sont le plus souvent fort élevés; beaucoup ont également les doigts allongés; aussi, lorsque leur poids est peu considérable, peuvent-ils courir avec rapidité sur les herbes inondées, sans y enfoncer.

Mais, parmi les espèces auxquelles cette caractéristique s'applique, il en est qui ont des habitudes différentes de celles des autres et qui présentent certaines particularités qui permettent de les distinguer aisément. On peut donc partager les échassiers en plusieurs sous-ordres parfaitement naturels, dont nous parlerons successivement, mais, ainsi que nous l'avons fait pour ceux des ordres précédents, sans donner à leur égard des détails trop étendus : ce sont les *brévipennes*, les *hérodiens*, les *limicoles* et les *macrodactyles*.

FIG. 42. — *Autruche d'Afrique.*

1. Les *brévipennes* ou *coureurs* (ordre des *Cursores* de

Blainville), sont des échassiers à ailes rudimentaires et, par suite, incapables de voler.

FIG. 43. — *Autruche d'Afrique.*

Ces oiseaux ont tous le sternum dépourvu de brechet. Ils ne recherchent point les lieux inondés, mais se tiennent au contraire dans les plaines arides; leurs longues jambes en font d'excellents coureurs.

C'est parmi eux que nous trouvons les plus grandes espèces d'oiseaux connues.

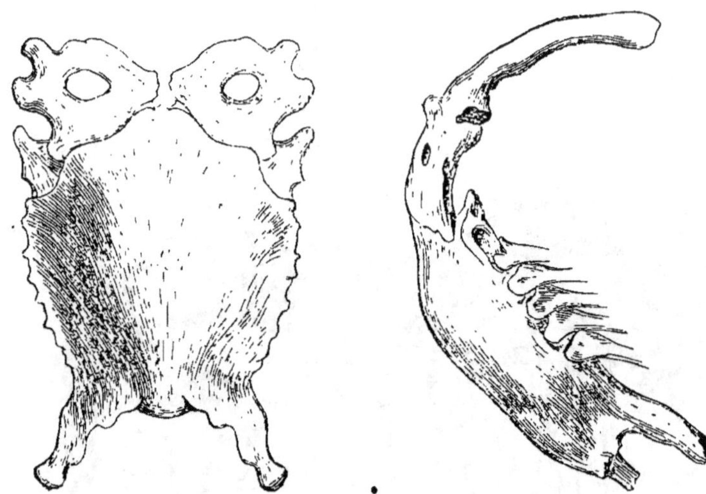

FIG. 44 et 45. — Sternum de l'*Autruche d'Afrique.*

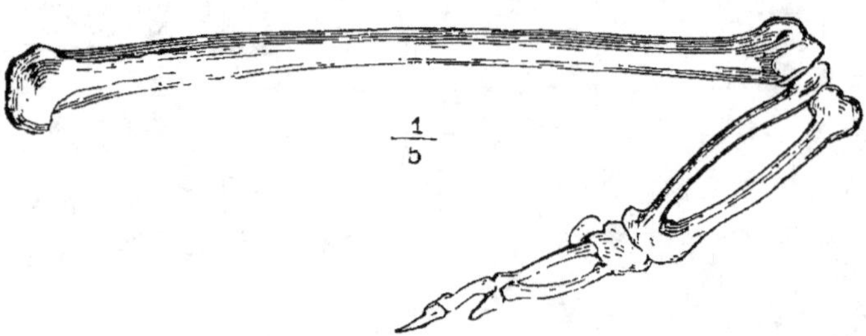

FIG. 46. — Bras de l'*Autruche d'Afrique.*

L'autruche d'Afrique, les nandous ou autruches d'Amérique, le casoar des Moluques ou casoar à casque et les
émeus ou casoars de la Nouvelle-Hollande, dont il y a plusieurs espèces, rentrent en effet dans la division des brévipennes.

Les aptéryx de la Nouvelle-Zélande appartiennent aussi
à cette première catégorie des échassiers qui possédait au-

trefois le genre des dinornis, oiseaux actuellement anéantis dont on trouve les débris à la Nouvelle-Zélande, et le genre

FIG. 47. — *Casoar à casque*, des îles Moluques.

épyornis, connu par des ossements et quelques œufs recueillis à Madagascar. Une des espèces du genre dinornis approchait de la girafe par ses dimensions, et les œufs de l'épyornis avaient à peu près six fois la capacité de ceux de la grande autruche d'Afrique; les os qu'on en possède indiquent aussi un animal très-robuste. On les trouve enfouis dans des terrains sableux appartenant à l'époque quaternaire; les chefs malgaches s'en servent pour conserver des liquides. C'est sans doute à l'épyornis que le voyageur Flaccourt fait allusion lorsqu'il parle du *vourou-patra* : « Grand oiseau qui habite les Ampatres et fait des œufs comme l'autruche. » Il ajoute : « Ceux des dits lieux ne peuvent le prendre; il cherche les lieux les plus déserts. » On n'a aucun document qui permette de supposer que ce vourou-patra existe encore, et il en est sans doute de lui comme des dinornis. Les habitants de la Nouvelle-Zélande savent que les os de ces derniers proviennent d'oiseaux qu'ils indiquent sous le nom de *Moa*, mais dont les espèces sont perdues. Cependant l'extinction des épyornis paraît être moins récente que celle des dinornis.

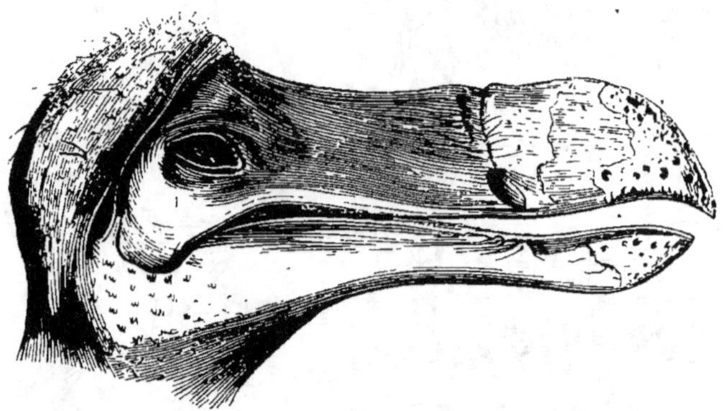

FIG. 48. — Tête du *Dronte* conservée au Musée d'Oxford.

En effet, l'état des os de dinornis que l'on recueille à la Nouvelle-Zélande indique un enfouissement peu ancien et il ne semble pas douteux que les premiers habitants de cet archipel n'aient connu ces gigantesques oiseaux.

Fig. 49. — *Dronte* de l'île Maurice.

De semblables extinctions ont eu lieu, il y a moins de deux siècles, dans les îles de la Réunion, de Maurice et de Rodrigues, où plusieurs espèces de la même classe, au nombre desquelles on cite le dronte et le solitaire, ont été bientôt détruites, lorsque les Européens se sont établis dans ces localités restées jusqu'alors inhabitées.

La classification des oiseaux dont nous parlons ici n'a pas encore été arrêtée d'une manière définitive et cependant on connaît presque entièrement leur squelette.

50. — *Héron occidental* (de la Floride).

2. Les *hérodiens* sont spécialement des oiseaux de rivages. En général, ils ont le bec cultriforme, leur vol est puissant et leurs jambes sont fort longues. Leur sternum est pourvu d'un bréchet auquel la clavicule se soude, dans beaucoup d'espèces, mais qui ne présente pas d'échancrures proprement dites à son bord inférieur.

Fig. 51. — *Baléniceps.*

Les grues, les cigognes les marabous et les hérons (fig. 50) appartiennent à ce groupe. L'agami ou oiseau-trompette, de la Guyane, que l'on élève en domesticité à cause de l'habitude qu'il a de diriger les oiseaux de basse-cour, comme le chien le fait pour les bestiaux, constitue un genre de la même famille que les grues.

Le savacou, du Brésil, et le baléniceps (fig. 51), de l'intérieur de l'Afrique, espèce plus singulière encore par l'élargissement de son bec, sont aussi des hérodiens.

3. Les *limicoles* ou oiseaux de marais. Ils sont, en général, inférieurs en taille aux précédents, moins haut montés sur jambes, et parfois assez peu différents des passereaux par leur apparence extérieure. Leur bec est plus ou moins long, mais il est sans force et ils vivent principalement de vers qu'ils cherchent dans la vase ou dans la terre humide. En général leur sternum est muni de deux petites échancrures à son bord inférieur.

FIG. 52. — *Vanneau huppé.*

Les principaux genres sont ceux des outardes, des ibis, des courlis, des spatules, des bécasses, des bécassines, des pluviers, des vanneaux (fig. 52), des huîtriers, des échasses, des avocettes, etc.

Les avocettes et les échasses ont les tarses plus longs que les autres espèces du même sous-ordre.

4. Les *macrodactyles*, ainsi nommés à cause de la grandeur de leurs doigts. Ils ont le corps comprimé, le bec assez souvent conique et le sternum garni d'une seule paire d'échancrures, d'ailleurs considérables et s'étendant, comme l'échancrure principale des gallinacés, dans presque toute la longueur de cet os.

FIG. 53. — *Talève ou poule sultane.*

Ce sont, avec les limicoles, les oiseaux les plus fréquents dans les marécages. Ils forment aussi plusieurs genres, dont les principaux sont ceux des tinamous, propres à l'Amérique méridionale, des jacanas, étrangers à l'Europe, des râles, des poules d'eau, des talèves ou poules sultanes (fig. 53) et des foulques. Les foulques ont les doigts bordés par des membranes.

Les grèbes, dont la peau fournit une fourrure estimée, se rattachent aux foulques par plusieurs de leurs principaux caractères, en particulier par la conformation de leurs pattes; ils doivent cependant constituer une famille à part.

FIG. 54. — *Grèbe cornu.*

ORDRE VI. PALMIPÈDES. — Les palmipèdes ne sont plus seulement, comme la plupart des échassiers, des animaux qui fréquentent les lieux humides, entrent à mi-jambes dans l'eau des marais et des rivières, ou marchent avec facilité sur les herbes inondées; ce sont des oiseaux véritablement aquatiques, et ils peuvent nager ou même plonger avec une grande facilité. Leurs pieds sont constamment palmés, c'est-à-dire que leurs doigts, les trois antérieurs au moins, sont réunis par une membrane analogue à celle qu'on voit aux pattes des castors, des loutres ou des ornithorhynques, parmi les mammifères. Cette disposition existe déjà chez quelques échassiers, tels que les avocettes, mais elle y est associée à une longueur considérable des pattes et à d'autres particularités qui ne laissent aucun doute sur le caractère échassier de ces oiseaux. Au contraire, le tarse des palmipèdes est de grandeur ordinaire, et le bas de leur jambe n'est point dénudé. Le flammant fait cependant exception à cet égard, et si divers auteurs le classent avec les échassiers, d'autres le regardent, à cause de son bec lamellé et de ses doigts réunis par des membranes, comme un genre de la même famille que les canards.

Les palmipèdes sécrètent une matière grasse qui imprègne leurs plumes et les empêche de se mouiller lorsqu'ils entrent dans l'eau.

Ces oiseaux ne forment pas plus que ceux des ordres précédents un groupe naturel et indivisible. Nous les partagerons d'après les caractères secondaires qu'ils présentent en quatre sous-ordres sous les noms de *cryptorhines, longipennes, lamellirostres* et *plongeurs*.

FIG. 55. — *Cormoran.*

1. Les *cryptorhines*, partie des totipalmes de Cuvier, ont les quatre doigts compris dans la palmature; mais cette disposition se retrouvant chez quelques espèces du groupe suivant, les palmipèdes de ce premier sous-ordre ne sauraient conserver le nom que l'auteur cité leur avait donné.

Ce qui les distingue avant tout, c'est la petitesse de leurs narines qui sont comme cachées dans un sillon de la partie latérale du bec; leur squelette présente aussi des particularités remarquables.

Les palmipèdes cryptorhines ne forment qu'une seule famille, celle des PÉLÉCANIDÉS, dont les principaux genres sont connus sous les noms de pélican, frégate, fou, anhinga et cormoran.

2. Les *longipennes* ou grands voiliers. Ils ont le sternum encore autrement conformé; l'ouverture de leurs narines est assez grande; leurs ailes sont appropriées à un vol long et soutenu et leurs habitudes sont presque complétement maritimes.

C'est parmi eux que se placent les albatros, les pétrels, (fig. 56), les thalassidromes ou oiseaux de tempête, les

FIG. 56. — *Pétrel puffin.*

mouettes ou goëlands (fig. 57), les sternes ou hirondelles de mer et les rhyncops ou becs en ciseaux.

Les albatros vivent principalement aux environs du cap de Bonne-Espérance; ce sont les plus gros oiseaux de cette

famille ; les autres genres ont au contraire des représentants sur nos côtes.

FIG. 57. — *Mouette.*

Les phaétons ou paille-en-queue, malgré la disposition
totipalme de leurs pieds, sont aussi des palmipèdes longipennes ; ils sont étrangers à nos pays.

FIG. 58. — *Oie sauvage.*

3. **Les** *lamellirostres*. — Groupe de palmipèdes comprenant les cygnes, les oies (fig. 58), les canards de toutes sortes, les harles, peut-être aussi les flammants.

FIG. 59. — *Flammant* et son nid.

Tous ces oiseaux ont le bec pourvu sur ses bords de

lamelles cornées, disposées en forme de dents, à l'aide desquelles ils tamisent l'eau dans laquelle ils cherchent leur
nourriture (fig. 4).

Une espèce de flammant fréquente les grands marais de
la Méditerranée; elle est très-nombreuse dans certaines localités et niche dans quelques-unes, particulièrement dans
l'étang de Valcarès, en Camargue. Il en vient aussi en
grand nombre dans l'étang de Saint-Nazaire (Pyrénées-
Orientales) (fig. 59).

FIG. 60. — Grand Pingouin.

4. Les *plongeurs*. — Ce sont les plus aquatiques de tous
les oiseaux. Beaucoup d'entre eux ont le vol difficile, parfois même impossible, et les ailes, dans plusieurs genres,

semblent transformées en véritables nageoires. Presque tous se tiennent à la mer; ils passent la plus grande partie de leur vie dans l'eau, étant aussi embarrassés lorsqu'ils essayent de marcher que lorsqu'ils veulent voler; quelques-uns se tiennent debout, mais ils trébuchent fréquemment.

FIG. 61. — Gorfou de la terre Adélie.

Il y a trois familles principales parmi les palmipèdes plongeurs :

Les COLYMBIDÉS, comprenant les plongeons, les guille-mots, etc.

Les ALCIDÉS, qui sont les pingouins (*Alca*), tels que le grand pingouin (fig. 60), dont l'espèce paraît aujourd'hui détruite, et les macareux;

Enfin les APTÉNIDÉS ou les sphénisques, les gorfous (fig. 61) et les manchots (genre *Apténodytes*).

Les manchots sont encore plus aquatiques que tous les

autres, et leurs tarses, qui sont de forme raccourcie, présentent cette curieuse particularité que les trois métatarsiens qui les. composent par leur intime réunion, chez les autres oiseaux, ne se soudent ici qu'incomplétement : cette disposition nous donne la preuve irrécusable que les tarses des oiseaux sont bien formés dans tous les animaux de cette classe par trois os métatarsiens réunis entre eux par synostose.

CHAPITRE IV.

UTILITÉ DES OISEAUX.

La classe des oiseaux n'a déjà plus pour nous la même importance que celle des mammifères. Cependant elle nous est encore d'une utilité très-réelle, par ses espèces sauvages aussi bien que par celles dont la domestication s'est emparée. Ces dernières ne servent pas moins à l'alimentation publique que les diverses sortes de gibiers à plumes que nous fournit le même groupe d'animaux.

Ce n'est pas sans raison que dans les pays civilisés on a réglementé la chasse des oiseaux, en tenant compte des époques de leurs passages, du temps de leur ponte et des conditions diverses de leur genre de vie ou de l'emploi que nous én faisons. Des règlements particuliers régissent la capture des oiseaux d'eau, et les espèces nuisibles aux cultures sont abandonnées presque sans réserve à la poursuite des chasseurs. Au contraire, la loi accorde protection à celles qui sont insectivores, parce qu'elles contribuent à débarrasser le cultivateur de ses plus redoutables ennemis, les insectes. On doit les mêmes égards aux oiseaux qui détruisent les rats et autres petits quadrupèdes nuisibles aux végétaux, aux graines ou aux fruits. Il en est de même pour ceux qui poursuivent les serpents, et l'on a transporté aux Antilles, particulièrement à la Martinique, le serpentaire, appelé aussi secrétaire ou messager du Cap. C'est une espèce de falconidés à allures d'échassier, qui combat avec une sorte de fureur les ophidiens les plus ve-

nimeux. Cet essai d'acclimatation avait pour but de débarrasser l'île des redoutables vipères fer de lance dont elle
est infestée.

FIG. 62. — *Serpentaire.*

Certains oiseaux exécutent de grands voyages, mais il
n'en est qu'un petit nombre que l'on retrouve sur tous les
points du globe avec des caractères identiques ou à peu
près identiques. L'effraie, espèce de la famille des hiboux
ou accipitres nocturnes, paraît être dans ce cas.

Les hirondelles nous quittent, lorsque le froid commence, pour aller chercher en Afrique un climat moins rigoureux et retrouver les insectes qui font leur nouriture. Les cailles, malgré la brièveté de leurs ailes, traversent aussi la Méditérranée à des époques fixes, mais beaucoup succombent en route et celles qui atteignent l'autre bord sont si fatiguées au moment où elles arrivent, qu'elles s'y abattent et que l'on peut dans certains cas les prendre à la main et en recueillir ainsi des quantités considérables.

Les oiseaux d'eau voyagent également et l'on en voit souvent passer des troupes innombrables; la plupart se tiennent alors à une grande hauteur. A certaines époques ils s'abattent en nombre considérable dans les marécages, soit au milieu des continents, soit sur les bords de la mer, et ils y font un séjour plus ou moins long. Les canards sont dans ce cas; il en est de même des foulques macroules, plus connues sous le nom de macreuses. Ce sont des espèces voisines des poules d'eau, mais à doigts garnis de franges membraneuses, dont la chasse se fait en grand dans plusieurs localités, particulièrement sur les étangs saumâtres du bas Languedoc. Il ne faut pas les confondre comme le font quelques auteurs qui ne les ont pas observées, avec les macreuses proprement dites. Ces dernières appartiennent à la famille des canards tandis que les foulques sont des échassiers pinnatipèdes du sous-ordre des macrodactyles.

Certaines familles de cette classe sont seules cosmopolites, mais des espèces particulières les représentent dans les différents centres de création et souvent la répartition de leurs genres est elle-même localisée. Les espèces qui composent ces genres sont cependant moins circonscrites dans leurs aires d'habitation, que ne le sont les mammifères ou les reptiles et l'on constate qu'en général elles s'étendent en latitude ou au contraire en longitude, suivant qu'elles sont granivores ou bien insectivores.

Peu de familles d'oiseaux sont limitées à une seule partie du monde. On remarque toutefois que les colibris et les oiseaux-mouches sont exclusivement américains. La Nou-velle-Hollande manque de plusieurs groupes d'oiseaux pro-pres aux autres continents.

Les oiseaux plongeurs nous offrent un exemple non moins curieux de répartition géographique. Les plongeons appar-tiennent aux régions boréales et les manchots aux régions australes.

FIG. 63. — *Perruche ondulée.*

Plusieurs des principaux groupes de la classe des oiseaux nous ont fourni des espèces domestiques de quelque utilité et ils peuvent nous en fournir beaucoup d'autres encore. On en voit en assez grand nombre dans les ménageries pu-bliques, dans les jardins d'acclimatation et sur la plupart des promenades de nos grandes villes; nous ne saurions donc nous dispenser de rappeler l'intérêt qui se rattache à beaucoup d'entre eux et nous citerons aussi les noms de quelques-uns.

Aux *accipitres* ou oiseaux de proie appartiennent le serpentaire dont il a été parlé plus haut, ainsi que les faucons autrefois si employés pour la chasse. L'art de la fauconnerie est resté célèbre dans les fastes de la cynégétique.

Les *perroquets* se voient en grand nombre dans nos oiselleries, où, malgré leurs cris désagréables et leur inutilité apparente, ils attirent l'attention des visiteurs par leur intelligence, par la singularité de leurs allures et par la variété de leur plumage. Ces oiseaux sont presque une société pour l'homme, et il n'est aucune espèce de la même classe qui se mette plus complétement en relation avec lui.

Une foule de *passereaux* et certaines espèces de *grimpeurs* sont également recherchés à cause de la beauté de leur plumage ou encore pour l'agrément de leur chant et l'animation de leurs mouvements. On ne saurait cependant en signaler qu'un fort petit nombre qui soient capables de nous rendre des services réels. Ce sont plutôt des oiseaux d'ornement. Grâce aux facilités fournies aujourd'hui par la navigation, on en apporte chaque jour en Europe qui sont aussi curieux qu'ils étaient rares autrefois, même dans les musées.

Le Sénégal, l'Inde, etc., nous en fournissent de fort jolis et le Jardin zoologique de Londres, qui dépasse en richesses dans ce genre ceux de toutes les autres grandes villes, a possédé, en 1862, des oiseaux de paradis rapportés à grands frais de la Nouvelle-Guinée.

La multiplicité de nos variétés domestiques de *pigeons* diminue beaucoup l'intérêt qui semblerait se rattacher à la possession des espèces sauvages de ce sous-ordre; aussi ces dernières sont-elles restées des animaux de pure curiosité. Toutefois, le goura, qui est notablement plus gros que les autres colombidés, pourrait devenir un oiseau alimentaire si on réussissait à le multiplier en captivité.

Les *gallinacés proprement dits* ont pour nous une importance particulière. A côté des variétés presque infinies du coq et de la poule domestiques, nous remarquons les espèces encore sauvages de ce genre, le coq Sonnerat et quel-

FIG. 64. — *Faisan.*

ques autres qui habitent l'Inde, berceau principal de la famille des phasianidés. Auprès du paon ordinaire se placent les paons nigripenne et spicifère, qui forment deux espèces à part. Le genre des faisans possède de fort jolies espèces dont nous ne sommes pas encore maîtres; mais il nous en a déjà fourni de très-utiles, et l'ordre des gallinacés nous promet, entre autres oiseaux susceptibles de figurer avec avantage dans nos basses-cours, le lophophore au plumage resplendissant, les tragopans, originaires comme eux de l'Inde, diverses pintades de provenance africaine, comme la pintade commune, mais qui en diffèrent à quelques égards, et, parmi les gallinacés américains, les hoccos, dont la taille approche de celle du dindon, ainsi que les pénélopes et autres espèces qu'il serait également utile de posséder. Enfin les colins de la Californie (fig. 65) ont déjà commencé à se répandre dans nos volières; ce sont des oiseaux un peu moins gros que les perdrix, mais plus élégants encore. On en obtient aisément des éclosions, et il est maintenant facile de se les procurer dans le commerce.

FIG. 65. — *Colin de Californie*

Parmi les *échassiers*, on doit citer de préférence les brévipennes, que leurs grandes dimensions et les qualités de leur chair rendraient de véritables oiseaux de boucherie si l'on parvenait à les faire reproduire sans difficulté dans nos .fermes. Leurs œufs, toujours d'un volume considérable, seraient aussi une précieuse ressource alimentaire. Les émeus de la Nouvelle-Hollande (fig. 66) et les diverses espèces du même genre paraissent se prêter mieux que les autres brévipennes à ces utiles essais. En Europe, particulièrement en Angleterre, plusieurs couvées d'émeus ordinaires ont déjà été menées à bonne fin.

Contentons-nous de citer parmi les autres échassiers

FIG. 66. — *Émeu de la Nouvelle-Hollande.*

l'agami, qui a été appelé le chien des oiseaux, parce qu'il maintient l'ordre dans les basses-cours où on le place, et rappelons, pour terminer cette émunération, combien d'espèces précieuses nous pourrions encore tirer du groupe des *palmipèdes*, particulièrement de la famille des lamellirostres. Cette famille nous a déjà fourni le cygne à tubercule, l'oie, si utile par sa chair, sa graisse et ses plumes, ainsi que les canards, dont tant d'espèces, différentes du canard ordinaire, se prêtent à la domestication ou à l'ornement des pièces d'eau.

Les cygnes se font surtout remarquer parmi les palmipèdes domestiques, et l'on ajoute aujourd'hui à l'espèce ordinaire de ce genre, c'est-à-dire au cygne à tubercule, le cygne noir de la Nouvelle-Hollande, ainsi que le cygne à col noir de la Plata.

Les oies constituent des espèces plus nombreuses, et l'oie d'Égypte, l'oie armée de Sénégal, l'oie de Sandwich, ainsi que le céréopse de la Nouvelle-Hollande sont déjà conquis en partie.

Aux canards appartiennent également des formes qui méritent d'être remarquées. Ces oiseaux se recommandent par l'élégance de leurs allures, en tant que nageurs, ou par la variété de leurs couleurs. Les plus recherchés sont les mandarins, les carolins et les tadornes.

On tire un parti avantageux des plumes d'un grand nombre d'oiseaux, après qu'on les a dégraissées et apprêtées de différentes manières. Celles qui servent à écrire sont principalement des pennes d'oie. Les plumes de lit sont plus petites; on les tire des oies, des canards et des poules. Les duvets fins sont particulièrement fournis par les espèces de la famille des canards, des cygnes et des oies. Le duvet de l'eider du nord (*Anas mollissima*) constitue le véritable édredon et donne lieu à un commerce qui ne manque pas d'importance. On le prend dans les nids mêmes de l'oiseau, après que la femelle s'en est dépouillée pour garantir ses œufs.

Il y a aussi des plumes ou des parties de plumes qui servent à différents usages industriels ou domestiques; les plumeaux sont faits de préférence avec des plumes des nandous ou autruches d'Amérique. Celles de beaucoup d'oiseaux sont au contraire employées comme parures, et maintenant plus que jamais on en varie les espèces et l'apprêt.

Les plumes le plus fréquemment utilisées sous ce dernier rapport proviennent des autruches d'Afrique, de marabous ou cigognes à sacs, des aigrettes, des oiseaux de paradis, de la queue des coqs, etc. On emploie également celles d'une foule d'autres oiseaux et on les désigne dans le commerce sous le nom de plumes de fantaisie. Le paon, le faisan, l'argus, la pintade, l'ibis, le toucan et beaucoup d'autres sont dans ce cas. Les oiseaux-mouches et une multitude de passereaux à plumage brillant sont aujourd'hui fort à la mode. La peau des grèbes, des grands manchots, etc., garnie de ses plumes, et celle de cygnes revêtue de son duvet seulement, constituent des fourrures très-estimées.

CHAPITRE V.

CLASSE DES REPTILES.

Caractères des reptiles. — Les reptiles ont, comme les mammifères et les oiseaux, la respiration aérienne à toūs les âges, mais ils ne possèdent jamais ni mamelles, ni poils, ni plumes ; l'épiderme forme l'unique tégument dont leur peau est protégée ; il a l'apparence d'écailles. Ces animaux n'ont pas les ventricules du cœur entièrement séparés, et le plus souvent cet organe n'a même que trois cavités, par suite de la fusion complète des ventricules droit et gauche en un seul[1]. Leur température est variable, au lieu d'être fixe et élevée comme celle des espèces propres aux deux premières classes, dont le mode de tégument est si différent du leur et approprié à la conservation d'une température constante. Ils n'ont pas de diaphragme. Leur mode de reproduction est toujours ovipare. Quelques-uns cependant, comme les vipères et certains lézards, font des petits vivants, par le fait d'une sorte d'incubation intérieure, de laquelle il résulte que l'œuf éclôt dans le corps de la mère, mais en suivant les mêmes phases que s'il se développait extérieurement ; dans ce cas, les reptiles sont donc simplement ovovivipares, et non réellement vivipares.

On peut ajouter à cette courte définition que le crâne de ces animaux s'articule toujours avec la colonne verté-

---

1. *Zoologie*, 1ʳᵉ année : *Notions générales*, fig. 89 et 90.

brale au moyen d'un seul condyle et que, comme les oiseaux, ils ont à la mâchoire inférieure un os appelé os carré, qui est tantôt mobile, comme chez les oiseaux, tantôt au contraire soudé au temporal. En outre leur mâchoire inférieure est toujours de plusieurs pièces pour chaque côté.

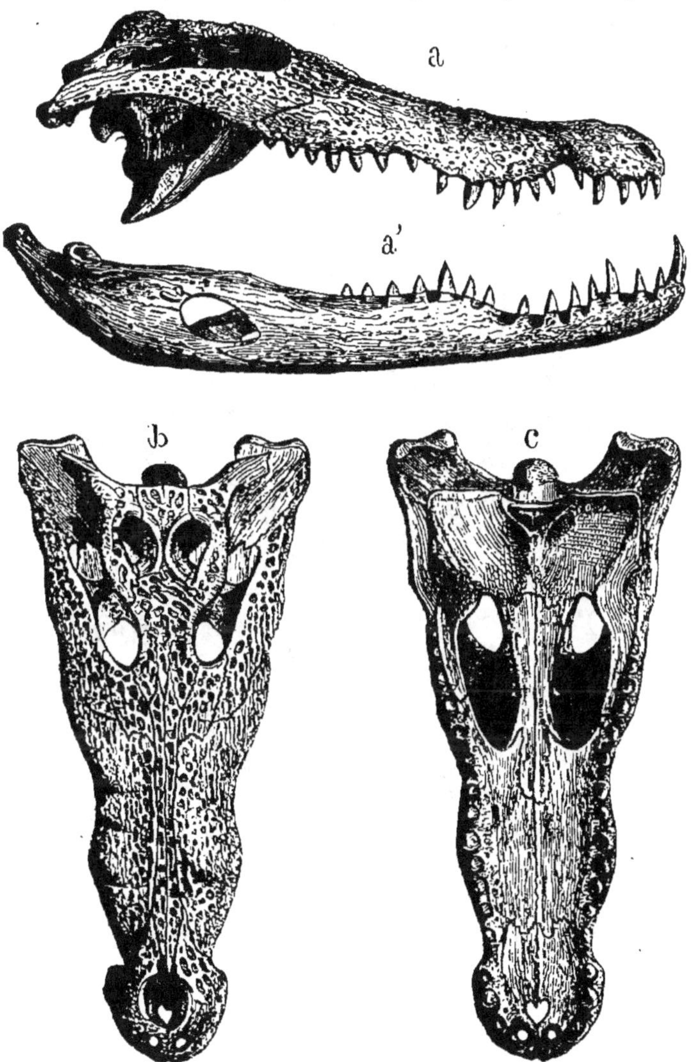

FIG. 67. — Crâne du *Crocodile*.
a) de profil, avec sa mâchoire inférieure *a'*; — *b*) en dessus; — *c*) en dessous.

Ces vertébrés sont beaucoup moins nombreux en espèces que les oiseaux, et même que les mammifères. On en connaît environ quinze cents espèces. C'est seulement dans les pays chauds qu'ils pullulent et c'est aussi là que l'on trouve ceux qui acquièrent la plus grande taille.

Reptiles fossiles. — Pendant l'époque tertiaire, les reptiles étaient plus abondants en Europe qu'ils ne le sont à présent, ce qui était en rapport avec la température plus élevée de nos régions pendant le même temps; mais ils appartenaient à des genres analogues à ceux du monde actuel. Certains groupes aujourd'hui étrangers à nos régions, comme

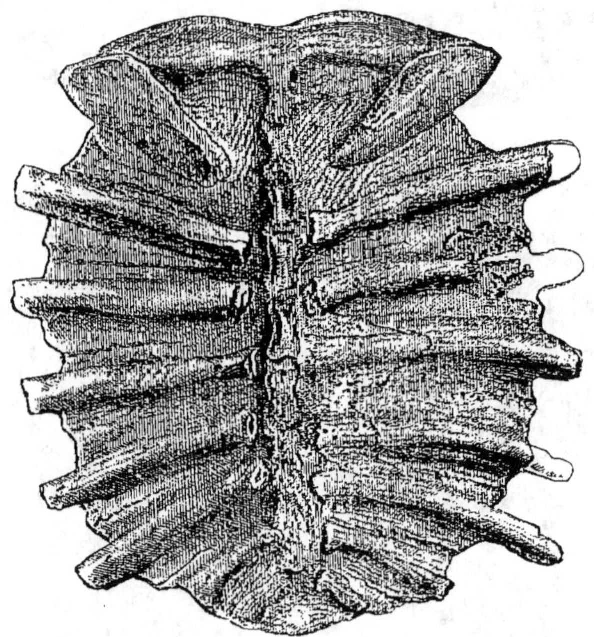

FIG. 68. — Carapace de *Trionyx* fossile, trouvée dans les lignites du Soissonnais.

les trionyx ou tortues de fleuves, les crocodiles, diverses familles de sauriens, ainsi que des serpents de grande dimension, avaient même des représentants en France, ce qui n'a plus eu lieu depuis le commencement de la période quaternaire.

La période secondaire a été remarquable par l'abondance encore plus grande des reptiles qu'elle a possédés, et ces reptiles étaient tous plus ou moins différents de ceux des faunes tertiaires ou actuelles. Les particularités de structure qui les distinguaient sont telles qu'on ne saurait classer la plupart d'entre eux dans les genres, ni même dans les familles qui caractérisent les époques géologiques plus récentes.

Depuis le commencement des dépôts triasiques jusqu'à la fin de la série crétacée, il a existé de ces reptiles, différents de ceux d'aujourd'hui ou de la période tertiaire, et il en est parmi eux dont les caractères étaient si singuliers qu'on a dû établir des ordres à part pour les y classer.

Quelques-uns de ces reptiles étranges étaient de gigantesques sauriens, comparables, par leur taille et même par leurs allures, aux plus grands mammifères ongulés. Comme les ongulés, ils vivaient à la surface des continents; nous citerons parmi eux les iguanodons et les mégalosaures. D'autres fréquentaient à la fois la terre et les eaux de la mer, ainsi que le font les palmipèdes grands voiliers, et ils avaient, comme ces oiseaux ou comme les chauves-souris, la propriété de s'élever dans les airs : on leur a donné le nom de ptérodactyles. Leur taille était très-variable et les différences qu'ils présentaient entre eux ont conduit à en faire plusieurs genres. Il y avait des reptiles, également propres à la période secondaire, qui préféraient le séjour des eaux; mais plusieurs parmi eux pouvaient encore en sortir, comme le font aujourd'hui les crocodiles, et ils venaient ramper à la surface du sol, sur les plages, ou à une plus grande distance des mers. Ceux-là appartenaient pour la plupart à l'ordre des crocodiliens, mais sans avoir tous les caractères des crocodiles d'à présent ; les téléosaures ou mystriosaures étaient de ce nombre. D'autres formaient des groupes encore différents, qui ont été appelés simosaures, dicynodontes, etc.; ils ont principalement vécu pendant l'époque du trias qui commence la période secondaire.

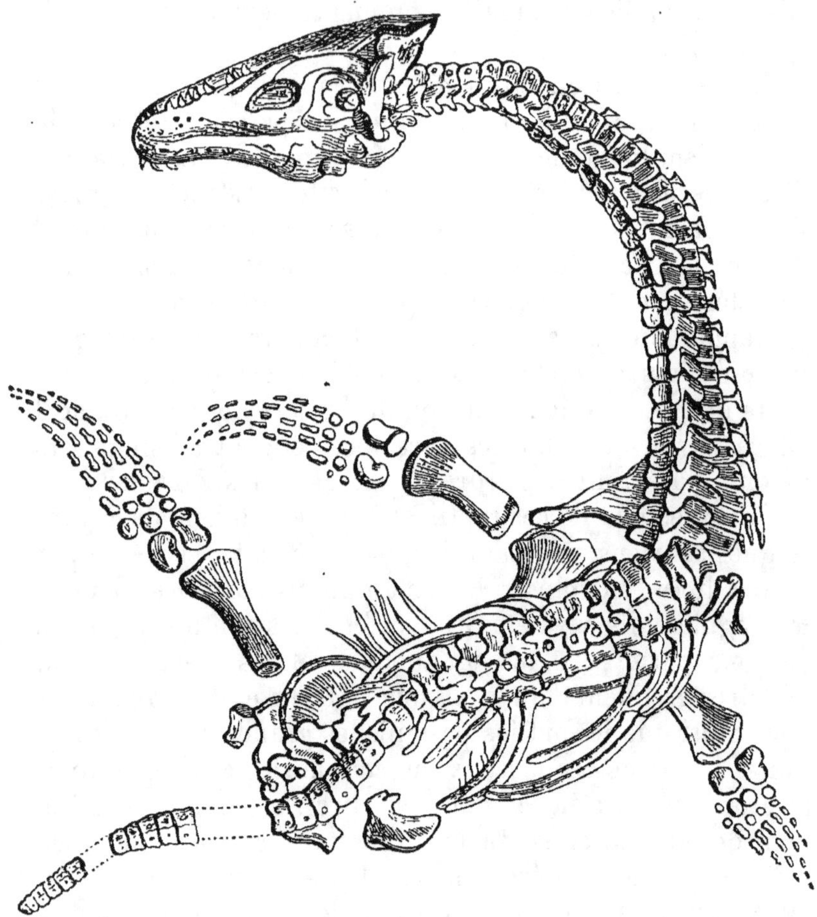

FIG. 69. — *Plésiosaure.*

Enfin, il en était d'une conformation plus singulière encore : ils se tenaient dans les eaux de la mer, sans pouvoir
jamais en sortir, et leurs habitudes ressemblaient à beaucoup d'égards à celles des cétacés, mammifères dont la
race n'avait point encore apparu sur le globe. On les a
décrits sous les noms de plésiosaures, pliosaures et ichthyosaures; leurs pattes étaient conformées en véritables
nageoires. Les ichthyosaures étaient parmi ces reptiles essentiellement nageurs les mieux appropriés à la vie mari-

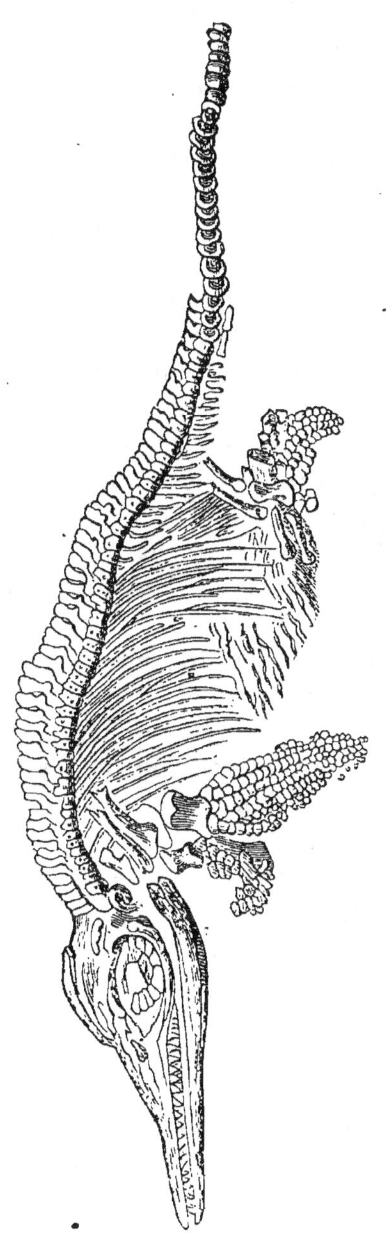

FIG. 70. — *Ichthyosaure.*

time, et bien qu'ils aient emprunté leurs principales particularités anatomiques à la classe qui nous occupe, ils peuvent être comparés pour la forme et le genre de vie aux mammifères de la famille des dauphins.

Classification. — A ne prendre que les plus connus des reptiles actuellement existants, et en se bornant à l'examen de leurs principaux caractères seulement, on peut diviser cette classe d'animaux en quatre ordres, savoir : les *chéloniens* ou tortues, les *crocodiliens*, les *ophidiens* ou serpents et les *sauriens*, dont les lézards sont, dans nos régions du moins, les principaux représentants.

Ordre I. Chéloniens. — Ces reptiles sont caractérisés par la présence d'une carapace dans laquelle beaucoup d'entre eux peuvent rentrer leur tête, leur cou, leurs quatre pattes et leur queue.

Les mâchoires des chéloniens sont dépourvues de lèvres ainsi que de dents, et ils ont un bec corné comparable à celui des oiseaux.

Carapace des chéloniens. — Cette bizarrerie de structure a fait dire que les chéloniens avaient le corps retourné (*animalia corpore reverso*), et que leur squelette au lieu d'être intérieur, comme celui des autres animaux, est au contraire extérieur. Il n'en est pourtant rien. Voici l'explication de ce prétendu retournement :

Chez les chéloniens les parties thoraco-abdominales du tronc sont habituellement recouvertes de grandes plaques épidermiques qui constituent l'*écaille* de ces animaux. C'est cette écaille, plus particulièrement celle des carets, que l'on emploie dans les arts. Au-dessous d'elle, le derme ne reste pas simplement fibreux ; il s'ossifie et constitue ce que l'on appelle un dermato-squelette, c'est-à-dire un squelette cutané, lequel, étant immédiatement appliqué sur la partie correspondante du squelette proprement dit, se soude avec lui par endroits et donne naissance à la *carapace*. Cette dernière forme alors comme une sorte de boîte osseuse enveloppant le tronc, et c'est dans son intérieur que la plupart des chéloniens peuvent rentrer leurs parties restées libres, pour les y protéger d'une manière plus ou moins complète contre les atteintes de leurs ennemis.

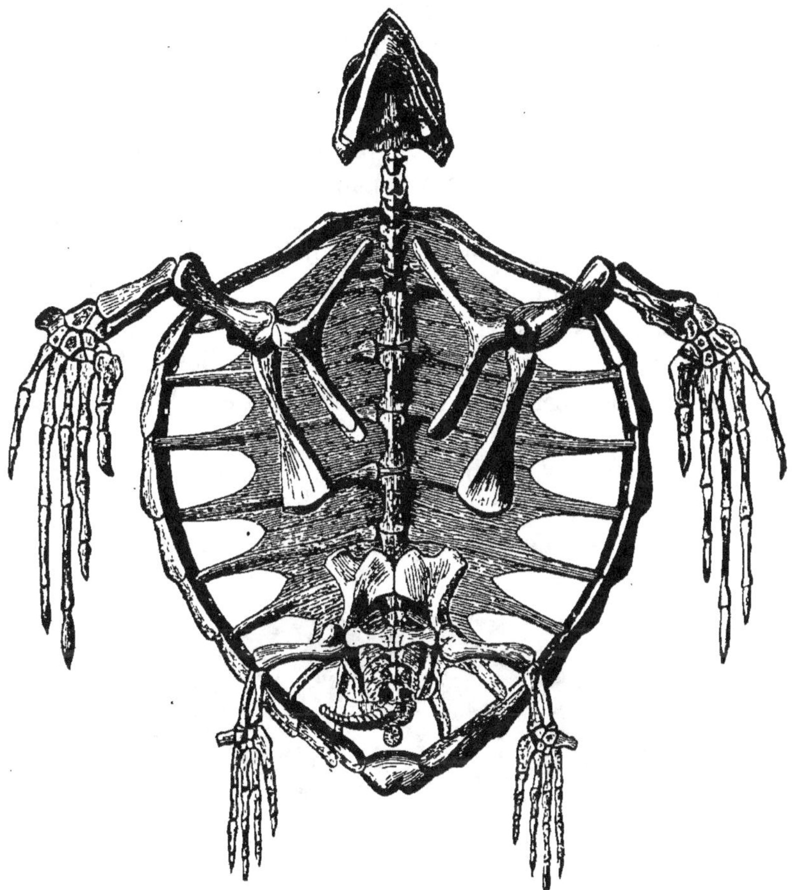

FIG. 71. — Squelette d'une *Tortue de mer* (genre *Chélonée*).

La boîte osseuse des tortues ou leur carapace montre d'ailleurs, dans son intérieur, des vertèbres et des côtes, répondant à celles des autres animaux vertébrés. Elles sont très-apparentes chez les jeunes des espèces essentiellement terrestres, et se distinguent à tous les âges chez les chéloniens propres aux eaux de la mer. De son côté, la partie inférieure de la carapace ou le *plastron* est formée par le sternum et par la région sternale des côtes associées à des plaques osseuses d'origine cutanée. Quant aux membres et aux autres parties que nous avons citées comme restant étrangères à la carapace, on n'y remarque pas d'autres os que ceux qui les constituent dans le squelette des vertébrés ordinaires, et c'est en partie parce que des pièces squelettiques appartenant à la peau endurcie augmentent en avant et en arrière de la carapace l'étendue de cette dernière que l'épaule et le bassin semblent insérés dans son intérieur, au lieu de conserver la position extérieure à la cage thoraco-abdominale qu'ils ont dans les espèces des deux premières classes.

On partage les chéloniens en quatre familles renfermant chacune des espèces dont le genre de vie est différent; ce sont :

1° Les tortues véritables, chéloniens terrestres et dont une espèce nommée tortue grecque, habite l'Europe méridionale; leur régime est en grande partie végétal.

FIG. 72. — *Cistude de France.*

2° Les émydes, qui vivent dans les marécages. Il y en a dans plusieurs parties de la France, principalement en Sologne (cistude européenne, fig. 72); elles se nourrissent de petits animaux : batraciens, poissons, insectes et mollusques.

3° Les trionyx, essentiellement fluviatiles et, actuellement du moins, étrangères aux régions européennes où elles ne sont connues qu'à l'état fossile. Ces chéloniens ont des appétits carnassiers.

4° Les thalassochéliens ou chéloniens marins, divisés en chélonées comprenant les mydas, les carets (fig. 73), et les

FIG. 73. — *Chélonée caret.*

caouannes ainsi que les sphargis. Quelques caouannes se montrent de temps en temps sur nos côtes de l'Europe, aussi bien dans l'Atlantique que dans la Méditerranée. L'écaille est particulièrement tirée de l'espèce à laquelle on donne le nom de caret.

ORDRE II. CROCODILIENS. — Les crocodiliens ont le corps allongé et pouvu de quatre pattes comme celui des lézards et de la plupart des sauriens; mais le fond de leur organisation doit les faire placer plus près des chéloniens que ces derniers animaux. Toutefois, ils se distinguent des tortues parce qu'ils ont les mâchoires garnies de dents; ces dents sont implantées dans de véritables alvéoles.

FIG. 74. — *Caïman.*

Les crocodiles manquent d'ailleurs de carapace, ils atteignent une grande taille. Ce sont des animaux très-carnassiers qui vivent dans les fleuves, dans les lacs et dans les marais; on en trouve aussi quelques-uns dans la mer, particulièrement aux Antilles et dans la Polynésie. L'Afrique, l'Asie méridionale et les deux Amériques sont les pays où l'on rencontre le plus grand nombre de ces redoutables animaux.

On en a fait plusieurs genres, sous les noms de crocodiles proprement dits, caïmans, (fig. 74) et gavials.

Certains genres de crocodiliens ne sont connus qu'à l'état fossile. Les plus différents de ceux d'à présent ont vécu pendant la période secondaire. Exemple : les téléosaures.

ORDRE III. OPHIDIENS. — Les ophidiens sont les serpents proprement dits. Ces animaux manquent de membres et l'on ne trouve sous leur peau ni épaule ni bassin. Ils ont les mâchoires dilatables, par suite de l'absence de symphyse à la mâchoire inférieure et de la séparation des os de leur mâchoire supérieure d'avec le reste du crâne. Leurs yeux manquent de paupières et ils n'ont pas la membrane du tympan visible extérieurement.

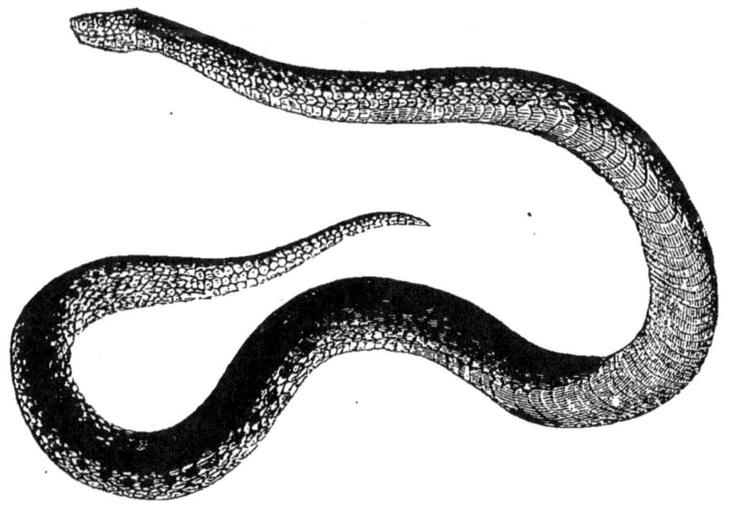

FIG. 75. — *Vipère.*

Ces reptiles vivent de proie. On les partage en plusieurs familles, en tenant surtout compte de la nature venimeuse ou non de certaines de leurs dents ainsi que de la disposition de leurs écailles. Les deux principales de ces familles comprennent les vipères et les couleuvres; on leur a donné les noms de vipéridés et de colubridés.

Les VIPÉRIDÉS, ainsi appelées des vipères (fig. 75), espèces propres à l'Europe, sont des ophidiens essentiellement venimeux, qui introduisent leur vénin dans les plaies qu'ils font aux animaux au moyen de dents en crochets implantées sur leurs maxillaires supérieurs. Ces dents sont tantôt canaliculées en forme de tubes, tantôt simplement cannelées à leur bord antérieur.

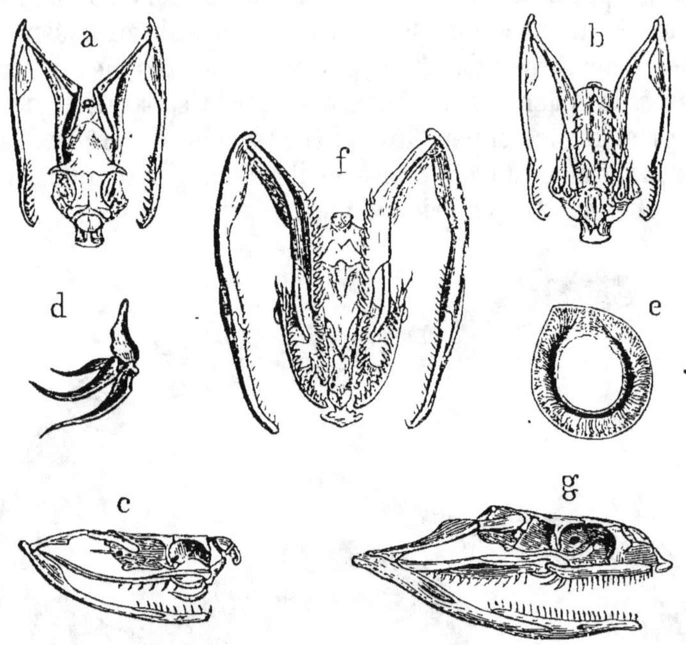

FIG. 76. — Crânes de la *Vipère* et de la *Couleuvre*.

a, *b*, *c*) Tête de la vipère ; vue en dessus, en dessous et de profil ; — *d*) ses crochets ou dents venimeuses; — *e*) coupe d'une de ces dents pour montrer le canal qui la traverse.

f et *g*) Tête de la couleuvre à collier.

Les crotales ou serpents à sonnettes, dont le venin est si rapidement mortel, les trigonocéphales et les bothrops ou vipères fer de lance des Antilles, qui sont presque aussi redoutables, les cérastes ou vipères cornues de l'Afrique, les vipères minutes et les vipères aspis, bérus et ammodyte de l'Europe, appartiennent à la première catégorie.

La seconde comprend les najas ou serpents à lunettes, les élaps ou serpents de corail et les hydrophis ou serpents marins.

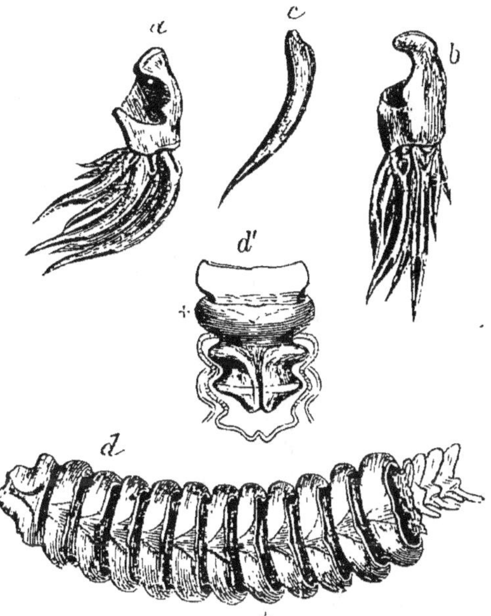

FIG. 77. — Crochets venimeux et sonnette du *Crotale*.

a, *b*, *c*) crochets en place sur l'os maxillaire; — *d*) les anneaux cornés de la sonnette; — *d'*) un de ces anneaux isolé.

Les dents vénéneuses des vipéridés de la première section sont en tubes, coniques, allongées et implantées sur les os maxillaires supérieurs dont la forme est raccourcie; elles forment de longs crochets acérés à leur extrémité et mobiles; celles des najas et genres voisins sont simplement fendues dans leur longueur sur la face antérieure.

Le venin de ces serpents est sécrété par une glande spéciale placée auprès des joues et versé à travers les dents canaliculées ou simplement cannelées dont il vient d'être question. Il doit ses propriétés à un principe particulier auquel on a donné le nom d'*échidnine* ou *vipérine*, et que les chimistes savent isoler. De la quantité plus ou moins considérable que la salive vénéneuse en renferme dépendent la rapidité et l'intensité de son action.

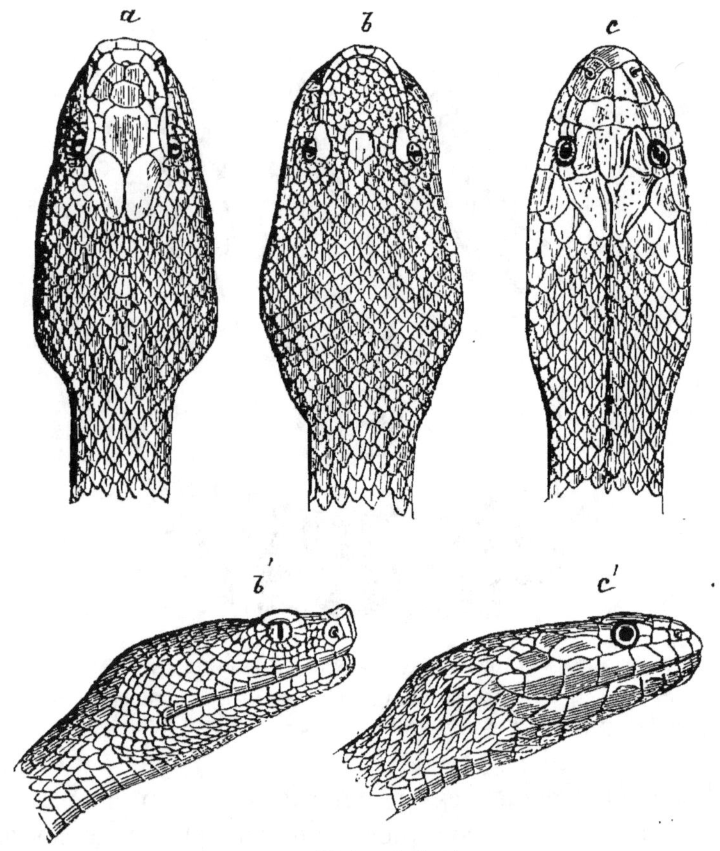

FIG. 78. — *Vipère et Couleuvre.*

a) tête de la *Vipère bérus ;* — *b* et *b'*) id. de la *Vipère aspis ;* — *c* et *c'*) de la *Couleuvre vipérine.*

Les crotales ou serpents à sonnettes ne se rencontrent qu'en Amérique. Ils sont ainsi appelés parce que leur queue porte plusieurs étuis cornés, mobiles les uns sur les autres, qui produisent lorsque ces animaux s'agitent un bruit de crecelle qui fait aussitôt reconnaître leur présence.

Notre pays ne possède que des vipères proprement dites (fig. 78 *a* et *b*).

L'ammodyte (*Vipera ammodytes*) a le museau prolongé par une pointe mobile et les écailles céphaliques petites et uniformes; elle est de l'Europe centrale et méridionale; on la trouve en France, particulièrement en Dauphiné.

La vipère commune ou aspis (*Vipera aspis*), dont la tête est également garnie de petites écailles, n'a pas le nez prolongé; elle est de presque toute l'Europe et n'est pas rare chez nous dans les endroits sablonneux et secs.

La vipère bérus aussi nommée pélias et cherséa (*Vipera berus*) se rencontre dans le midi de la France, particulièrement dans les endroits montueux. Son museau est court et élargi; ses écailles céphaliques sont grandes et approchent par leurs dispositions de celles des couleuvres.

Les vipères sont faciles à distinguer de ces dernières par leur tête plus triangulaire et plus large en arrière, par leurs pupilles verticales au lieu d'être arrondies, par les plaques plus petites qui couvrent le dessus de leur tête, surtout dans l'ammodyte et l'aspis, enfin par leur queue plus courte. Elles ont des crochets vénéneux et les couleuvres en manquent. La couleuvre vipérine leur ressemble cependant par son mode de coloration, mais elle ne possède aucun des caractères qui viennent d'être indiqués et c'est un animal inoffensif ou du moins qui, semblable au reste de nos couleuvres, ne distille aucun venin.

Les COLUBRIDÉS vulgairement appelées couleuvres, ne sont pas venimeuses du tout ou bien elles ne le sont qu'à un degré moindre que les précédents.

Dans ce dernier cas, elles ont encore des dents cannelées, mais ce sont celles de la partie postérieure des maxillaires. Le *Cœlopeltis insignitus*, du midi de la France, plus connu sous le nom de couleuvre de Montpellier, appartient à la première division. C'est la seule espèce de cette catégorie que possède l'Europe. Les cerbères, les scytales et les dypsas sont les principaux représentants exotiques du même groupe.

Les autres colubridés n'ont aucune dent cannelée et manquent de glandes à venin. Ce sont les couleuvres ordinaires, parmi lesquelles nous citerons la couleuvre à collier (fig. 76 *f* et *g*), la vipérine (fig. 78 *c* et *c'*), la lisse, la bordelaise, etc., toutes espèces des régions centrales de l'Europe qui s'observent en France.

Les plaques de leur tête présentent quelques différences de dispositions à l'aide desquelles on peut les distinguer spécifiquement les unes des autres.

Les pithons et les boas, les premiers essentiellement propres à l'Afrique, et les seconds plus particulièrement américains, sont aussi des serpents de cette division : leur taille dépasse celle de tous les autres ophidiens existants.

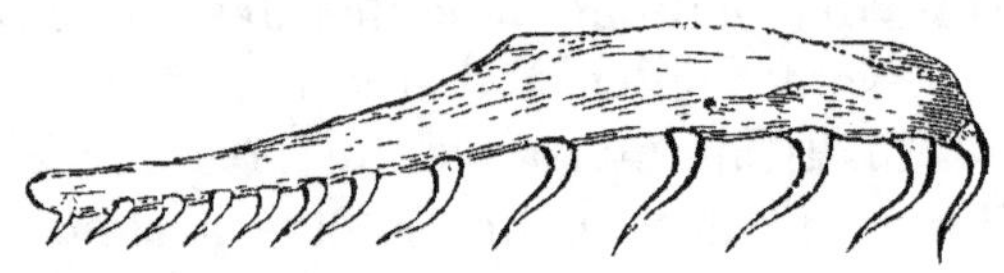

FIG. 79. — Maxillaire du *Pithon.*

Les dernières familles du même ordre n'ont pas de représentants dans nos pays. Ce sont les acrochordes, de Java et de Sumatra ; les uropeltis, également des îles de la Sonde, et les typhlops, qui ont l'aparence extérieure des vers. Ceux-ci sont de très-petite dimension et ils peuvent être considérés comme les moins parfaits des ophidiens.

Ordre IV. Sauriens. — Les sauriens sont ainsi appelés du nom que le lézard porte en grec (*sauros*), et cela à cause de leur ressemblance avec ce reptile. On se tromperait cependant si l'on supposait qu'ils sont toujours comme lui pourvus de quatre pattes. Les orvets ou serpents de verre, qui sont communs dans beaucoup de localités, les sheltopusicks, qui vivent en Orient, et d'autres encore, n'ont point de membres ou n'en ont que des rudiments ; mais ils ont sous la peau, malgré la ressemblance de leur corps avec celui des ophidiens, une épaule et un bassin véritables, ce que ne présentent pas ces derniers; de plus leurs mâchoires ne sont pas dilatables. Ajoutons que les yeux des sauriens sont en général pourvus de paupières et que ces animaux ont toujours le tympan de l'oreille visible à l'extérieur, ce qui rend facile de les distinguer des ophidiens, c'est-à-dire des véritables serpents.

Les sauriens forment plusieurs familles, comprenant les varans, les chalcides, les scinques, les agames, les caméléons, les iguanes, les lézards et les geckos.

Citons encore les amphisbènes qui établissent un passage entre eux et les ophidiens; on n'en trouve en Europe qu'une seule espèce, le *Blanus cinereus*, d'Espagne et de Portugal.

Au contraire, nous avons en France plusieurs espèces de lézards. La plus grosse est le lézard ocellé (*Lacerta ocelata*), propre aux départements du Midi.

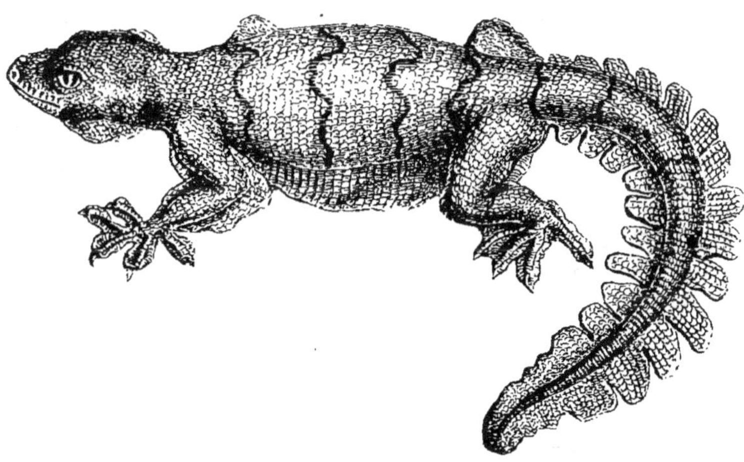

Fig. 80. — *Platydactyle*, espèce de Geckotiens d'Amérique.

Les chalcides et les orvets sont chez nous les seuls représentants de la famille des scinques, et l'on ne voit de geckos que dans quelques villes situées sur les bords de la Méditerranée : Marseille, Cette, Collioure. Les geckos sont des animaux à peau verruqueuse, plus repoussants encore que les autres reptiles ; ils présentent une particularité ostéologique assez curieuse. Leurs vertèbres sont biconcaves comme celles de certains batraciens urodèles. Les poissons et beaucoup de reptiles de l'époque secondaire présentent aussi ce caractère, tandis que les autres sauriens ont lés vertèbres concaves en avant et convexes en arrière.

En ce qui concerne les sauriens étrangers à la faune française, nous nous bornerons à rappeler les faits suivants :

Il y a des varans dans la région saharienne de nos possessions africaines.

Les dragons sont de petits sauriens de la famille des agames qui ont la propriété de se maintenir quelques instants en l'air, à la manière des écureuils volants ; ils vivent dans l'Inde et doivent la faculté de voltiger à la présence d'expansions membraneuses, soutenues par leurs côtes postérieures qui s'étalent sur les parties latérales du tronc.

Les caméléons sont aussi très-voisins des agames par plusieurs de leurs caractères, mais ils ont les pieds disposés pour grimper, et leur queue est prenante. Leur langue est aussi très-singulière ; elle est attachée par un long pédicule en forme de tube membraneux au corps de l'hyoïde. Ils peuvent la lancer hors de leur bouche par attraper des insectes et la ramener ensuite dans cette cavité avec une grande promptitude en raccourcissant son pédicule qui se replie alors sur le prolongement de l'os hyoïde.

Les caméléons sont plus célèbres encore par la variabilité de leurs couleurs, qui tient principalement au jeu du pigment placé au-dessous de leur épiderme. Ce pigment peut rentrer complétement dans le derme ou se montrer soit en totalité, soit en partie à la surface de cette couche de la peau et par suite apparaître entre elle et l'épiderme.

Rappelons en terminant que la famille des agames est essentiellement propre à l'ancien continent, et que celle des iguanes appartient au contraire à l'Amérique par la presque totalité de ses espèces.

CHAPITRE VI.

CLASSE DES BATRACIENS.

CARACTÈRES GÉNÉRAUX DE CETTE CLASSE. —Pendant long-temps on a réuni dans une même classe les batraciens et les reptiles ordinaires. Linné avait même placé les salamandres terrestres et les salamandres aquatiques, c'est-à-dire les tritons, dans le même genre que les lézards; il nommait les premières *Lacerta salamandra,* et les secondes *Lacerta palustris.* En apportant plus d'attention à l'examen des caractères que présentent ces animaux, et surtout en étudiant les transformations qu'ils subissent, les naturalistes n'ont pas tardé à reconnaître que les grenouilles et les salamandres doivent être séparées des véritables reptiles, non-seulement comme genre et comme ordre, mais aussi comme classe.

Effectivement, leur organisation les rapproche beaucoup plus des poissons que des animaux auxquels on réserve maintenant le dénomination de reptiles. C'est à de Blainville qu'est principalement due la démonstration de ce fait, et les recherches, soit anatomiques soit embryogéniques, dont les batraciens ont été plus récemment l'objet ont entièrement confirmé les vues qu'il avait introduites dans la science.

Ainsi les mammifères, les oiseaux et les reptiles, avant de quitter l'œuf dans lequel ils se développent, soit à l'intérieur du corps de leur mère, soit au dehors, possédent indépendamment de la vésicule du jaune ou vésicule vitelline, commune à tous les animaux vertébrés, une vésicule dite allantoïde, qui devient le placenta chez les mammifères, et ils ont en outre un amnios ou poche des eaux. Ce dernier caractère manque aux batraciens; ils n'ont ni allantoïde, ni amnios, et sous ce rapport ils sont plutôt comparables aux poissons qu'aux reptiles véritables, auxquels ils ressemblent cependant par leur forme générale et par la configuration de leurs membres.

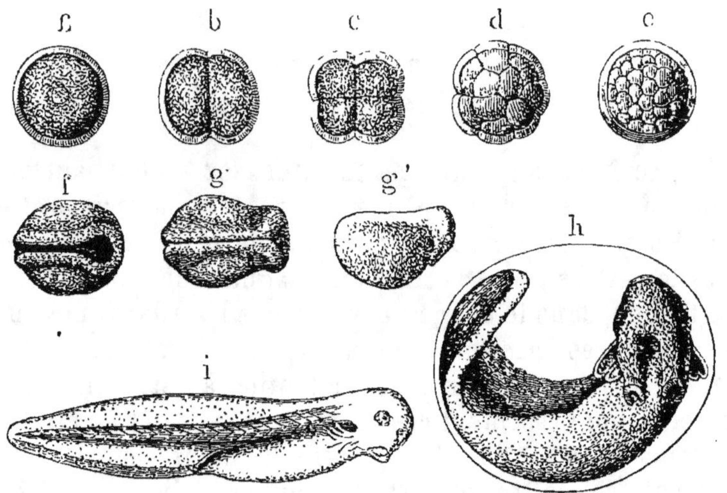

FIG. 81. — Développement de la *Grenouille*.

a) œuf avant la segmentation du vitellus ou jaune; — *b, c, d, e*), phases principales de la segmentation du vitellus; — *f*) première forme de l'embryon; — *g* et *g'*) embryon plus avancé, vu en dessus et de côté; — *h*) état encore plus avancé de l'embryon; — *i*) le même, au moment de l'éclosion.

On constate d'ailleurs entre les batraciens et les reptiles quelques autres différences importantes. La peau des batraciens manque de l'épiderme épaissi et d'apparence écailleuse qui recouvre le corps des derniers; on n'y remarque plus qu'une fine couche épithéliale et le derme lui-même y est de nature essentiellement muqueuse. Il présente une quantité plus ou moins considérable de glandes exsudant à sa surface une humeur chargée d'un principe âcre, principe qui peut même être vénéneux dans certaines espèces, telles

que le crapaud et la salamandre. Ce venin n'est pas sans
analogie avec celui des vipères, mais il est en moindre
quantité et, par conséquent, moins actif; aussi doit-on
l'isoler des mucosités dans lesquelles il est en dissolution
pour expérimenter ses effets. C'est là jusqu'à un certain
point la justification des préjugés dont ces animaux sont
depuis longtemps l'objet, et si l'on opère avec le principe
extrait de la sécrétion cutanée de certains batraciens on ne
peut plus douter de la venénosité de ces animaux, quelque
faible qu'elle soit. La prétendue incombustibilité attribuée
aux salamandres a, sans doute, pour origine l'abondante
mucosité que verse la peau de ces batraciens, mais c'est
l'exagération d'un fait peu important et les terreurs que
le même animal inspire encore à bien des gens ne reposent
sur rien de sérieux.

Les batraciens ont deux condyles occipitaux au lieu d'un
seul comme les reptiles ou les oiseaux, et leur squelette présente quelques autres particularités caractéristiques.

Mais ce qui les distingue plus nettement des reptiles,
c'est qu'à leur naissance les batraciens sont pourvus de
branchies, tandis qu'il n'en existe jamais chez ceux-ci
et qu'à cette époque de la vie leur respiration est purement aquatique. La circulation des jeunes batraciens est
aussi plus semblable à celle des poissons, puisque le sang
qui a respiré ne passe pas encore par le cœur[1]. Toutefois,
cet état de choses n'est que provisoire. Bientôt se montrent
des poumons, et il s'en développe même dans le cas où les
branchies ne doivent pas disparaître. Cela a lieu chez les
derniers batraciens, aussi les désigne-t-on par le nom de
pérennibranches, qui fait allusion à la persistance de leurs
branchies. Quand les poumons se sont développés, la circulation s'effectue comme chez les reptiles ordinaires : le
sang qui va aux organes respiratoires et celui qui en re-
vient se mêlent alors dans le ventricule du cœur qui reste

1. *Zoologie*, 1re année : *Notions générales*, fig. 98.

unique. La lépidosirène, de la classe des poissons, présente une conformation assez analogue [1].

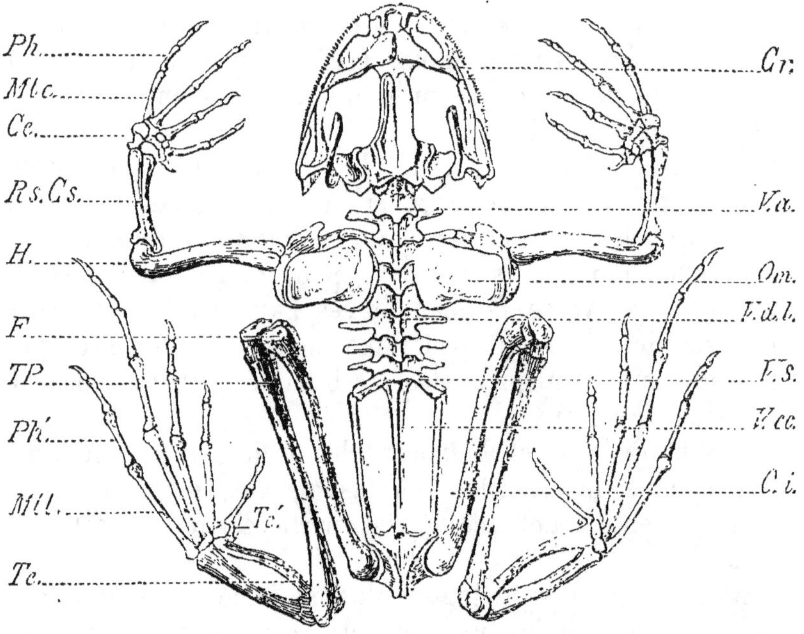

Fig. 82. — Squelette de la *Grenouille*.

cr) crâne ; — va) vertèbre atlas ; — vd) vertèbres dorsales ; — vs) vertèbre sacrée ; — vcc) coccyx, formé par la réunion des vertèbres coccygiennes ; — om) omoplate ; — oi) os innominé ou du bassin ; — h) humérus ; — rs et cs) radius et cubitus soudés entre eux ; — ce) os du carpe ; — mtc) métacarpiens ; — ph) phalanges ; — f) fémur ; — t) tibia ; — te) les deux premiers os du tarse ; te') les autres os du tarse ; — mtt) métatarsiens ; — ph') phalanges.

Les batraciens sont en général des animaux propres aux pays chauds. Ils ont aussi quelques représentants dans les régions tempérées, mais les parties voisines des pôles en manquent absolument. Presque tous sont ovipares (fig. 83).

Leur taille reste petite ; cependant, certaines espèces exotiques dépassent sensiblement les nôtres en dimensions. Il y a en Amérique des grenouilles et des crapauds assez

1. *Zoologie*, 1re année : *Notions générales*, fig. 99 et 100. — *Anatomie et Physiologie*, fig. 28 et 29.

forts pour manger de jeunes canards, et le Japon nourrit
une salamandre qui atteint près d'un mètre de longueur.

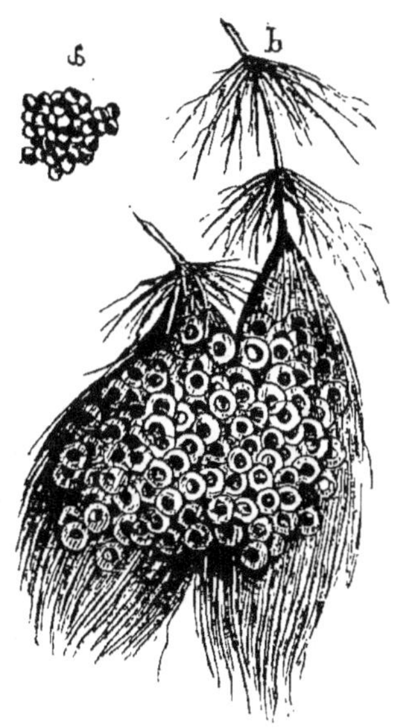

F.G. 83. — Œufs de *Grenouille*.

Les labyrinthodons étaient de très-grands batraciens. Ils
ont vécu pendant la période triasique; on ne les connaît
que par leur squelette ainsi que par les pistes qu'ils ont
laissées sur le sol à la surface duquel ils marchaient.

Classification des batraciens. — Tous les batraciens
sont loin d'éprouver les mêmes métamorphoses, et l'on
peut, en tenant compte de leur manière d'être à cet égard,
établir très-convenablement la classification de ces animaux. La série suivant laquelle ils se trouvent alors rangés, place à la fin du groupe ceux qui s'éloignent le moins
de la forme sous laquelle tous se présentent pendant leur
état embryonnaire. Elle met en tête ceux qui, subissant
les métamorphoses les plus complètes, deviennent aussi,
avec l'âge, plus différents des poissons auxquels ils ressemblaient d'abord d'une manière si évidente. Il en résulte
que les batraciens des derniers genres, c'est-à-dire les pé-

rennibranches ou batraciens à branchies persistantes, peuvent être considérés comme subissant un véritable arrêt de développement de l'organisme, si on les compare aux salamandres et surtout aux grenouilles ainsi qu'aux genres analogues à ces dernières, dont les métamorphoses sont, au contraire, complètes.

On en jugera par l'énumération suivante.

ORDRE I. ANOURES. — Ces batraciens ont des branchies extérieures pendant leur premier âge. Ils ont alors la tête confondue avec le tronc; ils manquent de pattes et leur corps est terminé par une longue queue. Se nourrissant de végétaux, ils possèdent aussi un tube digestif fort long [1]. Leurs poumons n'ont point encore apparu et leur circulation est comparable à celle des poissons : ce sont des *tétards*.

Comme les poissons, ils sont alors complétement aquatiques. Bientôt la partie extérieure de leurs branchies se flétrit et en même temps que leurs poumons commencent à se développer, leurs pattes de derrière apparaissent; ils vont aussi posséder des pattes de devant. Le tétard ainsi modifié n'est pas encore une grenouille, mais il est déjà dans un état mixte entre celui qui le caractérisait d'abord et celui qui le distinguera lorsqu'il sera devenu la grenouille proprement dite. Sa métamorphose ne sera complète que lorsqu'il respirera uniquement par ses poumons et qu'il aura perdu ses branchies. A cette époque, la longueur de son canal digestif est sensiblement réduite et sa queue a disparu par résorption. C'est à cette métamorphose que fait allusion le nom d'anoures, signifiant sans queue, que l'on donne aux batraciens de cet ordre.

Une semblable disposition caractérise non-seulement les grenouilles [2], mais aussi les rainettes, les crapauds, les dactylèthres, qui vivent en Afrique, et les pipas, animaux particuliers à l'Amérique.

---

1. *Zoologie*, 1re année : *Notions générales*, fig. 14.

2. Voir, pour l'anatomie de la grenoullle : *Zoologie, Notions générales*, fig. 11, 80 à 83 et 106.

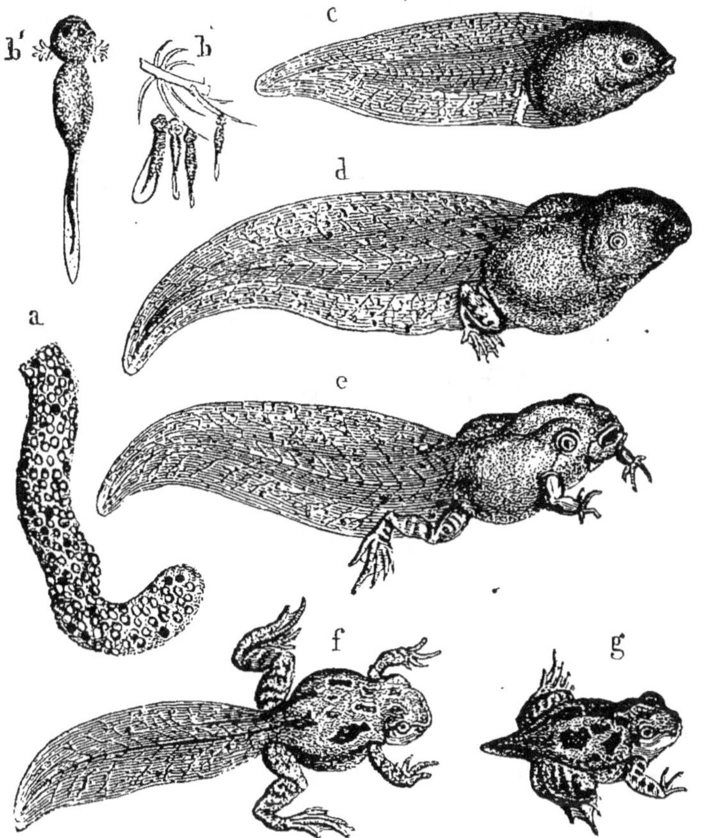

FIG. 84. — Métamorphoses du *Crapaud*.

a) les œufs réunis en un long cordon; — *b*) têtards au moment de l'éclosion;
— *b'*) l'un d'eux grossi pour faire voir ses branchies extérieures; — *c*) le
même ayant perdu ses branchies extérieures, mais ne possédant pas encore de
pattes; — *d*) pourvu de pattes postérieures; — *e*) pourvu de pattes postérieures et de pattes antérieures; — *f*) le corps commence à perdre la forme qu'il
avait dans l'état de têtard et prend son aspect définitif; — *g*) la queue a
presque entièrement disparu.

Dans le *pipa*, les œufs sont placés par les mâles sur le
dos des femelles aussitôt après la ponte, et la peau de cette
partie du corps se gonflant, ils se trouvent logés dans autant
de poches, dans lesquelles ils se développent. Les petits,
lorsqu'ils sortent de ces espèces de nids, ont déjà la forme
caractéristique de l'âge adulte, leur métamorphose s'étant

accomplie pendant cette sorte d'incubation. Les batraciens présentent plusieurs autres particularités également fort curieuses.

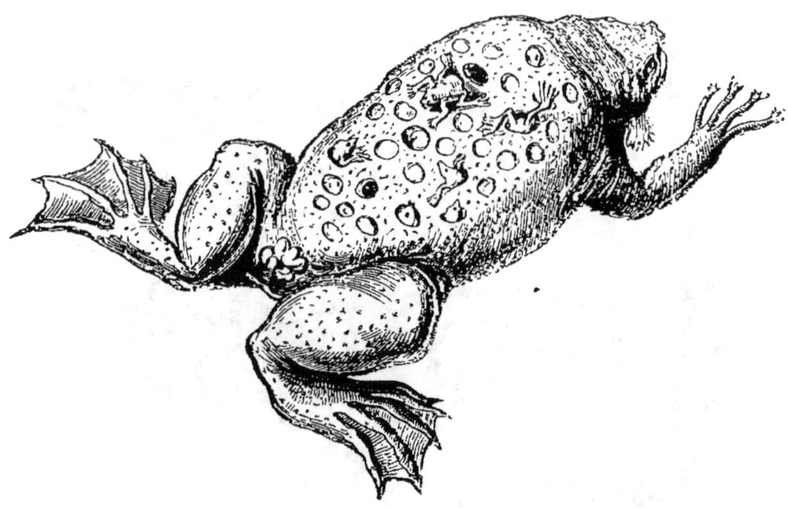

FIG. 85. — *Pipa de la Guyane.*

Quelques rainettes américaines (notodelphes, etc.) ont aussi un mode de développement qui rappelle à certains égards la gestation des marsupiaux.

Les anoures sont, en général, pourvus de langue, et cet organe joue un rôle actif dans le mécanisme de leur respiration. Manquant de côtes, ils sont obligés d'opérer une sorte de déglutition de l'air, comme le font les tortues, chez lesquelles la carapace immobilisée empêche aussi la dilatation du thorax ; mais les dactylèthres et les pipas n'ont pas de langue. Chez eux, plusieurs des apophyses transverses des vertèbres thoraciques s'allongent sous la forme de côtes, et, les muscles thoraciques aidant, la respiration s'accomplit à peu près comme chez les autres animaux.

ORDRE II. CÉCILIES. — Ce sont des batraciens serpentiformes. Les espèces peu nombreuses que l'on en connaît sont étrangères à l'Europe ; on les avait d'abord classées parmi les ophidiens, mais un examen plus attentif de leurs différents caractères a dû les faire réunir aux batraciens. Les cécilies sont ovovivipares.

Les métamorphoses de ces animaux n'ont pas encore été observées; il est probable qu'elles s'accomplissent avant la naissance.

ORDRE III. URODÈLES.— Chez ceux-ci, la queue est persistante, et la dénomination qu'ils portent rappelle ce caractère. On reconnaît plusieurs degrés dans les métamorphoses qu'ils éprouvent, ce qui a permis de les partager en trois catégories.

1° Les Urodèles qui subissent le changement le plus complet sont les salamandres et les tritons. Ils perdent leurs branchies et ne conservent même pas la trace des trous par lesquels ces organes sortaient à l'extérieur.

La grande salamandre du Japon, qui constitue un genre particulier, auquel on a donné le nom de mégatriton, appartient à cette tribu ; plusieurs ménageries européennes en possèdent en ce moment des exemplaires. Ce batracien présente, entre autres particularités, celle d'avoir les vertèbres biconcaves, tandis que les salamandres ordinaires et les tritons les ont convexes en avant.

2° Les amphiumes et les ménopomes, batraciens de forme analogue aux salamandres, et qui vivent aux États-Unis, forment une seconde catégorie. Leur métamorphose est moindre encore; puisque, tout en perdant les branchies, ils conservent néanmoins de chaque côté du cou l'orifice par lequel ces organes sortaient au dehors. Ces animaux ont tous les vertèbres biconcaves.

3° Une troisième catégorie est caractérisée par la persistance des branchies à tous les âges, la métamorphose ne consistant plus alors que dans le développement des pattes et des poumons. Ce sont ces animaux, réellement amphibies, que l'on a désignés par le nom de *batraciens pérennibranches*. Leurs différents genres sont les protées, qui vivent dans les eaux souterraines de la Carniole et de l'Istrie ; les ménobranches et les sirènes qu'on trouve dans certains lacs des États-Unis d'Amérique.

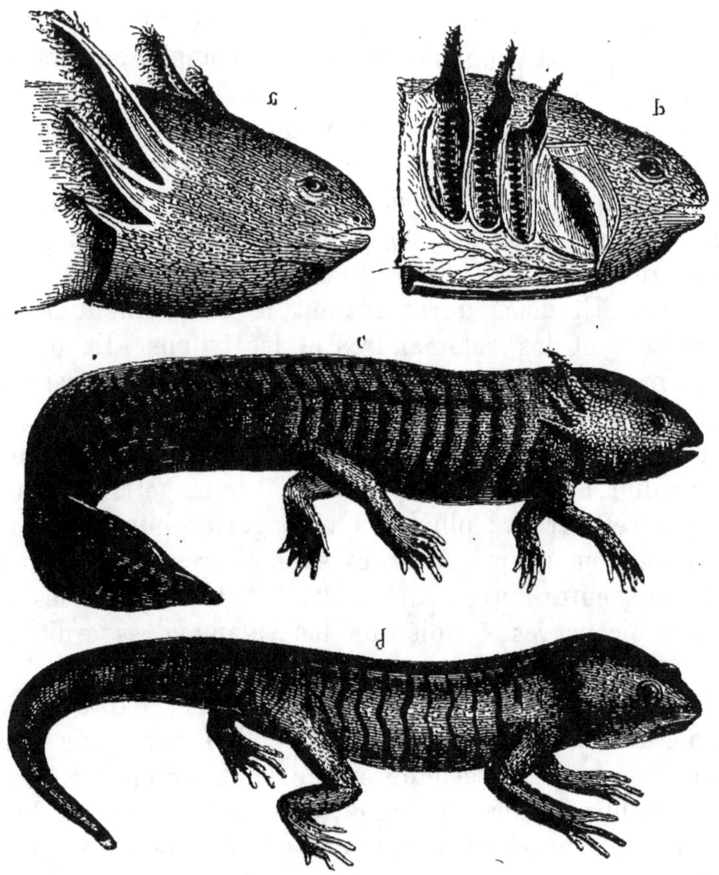

FIG. 86. — Métamorphose de l'*Axolotl*.

a) Tête d'une Axolotl pourvue de ses branchies externes et internes; — *b*) les branchies extérieures commencent à diminuer; elles ont été relevées pour montrer les arcs branchiaux et les branchies internes; — *c*) sujet dont les branchies extérieures sont encore plus petites; — *d*) le même après la disparition des branchies.

Les axolotls (fig. 86), sortes de batraciens urodèles propres aux lacs de Mexico, ont souvent été regardées comme étant également pérennibranches, mais on a récemment constaté qu'elles subissaient une métamorphose analogue à celle des salamandres et des tritons. Cependant, elles sont déjà capables de se reproduire pendant leur état branchifère. Lorsqu'elles se sont transformés, elles offrent tous les caractères du genre américain de salamandres auquel on a donné le nom d'*ambystomes*. Les axolotls telles qu'on les connaissait antérieurement à cette curieuse observation ne doivent donc plus être regardées que comme des larves d'ambystomes.

Les batraciens pérennibranches établissent une sorte de transition vers les poissons, car il y a des animaux de cette dernière classe qui ont, comme eux, des poumons et des branchies. Aussi, lorsqu'en 1837 les naturalistes connurent l'animal du Brésil auquel on **a donné le nom de** lépidosirène, leur fut-il, pendant quelque temps, impossible de décider si ce singulier vertébré devait être classé parmi les batraciens ou si c'était un poisson véritable.

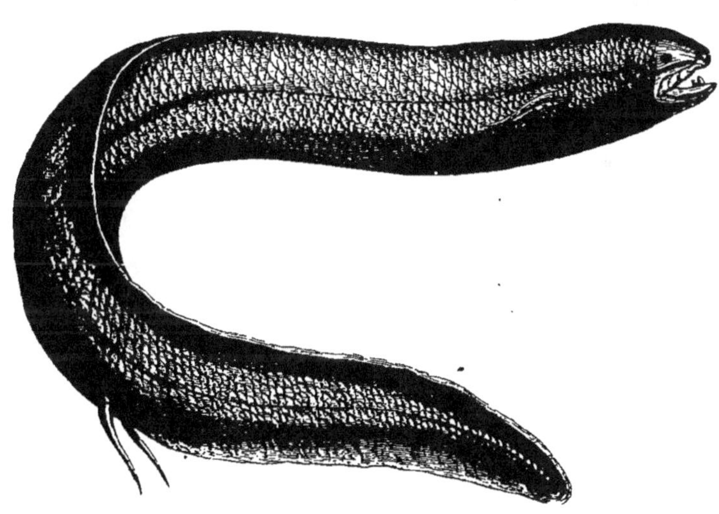

FIG. 87. — *Lépidosirène du Brésil.*

Le lépidosirène, que l'on range aujourd'hui parmi les animaux de cette dernière classe, possède à la fois des poumons et des branchies ; son corps a quelque chose de celui des anguilles ; il présente de même une nageoire dorsale et une ventrale ; mais ses membres se réduisent à deux paires d'appendices qui ressemblent plutôt à des tentacules qu'à des pattes ou à des nageoires, et la structure intérieure de son corps n'est pas moins bizarre.

Il existe en Gambie un second genre de la même famille ; c'est celui des protoptères.

Les lépidosirènes ont plusieurs valvules au bulbe artériel et leur cœur a deux oreillettes ; ils ont à la fois des poumons ainsi que des branchies, et leurs narines communiquent avec l'arrière-bouche. A ces caractères qui les rattachent aux batraciens, il faut ajouter qu'ils ont le condyle occipital unique comme les poissons, que leur colonne vertébrale reste à l'état de corde dorsale, que leurs nageoires impaires sont soutenues par des rayons squelettiques, et que leur intestin est spiral, ce qui ne se voit que chez certains poissons.

CHAPITRE VII.

CARACTÈRES GÉNÉRAUX ET CLASSIFICATION DES POISSONS.

CARACTÈRES GÉNÉRAUX. — Les poissons vivent exclusivement dans l'eau, et ils respirent tous par des branchies; cependant il en est quelques-uns chez lesquels on trouve encore des espèces de poumons. En effet, la vessie natatoire que présentent beaucoup d'espèces de cette classe ne saurait être considérée que comme un poumon réduit à ses parois membraneuses et affecté à des fonctions purement hydrostatiques. Chez quelques-unes, elle joue même un rôle dans la respiration et ses parois ont une structure gaufrée qui rappelle les poumons des reptiles ou des batraciens, ce qui n'empêche pas les poissons, chez lesquels on observe cette particularité, d'être pourvus, comme les autres, de branchies véritables. Le caractère tiré de l'absence de poumons chez les poissons n'est donc pas un caractère constant; d'ailleurs, le fût-il, il ne suffirait pas pour séparer ces animaux de ceux de la classe des batraciens, avec lesquels ils ont de commun le manque de vésicule allantoïde et d'amnios pendant leur âge fœtal.

On doit cependant remarquer que la présence des branchies (fig. 88) est constante chez tous les poissons à quelque ordre qu'ils appartiennent et que dans aucun cas ces organes ne tendent à disparaître dans les vertébrés de cette classe, quelle que soit la forme que présente la vessie natatoire. C'est donc un caractère constant chez les poissons que d'être pourvus des branchies, même lorsque leur vessie natatoire peut ainsi servir à la respiration.

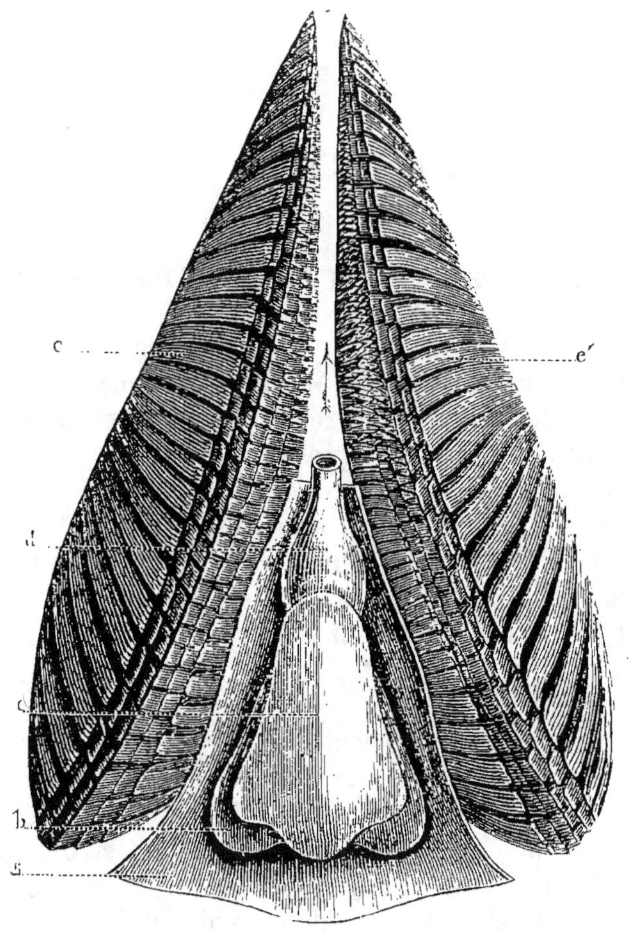

F.G. 88. — Cœur et branchies du *Thon*.

a) péricarde ouvert; — b) oreillette unique; — c) ventricule unique; — d) bulbe artériel; — e, e') branchies.

Cette dernière disposition dont le lépidosirène nous a déjà montré un exemple se retrouve chez les saccobranches (fig. 89 et 90), ainsi que chez d'autres poissons de la famille des silures.

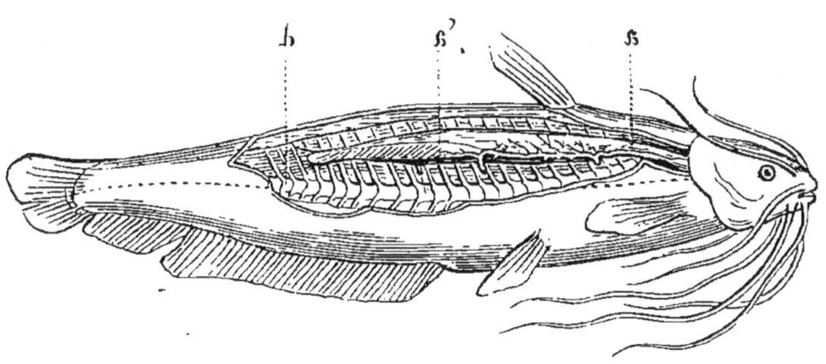

FIG. 89. — *Saccobranche; ouvert.*

a, a') a vessie natatoire transformée en poumons ; — *b)* colonne vertébrale.

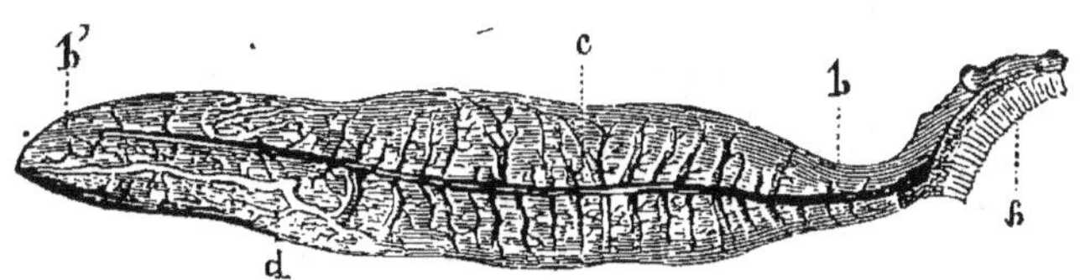

FIG. 90. — Appareil respiratoire du *Saccobranche.*

a) un des arcs branchiaux et sa branchie ; — *b, b')* vaisseau remplissant le rôle d'artère pulmonaire ; — *c, d)* vessie natatoire et ses vaisseaux sanguins.

Les poissons se distinguent du reste des vertébrés par d'autres particularités[1] : leurs membres ne sont jamais disposés sous la forme de pattés ; ce sont des nageoires composées d'un nombre considérable de rayons et ils sont différents des membres tels que nous les voyons chez les vertébrés aériens. Les poissons ont en outre des nageoires impaires placées sur la ligne médiane du corps ; elles se voient au dos, à l'extrémité de la queue, et entre celle-ci et l'anus. Ces nageoires impaires sont soutenues par des rayons comparables à ceux qui forment les nageoires membrales. Dans certains cas, ces rayons sont fasciculés et multiarticulés sur leur longueur (rayons mous) ; dans d'au-

1. Voir pour les principaux caractères anatomiques des poissons : *Zoologie, Notions préliminaires,* fig. 24 (la carpe).

tres, ils sont d'une seule pièce, rigides, sans articulations et transformés en arêtes susceptibles de déterminer des piqûres souvent dangereuses (rayons épineux).

Le cœur des poissons (fig. 88) répond à la partie droite de celui des mammifères. On n'y trouve qu'une oreillette et un ventricule, lequel est suivi d'un bulbe artériel contractile pourvu d'un nombre variable de valvules. Le lépidosirène est le seul poisson dont le cœur ait deux oreillettes [1].

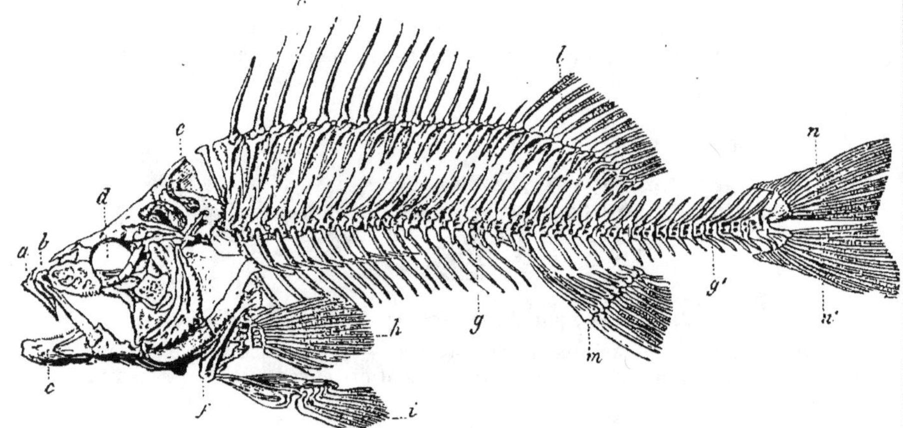

FIG. 91. — Squelette de la *Perche.*

a) os intermaxillaire ; — *b*) os maxillaire supérieur ; — *c*) maxillaire inférieur ; — *d*) orbite, bordée inférieurement par les os sous-orbitaires ; — *e*) région occipitale ; — *f*) opercule ; — *gg'*) colonne vertébrale et ses arcs supérieurs et inférieurs ; — *h*) nageoires thoraciques ; — *i*) nageoires ventrales, ici reportées sous la gorge, comme dans les poissons jugulaires et les subbrachiens ; — *k*) rayons épineux de la nageoire dorsale antérieure ; — *l*) rayons mous de la nageoire dorsale postérieure ; — *m*) rayons de la nageoire anale ; — *nn'*) les deux faisceaux de rayons osseux qui constituent la nageoire caudale.

Un autre caractère important est tiré de la disposition du squelette. Chez la plupart des poissons, il prend la consistance osseuse (fig. 91) ; chez d'autres, il reste au contraire cartilagineux [2] ou même fibreux ; mais, lorsque les corps vertébraux se développent, ils sont concaves à leurs deux

1. *Anatomie et Physiologie*, fig. 28 et 29.
2. *Zoologie*, 1ʳᵉ *année, Notions générales*, fig. 108.

faces articulaires et le crâne est en rapport avec la colonne vertébrale par une articulation simple, qui est elle-même concave comme un corps de vertèbre.

On ne peut signaler à cet égard d'autres exceptions que celles des lépisostées, qui ont les vertèbres convexes en avant et concaves en arrière ; des échénéis (fig. 107), qui ont deux condyles occipitaux à peu près semblables à ceux des batraciens, et de la fistulaire, dont le condyle occipital unique, est convexe au lieu d'être excavé.

La bouche des poissons est, en général, susceptible de s'ouvrir largement pour assurer la préhension des aliments et donner accès à l'eau nécessaire à la respiration. Cette eau s'échappe par les ouvertures latérales appelées *ouïes*[1], qui sont habituellement au nombre de deux, une pour chaque côté ; toutefois, chez les plagiostomes et les cyclostomes, il y en a plusieurs paires.

L'anus s'ouvre quelquefois à une très-faible distance de la bouche, mais le canal digestif peut décrire dans la cavité abdominale un certain nombre de circonvolutions. Le plus souvent son orifice terminal est reporté plus en arrière, quoique toujours séparé de la nageoire postérieure par une autre nageoire placée au-dessous de la queue proprement dite.

Les sens sont très-inférieurs dans leur conformation à ceux des animaux aériens. Cependant les narines[2] possèdent une appareil nerveux bien développé et les yeux, quoique manquant constamment de paupières, paraissent donner à ces animaux des sensations qui dirigent en grande partie leur vie de relation. Dans quelques espèces seulement, la peau passe au devant d'eux sans s'ouvrir. Leur cristallin y est toujours de forme sphérique[3].

L'organe de l'ouïe[4] est réduit aux deux parties de l'oreille interne que nous avons décrites sous les noms de

1. *Zoologie*, 3ᵉ *année, Anatomie et Physiologie*, fig. 38.
2. *Ibid.*, fig. 95.
3. *Ibid.*, fig. 98.
4. *Ibid.*, fig. 105.

vestibule et de canaux demi-circulaires. Il est probable qu'il perçoit plutôt des bruits que de véritables intonations.

Le cerveau est peu développé, et ses quatre paires de ganglions sont moins différentes entre elles par leurs dimensions que chez les vertébrés des deux premières classes. Les raies et les squales sont les poissons qui l'ont le plus volumineux. Ce sont aussi ceux chez lesquels les rapports avec le monde extérieur sont le plus variés, et leurs instincts sont supérieurs à ceux de tous les autres.

Les animaux de cette classe sont essentiellement ovipares. Le plus souvent ils ne donnent aucun soin à leurs œufs ; ils se contentent de les placer dans des endroits appropriés à l'éclosion, et les abandonnent à eux-mêmes. Dans la majorité des espèces, le mâle et la femelle ne se connaissent même pas. On cite cependant quelques poissons qui construisent de véritables nids. Il y en a aussi qui sont ovovivipares, tels que les embiotoques, genre voisin des perches, qui habitent le golfe de Californie, les pécilies, de l'Amérique équinoxiale, quelques blennies et certains plagiostomes. Une espèce de ce dernier groupe est déjà citée comme telle par Aristote. Il avait remarqué, ce que J. Muller et d'autres naturalistes modernes ont confirmé, que la vésicule ombilicale de ce poisson présente un développement spécial du système vasculaire qui fonctionne à la manière d'un placenta. Ce plagiostome est une espèce d'émissole (genre *Mustelus*).

Poissons électriques. — L'organisation des poissons présente une foule de particularités dont l'étude offre le plus grand intérêt sous le double rapport de l'anatomie et de la physiologie. Une des plus curieuses est, sans contredit, la propriété que possèdent certains d'entre eux de dégager une quantité notable d'électricité, et de s'en servir pour foudroyer leurs ennemis ou arrêter la proie dont ils veulent s'emparer. Plusieurs genres de poissons appartenant à des groupes fort différents les uns des autres, jouissent de la propriété d'être électriques.

Les torpilles, animaux voisins des raies, dont il y a

des espèces sur nos côtes de la Méditerranée et sur quelques points de celles de l'Océan, principalement auprès de la Rochelle, sont de ce nombre. Leur appareil électrique consiste en une multitude de petits prismes d'une structure particulière, qui sont placés de chaque côté de la partie antérieure du corps et munis de nerfs provenant de la cinquième paire ainsi que du pneumo-gastrique. Le curare, ce poison terrible qui paralyse toute action musculaire, n'enlève pas aux torpilles leurs facultés électriques.

Il existe en Amérique des poissons qui produisent aussi de l'électricité. Ce sont les gymnotes, dites anguilles de Surinam, qui habitent les régions les plus chaudes du nouveau monde. Leurs décharges sont assez fortes pour terrasser les chevaux qui entrent dans les immenses marécages qu'elles habitent, et, dans la chasse que l'on fait à ces quadrupèdes, on les pousse avec intention dans la direction des gymnotes, afin de s'emparer d'eux plus aisément.

Les malaptérures du Nil et de plusieurs autres grands fleuves africains sont des silures également électriques. Sur les bords du Nil, les Arabes les désignent par le nom de *raasch*, qui signifie tonnerre; ce qui montre qu'ils se font une juste idée de la nature électrique des commotions que donnent ces poissons.

CLASSIFICATION DES POISSONS. — Les espèces de cette classe ne sont pas moins nombreuses que celles des oiseaux. Il y en a dans toutes les parties du globe, et les eaux douces ainsi que les eaux salées en nourrissent également. On les a réunies avec soin dans les collections publiques, et des ouvrages importants ont été consacrés à leur description.

Ces espèces, dont le nombre n'est pas inférieur à douze mille, ont dû être réparties comme celles des autres classes en genres, en familles et en ordres. Certains caractères empruntés à la nature osseuse ou cartilagineuse de leur squelette, à la conformation épineuse, c'est-à-dire résistante et d'une seule pièce, ou au contraire molle, flexible et multiarticulée, des rayons qui soutiennent leur nageoire dorsale ; à la disposition des ouïes ou orifices respiratoires qui sont simples ou multiples et garnis d'opercules ou au contraire dépourvus de ces moyens de protection; à la forme des branchies ou à leur mode d'insertion et à quelques autres particularités non moins faciles à saisir, ont longtemps suffi aux ichthyologistes pour caractériser les groupes qu'ils établissaient parmi ces animaux.

Rappelons, au moyen d'un tableau, sur quelles bases Cuvier avait posé la classification de ce groupe; nous exposerons ensuite, comme nous l'avons fait à propos des autres classes, les principales modifications que les progrès de la science y ont apportées et nous donnerons aussi quelques détails sur les ordres aujourd'hui admis dans la même grande division par les naturalistes.

Cuvier a accepté la classification des poissons en deux sous-classes suivant la nature osseuse ou cartilagineuse de leur squelette. La disposition des branchies, l'état épineux ou mou de la nageoire dorsale et la position des membres abdominaux qui restent en arrière du ventre ou sont ramenés au-dessous de la gorge lui ont permis d'établir ensuite divers ordres, ce qu'Artedi avait déjà fait en partie. Le nombre total des ordres admis par Cuvier est de neuf : six pour les poissons osseux et trois pour les poissons cartilagineux.

Tableau de la classification ichthylogique de Cuvier.

I. *Poissons osseux.*

    A Mâchoire supérieure mobile.
    a) Branchies en forme de peignes.
    †   Nageoires ventrales placées en avant de l'abdomen.
    *   Rayons antérieurs de la nageoire dorsale épineux : 1° *Acanthoptérygiens* (perche).
    ** Rayons de la nageoire dorsale mous : 2° *Malacoptérygiens subbrachiens* (merlan).
    †† Nageoires ventrales placées en arrière de l'abdomen, loin des pectorales : 3° *Malacoptérygiens abdominaux* (carpe).
    ††† Point de nageoires ventrales : 4° *Malacoptérygiens apodes* (anguille).

b) Branchies en forme de houppes : 5° *Lophobranches* (hippocampe).

B) Mâchoire supérieure soudée au crâne : 6° *Plectognathes* (baliste).

II. *Poissons cartilagineux ou Chondroptérygiens.*

a) Branchies libres; une seule paire d'ouïes : 7° *Sturioniens* (esturgeon).

b) Branchies adhérentes par leurs bords: plusieurs paires d'ouïes.

* Mâchoire' inférieure mobile : 8° *Sélaciens* ou *Plagiostomes* (raie, squale).

** Mâchoires soudées en cercle : 9° *Cyclostomes* (lamproie).

M. Agassiz, lorsqu'il a voulu étudier plus complétement qu'on ne l'avait fait avant lui les poissons propres aux anciennes époques géologiques et les comparer avec les espèces actuellement vivantes, a eu spécialement recours aux écailles, ce qui l'a conduit à distinguer les poissons en quatre catégories principales.

Les écailles des carpes et celles de la plupart des poissons rangés par Cuvier parmi les malacoptérygiens, que ces malacoptérygiens soient abdominaux comme les carpes elles-mêmes, les brochets, les harengs ou les truites, qu'ils soient au contraire subbrachiens comme les morues et les merlans, ou bien apodes comme les anguilles, sont formées de zones concentriques et restent à peu près circulaires; elles ont été appelées *écailles cycloïdes* (fig. 92 *b* et *c*).

Au contraire, celles des perches et de la plupart des poissons que Cuvier rangeait aussi dans son ordre des acanthoptérygiens à cause de la nature épineuse des rayons antérieurs de leur nageoire dorsale, ont leur bord libre comme denticulé ou pectiné, ce qui constitue une seconde forme, celle des *écailles cténoïdes* (fig. 92 *a*); les pleuronectes ou poissons plats de l'ordre des malacoptérygiens subbrachiens et quelques espèces de labroïdes sont aussi dans ce cas.

Les genres lépisostée et polyptère, classés à tort par Cuvier avec les malacoptérygiens abdominaux, ont les écailles autrement conformées. Elles sont rhomboïdales et constituent une sorte de cuirasse enveloppant le corps plutôt qu'une écaillure véritable, et ces écailles, en grande partie osseuses, sont recouvertes par une couche luisante comparable à l'émail des dents ; de là leur nom d'*écailles ganoïdes* qui rappelle cette apparence (fig. 92 *d* et *d'*).

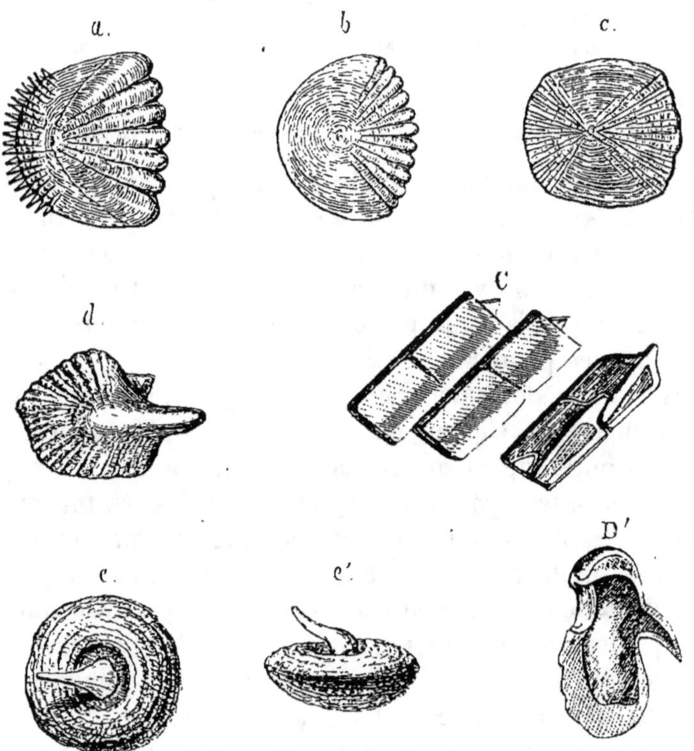

FIG. 92. — Formes principales des écailles des Poissons.

a) écaille pectinée, dite cténoïde ; de la *Perche* ; — *b*) écaille circulaire, dite cycloïde ; du *Cyprinodon* ; — *c*) id. de la *Carpe* ; — *d*) écailles osseuses et à surface émaillée dites ganoïdes ; du *Lépisostée* ; — *d'*) id. de l'*Amblyptère* (genre éteint de ganoïdes) ; — *e*) écaille en boucle, dite placoïde ; de la *Raie*.

Chose remarquable, les poissons cycloïdes et cténoïdes, aujourd'hui si nombreux dans les mers ou les eaux douces des différentes régions du globe, sont de plus en plus rares à mesure que l'on descend dans la série des formations géologiques, et l'on cesse d'en trouver des représentants dès le milieu de la période jurassique. Au contraire, les ganoïdes, tels que nous venons de les définir, c'est-à-dire les poissons du même groupe naturel que les lépisostées et les polyptères, ne sont aujourd'hui représentés que par ces deux seules familles. Ils ne constituent que les trois genres lépisostée, polyptère et calamychthe ,. tandis que le nombre de leurs espèces augmente dans les faunes anciennes à mesure que celui des cténoïdes diminue. Dans les étages les plus anciens, ceux qui constituent, par exemple, les dépôts jurassique et palézoïque, ils sont aussi nombreux en espèces que variés dans leurs formes génériques. On en distingue même de plusieurs familles particulières.

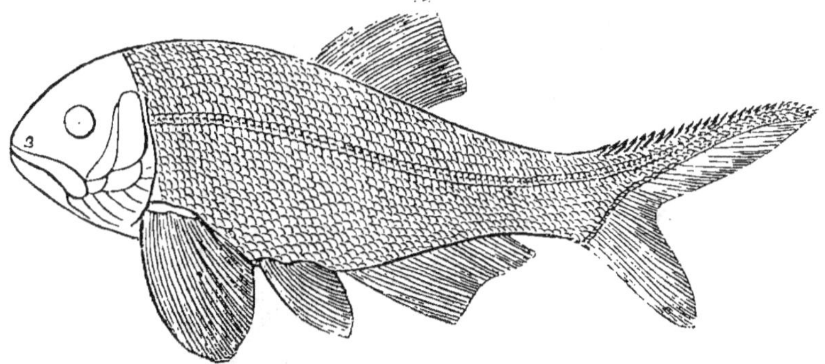

FIG. 93. — *Amblyptère*, ganoïde fossile du terrain houiller.

Une quatrième sorte de productions cutanées caractéristiques des poissons est celle des boucles ; ce sont des plaques ou plutôt des bulbes ayant leur enveloppe solidifiée, comme on en voit à la peau des raies et des squales ; ces productions ont reçu le nom d'*écailles placoïdes* (fig. 92 *e*, *e'*, *e''*).

Elles ont une forme très-différente de celle des écailles cycloïdes et cténoïdes ainsi que de celle des écailles ganoïdes. La peau des requins et autres squales doit à leur présence le caractère rugueux qui la distingue et qui la fait employer comme chagrin ou galuchat ; c'est à cause de ce caractère que certaines raies ont reçu le nom de raies bouclées. Il y a des poissons placoïdes dans toute la série des formations fossilifères; leur groupe a donc apparu très-anciennement. Les raies et les squales si nombreux en espèces sont les représentants actuels de cette importante catégorie.

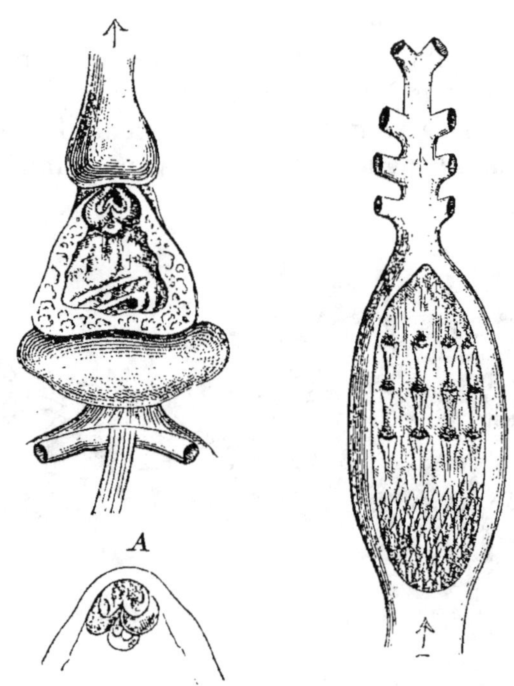

FIG. 94. — Cœur et ses valvules chez le *Thon*.
a) veines caves ; — b) oreillette ; — c) ventricule ouvert pour en montrer les valvules sigmoïdes ; — *(d)* bulbe artériel. = A')— Les valvules isolées.

FIG. 95. — Bulbe artériel du *Squale Lamie* et ses valvules.
a) valvules disposées sur trois rangs ; — b) l'artère branchiale et ses divisions.

Plus récemment on a encore indiqué comme pouvant fournir des documents utiles à la classification naturelle des poissons quelques autres particularités de la structure anatomique de ces animaux qui méritent en effet d'être prises en considération; telles sont principalement la disposition des valvules du bulbe artériel et la forme spirale ou non de l'intestin. M. J. Muller a plus particulièrement insisté sur la valeur de ces derniers caractères.

Aussi, sans être aujourd'hui définitivement arrêtée, la classification des poissons a-t-elle fait de sensibles progrès, et elle est déjà loin du point où l'avaient portée les efforts successifs d'Artedi, de Linné, de Lacépède, de Duméril et de G. Cuvier.

Nous admettrons cinq ordres de poissons :

1° Les GANOÏDES, qui sont osseux ou cartilagineux, ont le bulbe aortique pourvu de nombreuses valvules, possèdent un intestin spiral, n'ont qu'une seule paire d'ouïes, mais ont le corps protégé par des écailles osseuses souvent recouvertes d'une couche d'émail.

2° Les SQUAMODERMES, poissons osseux, à branchies pectinées et n'ayant qu'une seule paire d'ouïes, qui ont les écailles de forme ordinaire, que ces écailles soient cténoïdes ou qu'elles soient cycloïdes.

3° Les OSTÉODERMES, dont la peau est habituellement endurcie par des pièces osseuses; ils ont le squelette osseux, mais n'ont pas les valvules du cœur multiples et leur intestin n'est pas de forme spirale. Sous ce double rapport ils se rapprochent des squamodermes.

4° Les PLAGIOSTOMES ou *placoïdes*, qui joignent à plusieurs caractères importants, tels que des valvules multiples et un intestin spiral, d'avoir le corps garni de boucles endurcies. Leur squelette est cartilagineux et ils ont plusieurs paires d'ouïes. Peut-être devraient-ils à cause de la supériorité de leur structure anatomique être classés avant tous les autres poissons.

5° Les CYCLOSTOMES, dont les lamproies forment le genre le plus connu. Ils ont également plusieurs paires d'ouïes, mais leur organisation reste bien inférieure à celle des plagiostomes. Leurs branchies ont la forme de sacs, leur bouche est entourée d'un disque circulaire et leur squelette est en partie fibreux.

Les *Lépidosirènes* (fig. 87) et les *Branchiostomes* (fig. 121 et 122) ont aussi été regardés par plusieurs auteurs comme constituant des ordres particuliers. Nous avons déjà parlé des premiers[1] ; malgré l'infériorité de leurs caractères anatomiques, les seconds semblent devoir être réunis aux cyclostomes.

1. **Voir,** page 99. — Voir également : *Zoologie*, 1re année : *Notions générales*, p. 136, fig. 99 et 100. — *Ibid.*, 3e année : *Anatomie et Physiologie*, p. 75, fig. 28.

CHAPITRE VIII.

DESCRIPTION DES PRINCIPAUX GROUPES DE LA CLASSE DES POISSONS.

ORDRE I. GANOÏDES. — Il a été dit plus haut que les genres lépisostée et polyptère, placés par Cuvier à la suite des malacoptérygiens abdominaux, à cause de la position de leurs nageoires paires, différaient des autres poissons par leurs écailles à la fois osseuses et recouvertes d'émail.

Il faut ajouter à ces deux genres celui des calamichthes récemment découvert au Calabar (côte occidentale d'Afrique).

Les ganoïdes ont le bulbe artériel pourvu de valvules multiples placées sur deux rangs, et leur intestin est disposé spiralement. Quelques autres particularités, non moins importantes que celles-là, montrent aussi qu'on les laisserait à tort parmi les poissons squamodermes. Force est donc de les en séparer et d'en faire un groupe à part. C'est ce qu'a admis M. Agasiz lorsqu'il a donné à ces animaux le nom de ganoïdes ; mais il ne faut point leur associer comme le proposait ce naturaliste, les ostéodermes dont nous parlerons plus loin.

1° Un premier sous-ordre de ganoïdes comprend les *Rhombifères* (genres lépisostée, polyptère (fig. 96) et calamichthes), cités plus haut, auxquels il faut aujouter un nombre considérable de poissons éteints, surtout propres aux formations secondaires et paléozoïques. Ceux-ci ont reçu

les noms de *Lepidotus, Palæoniscus, Amblypterus* (fig. 93),
Pycnodus Gyrodus, Sphærodus, etc.

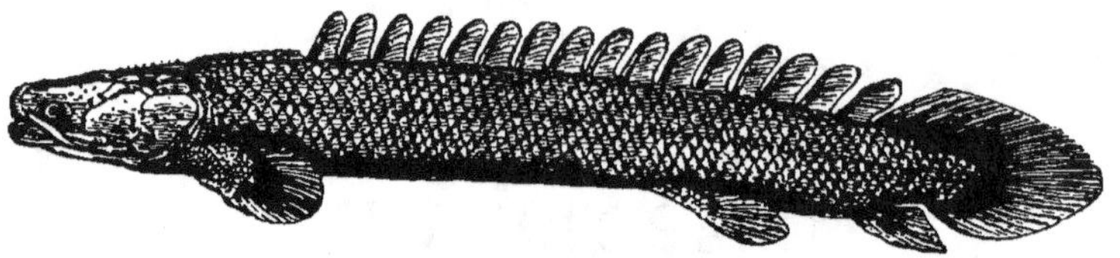

Par une exception singulière, la colonne vertébrale de
certaines de ces anciennes espèces ne s'ossifiait que dans ses
parties apophysaires et les corps vertébraux ne s'y développaient pas, l'axe des vertèbres restant celluleux et sous
la forme indivise qui constitue la corde dorsale chez les
embryons des e·pèces propres à l'ordre des squamodermes ;
ce caractère les laissait dans une condition évidente d'infériorité par rapport aux animaux du même sous-ordre qui
leur ont succédé et dont nous avons cité les trois genres actuellement existants.

2° On trouve en partie les mêmes caractères dans les
Sturioniens (esturgeons et spatulaires), que l'on peut regar-
der comme constituant un second sous-ordre des ganoïdes.

Les esturgeons sont surtout nombreux dans les fleuves
qui versent à la Mer noire ; il y en a également dans l'Europe occidentale, en Asie et en Amérique.

Ils sont de plusieurs genres.

Ces animaux, que l'on prend aussi à la mer, atteignent
en général une grande taille ; leur chair est fort estimée ;
leur vessie natatoire donne une colle de poisson (ichthyo-
colle) de première qualité, et l'on fait avec leurs œufs du
caviar, aliment très-usité en Russie et dans certaines parties de l'Allemagne.

ORDRE II. SQUAMODERMES. — Les acanthoptérygiens,
poissons à rayons dorsaux épineux et les malacoptérygiens de toutes sortes, c'est-à-dire les poissons chez lesquels ces rayons sont mous et multi-articulés, peuvent être

réunis dans une même division principale, sous le nom de *squamodermes*, faisant allusion aux écailles véritables, soit cycloïdes, soit cténoïdes, dont leur corps est couvert. Ce sont de tous les poissons ceux dont la forme nous est le plus connue, et ils ont pour caractères principaux d'avoir les branchies en forme de peignes (fig. 88), l'intestin non spiral et le bulbe artériel pourvu de deux valvules principales (fig. 94).

On doit y distinguer comme sous-ordres les acanthoptérygiens ainsi que les malacoptérygiens dits subbrachiens, apodes et abdominaux.

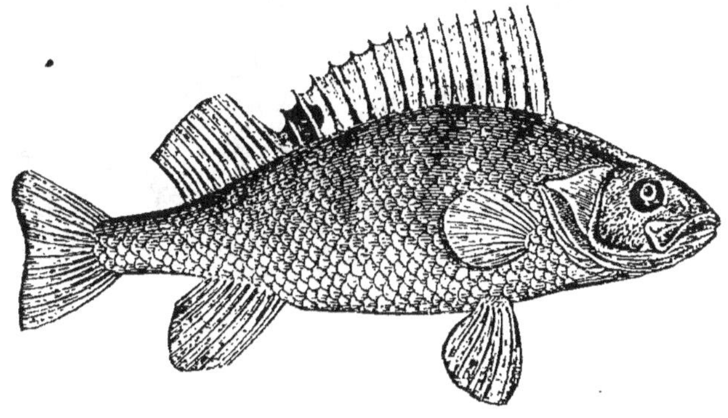

FIG. 97. — *Perche.*

1º Les *acanthoptérygiens*, ou squamodermes à nageoire dorsale épineuse, sont les perches fluviatiles (fig. 97), les per-

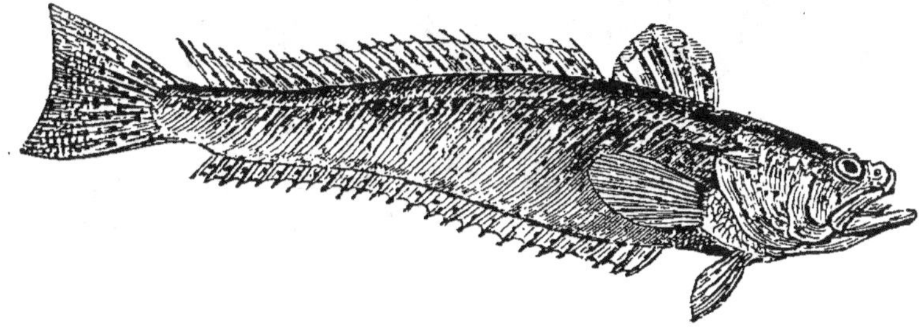

FIG. 98. — *Vive.*

ches de mer, aussi appelées bars ou loups, les vives (fig. 98),

les serrans, les trigles (fig. 99), les épinoches (fig. 102),
les maigres ou sciènes, les spares, les dorades, les chéto-
dons, les maquereaux, les thons (fig. 101), les blennies,
les labres (fig. 100); et les baudroies ou diables de mer.

FIG. 99. — *Trigle.*

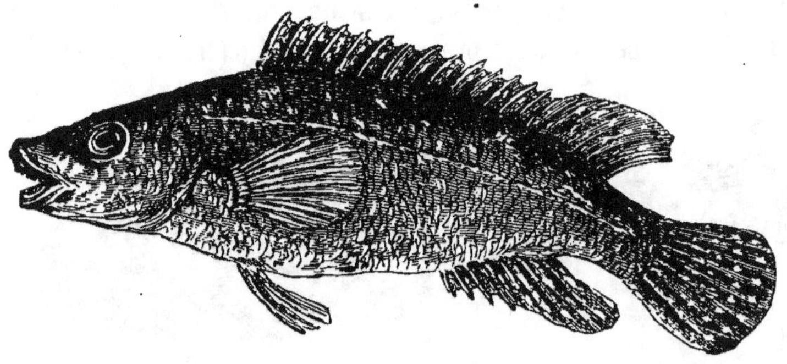

FIG. 100. — *Labre.*

Sauf la perche commune, la gremille, le chabot et quel-

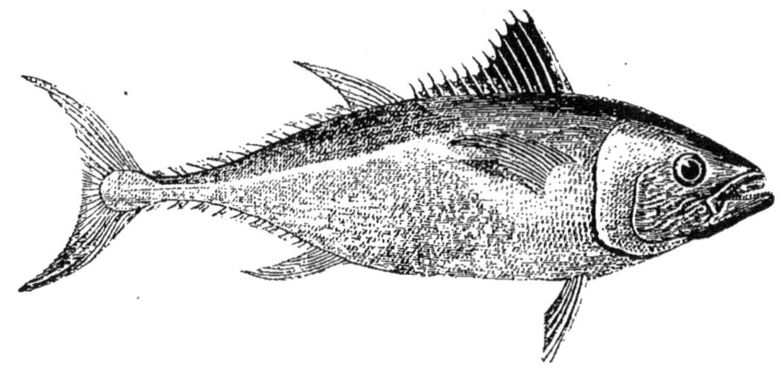

FIG. 101. — *Thon.*

ques épinoches, ces poissons vivent tous dans les eaux marines.

FIG. 102. — *Épinoche* et son nid.

Le nombre des espèces alimentaires propres aux eaux salées que la classe des poissons nous fournit est fort considérable, et plusieurs, comme les maquereaux, les thons, etc., sont l'objet d'une pêche spéciale.

Parmi les espèces utiles qui appartiennent au sous-ordre des acanthoptérygiens, nous signalerons encore le gourami (fig. 103), originaire de la Chine, qui a été acclimaté à

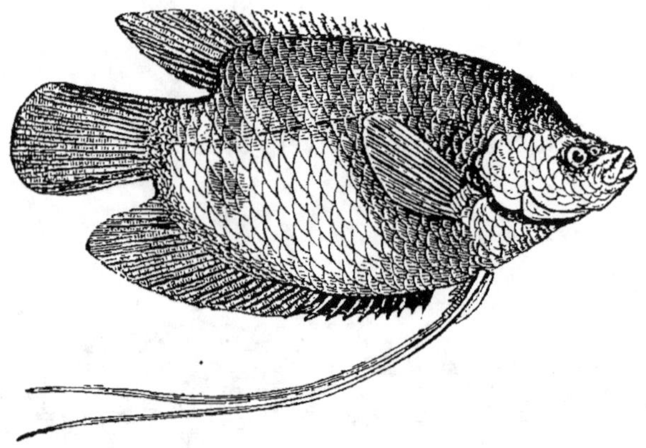

FIG. 103. — *Gourami.*

l'Ile de France et à Bourbon. Le transport en France de cette espèce a été essayé plusieurs fois, mais jusqu'ici sans résultat. Comme elle vit dans les eaux douces et qu'on peut l'élever dans de simples bassins, elle serait d'une incontestable utilité dans les îles de la Polynésie et la température de ces régions se prêterait mieux que celle de l'Europe à son acclimatation.

2° Les *malacoptérygiens subbrachiens* sont ainsi nommés parce qu'ils ont la nageoire dorsale de nature molle et que leurs ventrales sont placées sous les pectorales et par conséquent subbrachiennes. On y distingue des poissons à écailles cténoïdes, comme les pleuronectes ou poissons plats, si recherchés comme aliments (sole, turbot, barbue, carrelet, fig. 104, flet, limande, etc.). Ils ont les deux côtés

du corps inégaux, l'un décoloré et plat qui devient inférieur, l'autre légèrement convexe, qui semble être le dos.
Celui-ci porte les deux yeux.

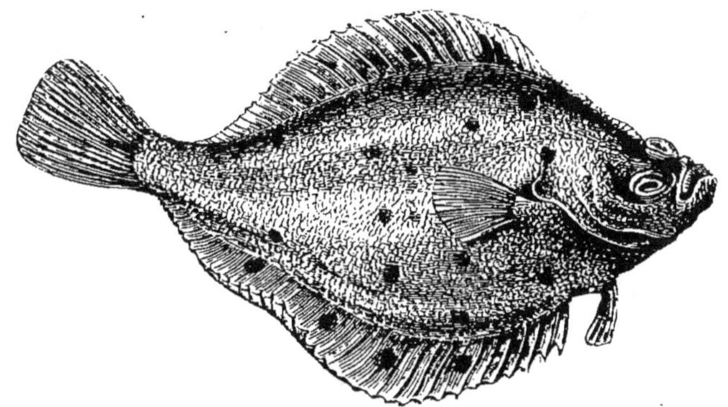

FIG. 104. — *Carrelet.*

Chez d'autres subbrachiens les écailles sont cycloïdes.
Ceux-ci sont les gades, dont la principale espèce est la
morue (fig. 105), objet d'une pêche extrêmement considérable dans les parages de Terre-Neuve et sur les côtes de
l'Islande. Sur notre littoral les morues sont plus rares;
elles reçoivent le nom de cabéliaux.

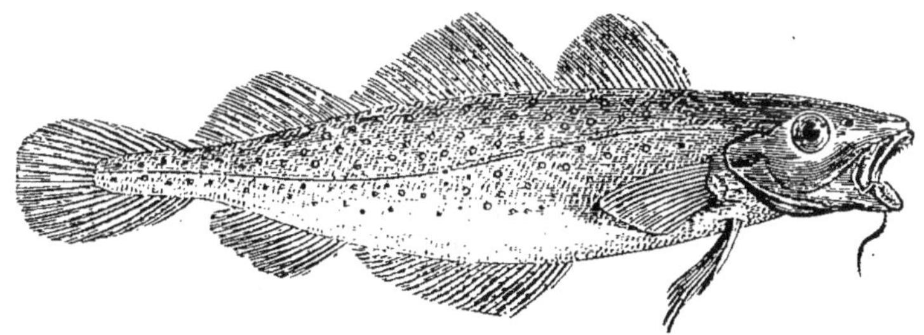

FIG. 105. — *Morue.*

Le merlan, l'égrefin et d'autres espèces marines appartiennent à la famille des gades; la lotte qui habite les eaux
douces, est aussi un poisson de cette catégorie. L'échénéis
ou remora (fig. 106), s'en rapproche à quelques égards.

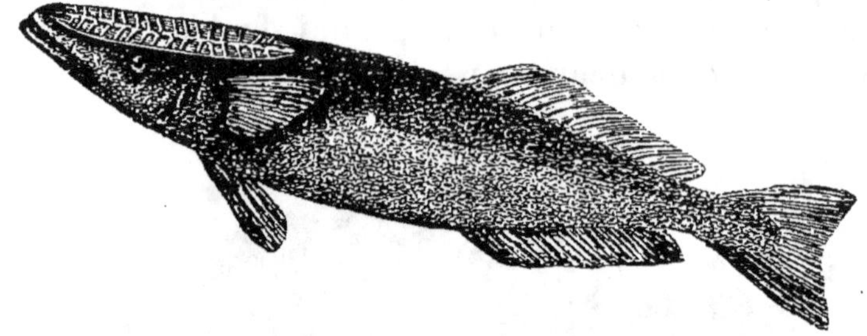

FIG. 106. — *Échenées.*

3º Les *malacoptérygiens apodes.* Ils diffèrent surtout des gades par l'absence de nageoires abdominales. Ce sont les congres ou anguilles de mer, les anguilles ordinaires (fig. 107), les gymnotes ou anguilles électriques et quelques autres.

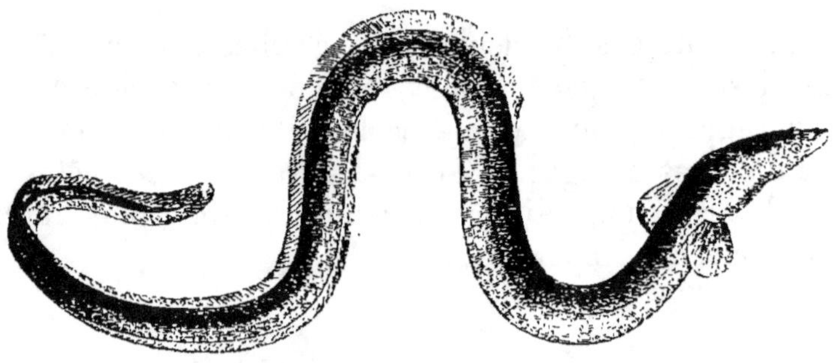

FIG. 107. — *Anguille.*

Les anguilles ne frayent qu'à la mer, encore ignore-t-on dans quelles conditions. Chaque année, des légions innombrables de leurs jeunes, incolores et si minces qu'on les a comparés à des fils, entrent dans les embouchures des rivières. Ils vont s'établir au loin pour s'y développer. On connaît cet alevin d'anguilles sous le nom de *montée*. En en plaçant avec quelque précaution dans des paniers au milieu d'herbes ou de mousses, il est aisé de l'expédier à de grandes distances pour empoissonner les étangs ou les pièces d'eau.

4° **Les** *malacoptérygiens abdominaux*, ainsi appelés de ce que leurs nageoires ventrales sont placées au delà de l'abdomen et par conséquent bien en arrière des pectorales, forment la quatrième division des poissons squamodermes.

Ils sont presque aussi nombreux en espèces que les acanthoptérygiens; mais, à l'encontre de ces derniers, ils vivent pour la plupart dans les rivières ou dans les étangs d'eau douce.

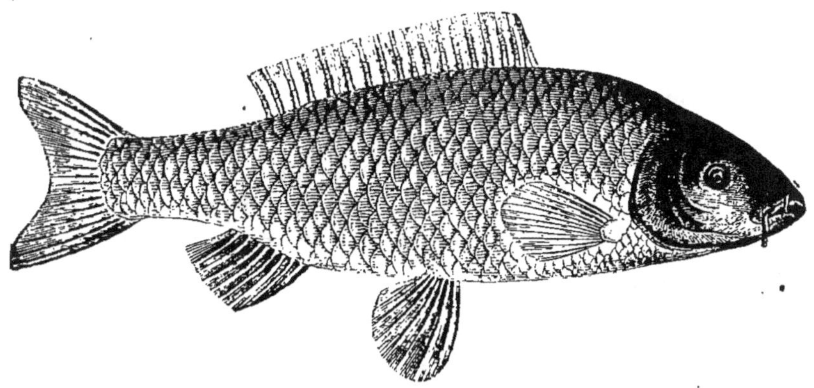

Fig. 108. — *Carpe.*

C'est à cette division qu'appartiennent les cyprinidés, dont le nom rappelle celui de la carpe (genre *Cyprinus*). Ils comprennent, en outre, les brèmes, les barbeaux, les tanches, les goujons, les ablettes ainsi que beaucoup d'autres, compris sous le nom de poissons blancs. Il faut y ajouter les poissons rouges ou cyprins dorés importés de Chine au dernier siècle et qui se sont complétement acclimatés en Europe.

Les cyprinidés constituent les espèces omnivores de la grande division des malacoptérygiens abdominaux; les brochets et les salmones en sont les carnassiers. Ces derniers comptent parmi les poissons les plus destructeurs.

Les salmones, dont le saumon est l'espèce la plus utile à l'alimentation de l'homme, comprennent aussi les truites, les féras et les éperlans. Ces poissons pondent des œufs en général plus gros que ceux des autres squamodermes, et

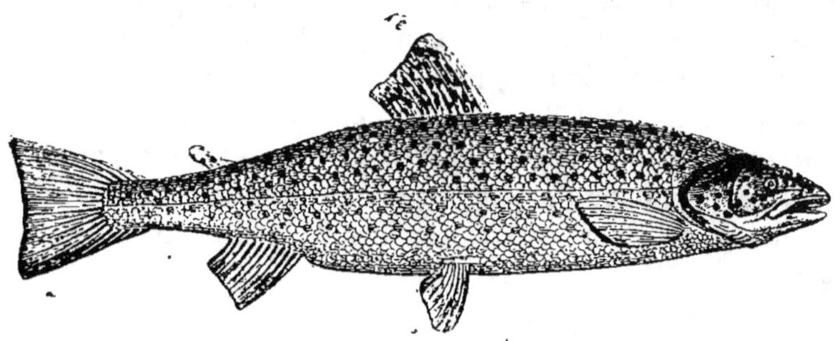

FIG. 109. — *Truite.*

que l'on peut faire éclore dans des appareils à l'entretien desquels suffit un simple filet d'eau courante. C'est sur cette pratique que reposent les grands essais de pisciculture entrepris dans ces dernières années sous la direction de M. Coste, et dont l'établissement d'Huningue, dans le Haut-Rhin, est le centre.

FIG. 110. — Appareil pour l'incubation des œufs de poissons.

On expédie chaque année d'Huningue des millions d'œufs de saumons, de truites, etc., fécondés artificiellement. Ils sont placés dans des boîtes et entourés de mousse humide. A l'arrivée on les met sur des appareils analogues à celui qui est représenté ici (fig. 110 et 111). C'est ainsi qu'il m'a été possible de faire éclore plus de cent mille saumons et truites, que j'ai ensuite versés durant les années 1857 à 1865 dans l'Hérault et dans les autres rivières du département de ce

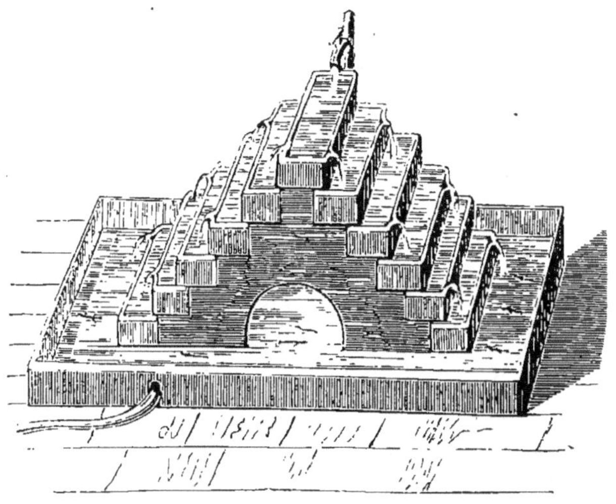

Fig. 111. — Appareil pour l'incubation des œufs de poissons.

nom, où ils se sont en partie développés ainsi que le prouvent les captures que l'on continue à en faire de temps en temps. De semblables essais ont été entrepris dans un grand nombre d'autres localités.

L'acclimatation du saumon, espèce si commune dans les rivières qui versent leurs eaux dans l'océan Atlantique septentrional, a pu de la sorte être tentée, non-seulement dans les cours d'eau qui se rendent à la Méditerranée, mais aussi en Tasmanie (Australie) où l'on a réussi à transporter des œufs de ce poisson en les conservant dans de la glace, pour en retarder l'éclosion pendant la traversée.

Le saumon et les truites saumonées doivent le caractère qui distingue leur chair à une matière grasse particulière (acide salmonique) qui se trouve mélangée dans leurs muscles à de l'acide oléophosphorique. A l'époque de la ponte, une quantité considérable de ce principe est mise en œuvre pour la formation de ces œufs qui en prennent la teinte, tandis que leur chair se décolore notablement et perd en grande partie sa saveur.

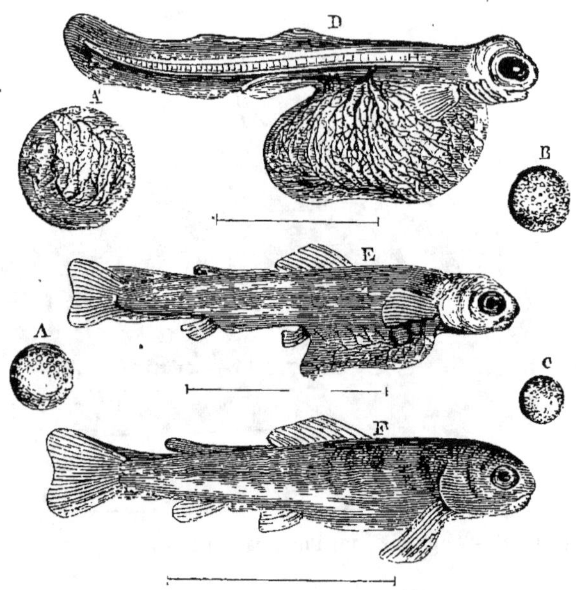

FIG. 112. — Développement des *Salmonidés*.

a) œufs de *Saumon* ; — a') le même genre montrant le fœtus qui s'y développe ; — b) œuf de *Hucho* ou saumon du Danube ; — c) œuf de *Truite* ; — d) Saumon, au moment de l'éclosion ; sa vésicule vitelline est considérable ; — e) le même après quelque temps et lorsque le jaune de la vésicule a été en partie absorbé ; — f) plus âgé et dont la vésicule a complétement disparu.

Une autre famille fort utile de malacoptérygiens abdominaux est celle des clupes, dont font partie les aloses (fig. 113), les harengs, les sardines, les anchois.

Les aloses ne vivent dans la mer que pendant une partie de l'année. Chaque printemps elles remontent les fleuves par bandes nombreuses et deviennent pour les riverains une précieuse ressource alimentaire. Il s'en prend dans les rivières qui portent leurs eaux à l'océan Atlantique ainsi que dans celles qui les versent dans la Méditerranée. Aux États-Unis on a réussi à en faire des éducations artifi-

cielles, comme nous le pratiquons en France pour les saumons et les truites

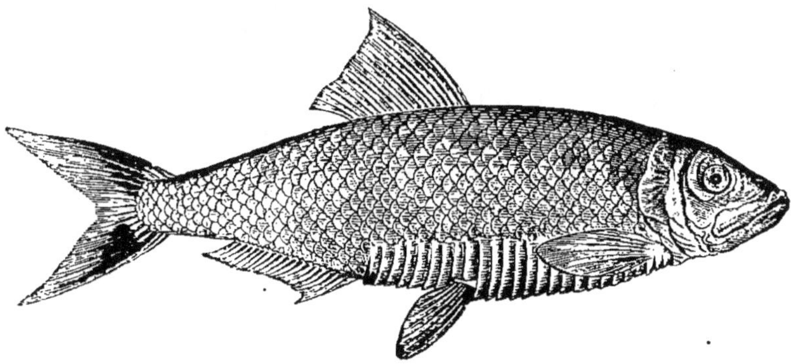

FIG. 113. — *Alose.*

Le hareng (fig. 114) est un poisson exclusivement propre
aux eaux salées qui se montre chaque année par bancs immenses sur les côtes de l'Europe septentrionale, et s'étend jusque
dans la Manche, où il apparaît en hiver. On le mange frais
et on en fume ou l'on en sale une grande quantité; il devient ainsi l'objet de transactions considérables. Des flottes
entières se livrent à cette pêche qui fournit à l'alimentation
publique une denrée non moins utile que la morue, et le'
commerce la porte de même sur presque tous les points du
globe.

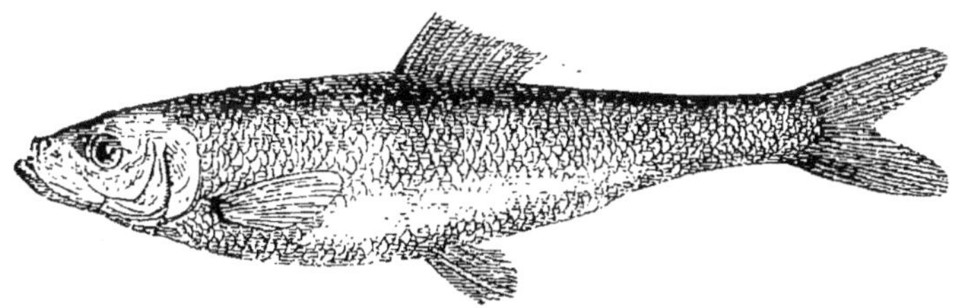

FIG. 114. — *Hareng.*

On a aussi attribué à la division des malacoptérygiens
abdominaux les SILURIDÉS (silures, loricaires et malaptérures), poissons ayant des formes très-différentes de celles
des autres et qui vivent principalement dans les eaux dou-

ces des pays méridionaux, en Afrique, en Asie, dans l'Amérique et à la Nouvelle-Hollande.

Le saluth ou wels (*Silurus glanis*), de la région du Rhin, en est le seul représentant européen.

Les siluridés, quoique abdominaux comme les poissons précédents, mériteraient sans doute d'en être séparés pour former une division à part. Ils ne sont pas réellement squamodermes ; leur squelette présente plusieurs particularités qui ne se retrouvent pas chez les abdominaux véritables, et leur peau est en partie recouverte par des plaques osseuses.

FIG. 115. — *Hippocampe.*

ORDRE III. OSTÉODERMES. — Il résulte de la réunion des plectognathes et des lophobranches de Cuvier. Au lieu d'être revêtus d'écailles comme ceux de l'ordre précédent, ces poissons ont la peau ossifiée et leur corps est souvent renfermé dans une sorte de boîte ou carapace osseuse. D'ailleurs, leur squelette et les principales particularités de leur

cœur ainsi que de leurs intestins ne les éloignent que mé-
diocrement des squamodermes. Ils ont cependant des formes
singulières. Ces poissons ne sont d'aucune utilité réelle à
l'homme; la chair de quelques-uns est même vénéneuse.

Ceux que Cuvier appelait *Plectognathes* sont les diodons
ou hérissons de mer, les trétodons, les triodons, les moles
ou poissons-lunes, les balistes et les coffres. Ses *Lophobranches* sont les pégases, les hippocampes ou chevaux marins
(fig. 115) et les syngnathes; ils ont pour principal caractère
d'avoir les branchies en forme de houppes.

ORDRE IV. PLAGIOSTOMES. — Les raies et les squales,
réunis depuis longtemps sous le nom commun de plagiostomes ou sélaciens, et les chimères, qui s'en rapprochent à
tant d'égards, semblent supérieurs aux autres poissons par
la disposition de leur système nerveux et par celle de plusieurs autres parties importantes de leur organisme. Ce
sont aussi des animaux à bulbe artériel garni de nombreuses valvules et ils ont également l'intestin disposé en
spirale; mais leurs branchies sont fixes et leur peau se

FIG. 116. — *Raie.*

distingue par la présence de ces petits organes, à certains
égards comparables aux dents, auxquels nous avons donné
le nom de boucles. C'est ce dernier caractère qui les a fait

appeler poissons *placoïdes*. Leur nom de plagiostome est tiré de la position de leur bouche, élargie et inférieure à la tête au lieu d'être terminale

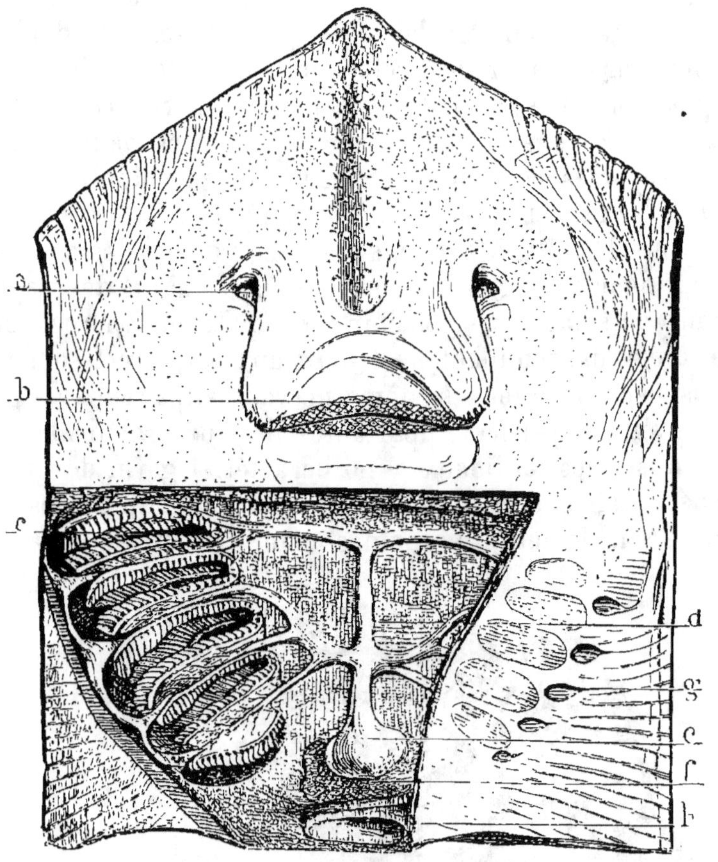

FIG. 117. — Anatomie de la *Raie*.

a) narines ; — *b)* bouche et dents des deux mâchoires ; — *c)* branchies ; — divisions de l'artère branchiale allant du cœur aux branchies ; — *e)* ventricule du cœur ; — *f)* oreillette ; — *g)* orifices extérieurs des branchies.

Les plagiostomes sont essentiellement marins. On en connaît un nombre assez considérable d'espèces, dont quelques-unes, comme les requins, sont fort redoutées à cause de leur férocité ; ils ont aussi fourni des espèces aux anciennes mers du globe.

Les requins sont des plagiostomes célèbres par leurs appétits carnassiers; quelques-unes de leurs espèces atteignent une taille considérable, et l'époque tertiaire moyenne en a nourri de plus grandes encore. Tel était entre autres le *Carcharodon megalodon*, dont on trouve les dents fossiles dans les terrains tertiaires moyens.

Beaucoup de plagiostomes fournissent une chair susceptible d'être mangée sans inconvénient ou qui est même agréable au goût, et chaque jour on voit plusieurs espèces de ce groupe de poissons sur les marchés de nos grandes villes. Les raies sont préférées à tous les autres plagiostomes, mais divers genres de squales, tels que les lamies, les aiguillats et les roussettes, fournissent aussi un bon aliment.

ORDRE V. CYCLOSTOMES. — La dernière grande division des poissons est celle des cyclostomes, ainsi nommés de la ventouse circulaire dont leur bouche est entourée. Ces animaux ont le corps allongé et de forme cylindrique, plutôt comparable à celui des vers qu'à celui des autres vertébrés. On ne leur voit aucune trace de nageoires paires comparables aux membres des poissons précédents, mais seulement deux nageoires dorsales et une caudale. Presque tous leurs organes semblent être dans un état évident de dégradation quand on les compare à ceux des autres poissons, et si, dans la même classe, les plagiostomes peuvent disputer le premier rang aux poissons squamodermes, les cyclostomes doivent, au contraire, être placés après tous les autres.

Leur peau est nue et visqueuse; elle passe au devant des yeux sans y former d'ouverture, et ces organes peuvent être tout à fait rudimentaires. Leurs oreilles sont encore plus simples que celles des autres poissons. Leurs branchies occupent des cavités en forme de sacs, et l'eau en sort par sept paires d'orifices latéraux ouverts sur les côtés de la partie antérieure du corps. Le squelette est en grande partie fibreux.

Les cyclostomes ont l'intestin disposé en spirale, comme les poissons des familles précédentes. Ils se nourrissent principalement de substances animales ; leur ventouse leur sert à se fixer aux êtres dont ils sucent le sang ou mangent les organes. Ils recherchent aussi les viandes en putréfaction, et l'on a recours à ces substances pour les pêcher.

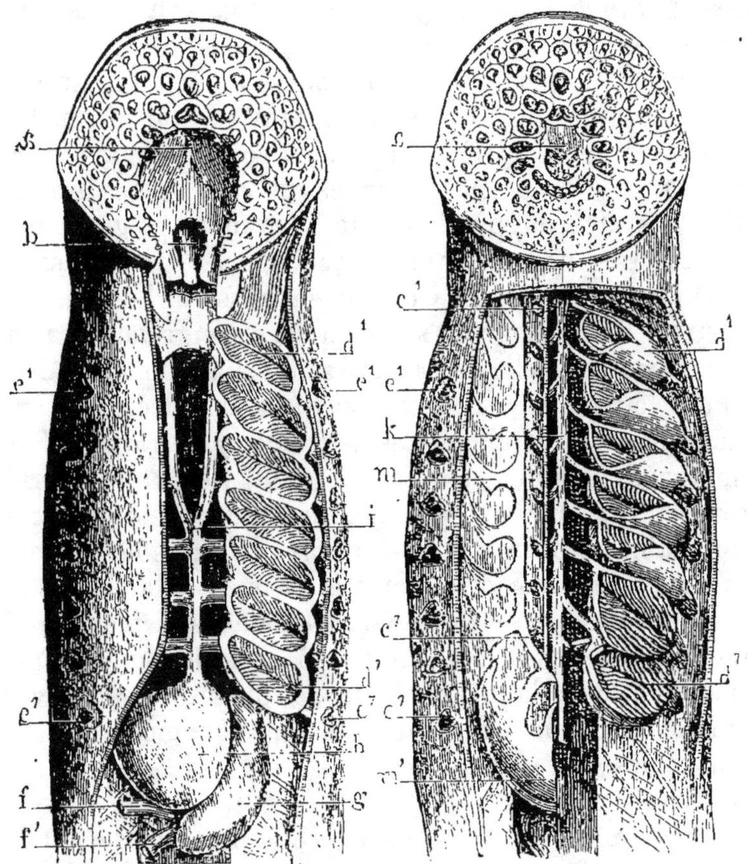

FIG. 118. — Anatomie de la *Lamproie*.

a) bouche entourée de sa ventouse épineuse ; — b) l'œsophage ; — c1 à c7) les orifices des branchies internes et externes ; — d1 à d7) les sacs branchiaux ; — ff) veines caves ; — g) oreillette du cœur ; — h) ventricule du cœur ; — i) artère branchiale et ses divisions ; — k) veines branchiales et commencement de l'aorte ; — m, m') cage cartilagineuse protégeant les branchies et le cœur.

Leur principal genre est celui des lamproies, dont une espèce, plus grande que les autres, vit dans l'Océan et dans la Méditerranée; elle remonte aussi dans nos rivières. C'est la grande lamproie (fig. 119); on mange sa chair.

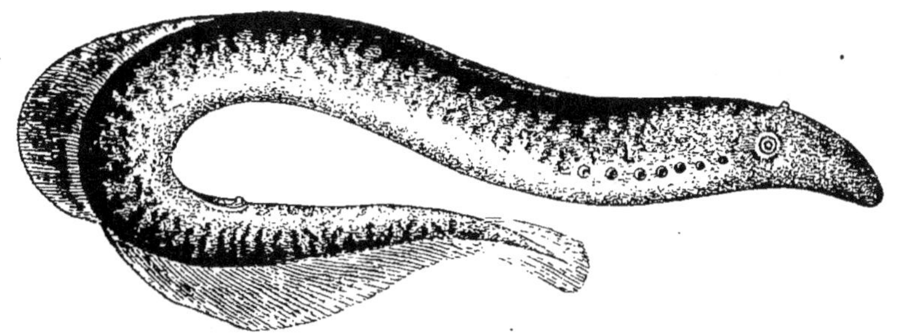

FIG. 119. — *Grande Lamproie.*

Les ammocètes, dont on faisait, il y a quelques années encore, un genre à part, sont regardées maintenant comme le premier âge de la lamproie.

Après ces poissons, il ne nous reste plus, pour clore la liste des animaux vertébrés, qu'à citer les BRANCHIOSTOMES ou Amphioxes, qui se rattachent aux cyclostomes par plusieurs de leurs caractères.

Les branchiostomes (genre *Branchiostoma* ou *Amphioxus*) ont été décrits sous le nom de *Limax lanceolata* par Pallas, mais ce sont bien des vertébrés. Seulement, ils ont le squelette fibreux, et leur axe vertébral reste à l'état de corde dorsale.

Leur système nerveux est aussi fort dégradé et la partie céphalique s'y distingue à peine de la moelle épinière.

En outre, ils n'ont pas de cœur; mais simplement des points pulsatiles placés en plusieurs endroits du système vasculaire, et leur sang reste incolore. Un de ces points pulsatiles est placé entre les vienes caves et l'artère branchiale.

Le mode de développement des branchiostomes est tout aussi singulier.

Ces animaux sont les moins parfaits de tous les vertébrés, et ils nous représentent la forme la plus inférieure à laquelle descende l'organisation des espèces de ce grand embranchement.

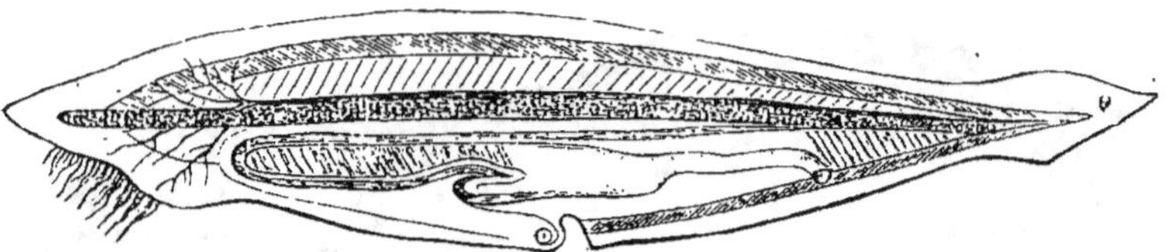

FIG. 120. — *Branchiostome.*

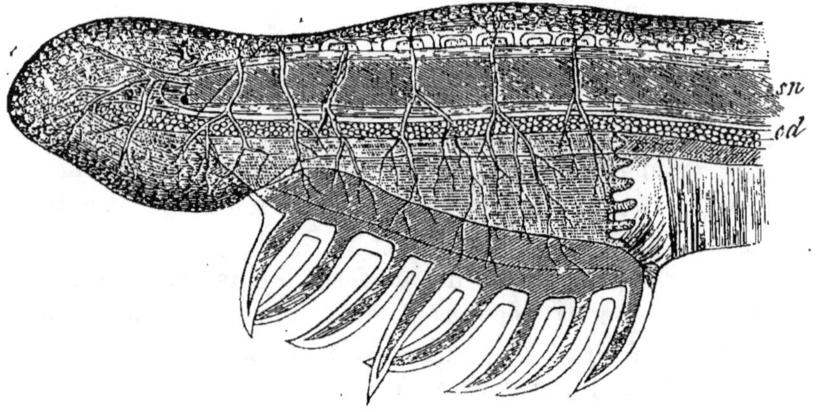

FIG. 121. — Tête et partie antérieure du corps du *Branchiostome.*

s n) système nerveux encéphalo-rachidien, donnant naissance à plusieurs paires de nerfs; ceux de l'œil et de l'oreille sont très-courts; le cerveau ne se distingue pas de la moelle; — *c d*) corde dorsale, ou premier élément de l'axe vertébral; les tentacules buccaux forment huit paires de denticules ou franges placées à la partie inférieure de la tête autour de la bouche.

Leur étude présente, sous ce rapport, un intérêt spécial pour l'anatomie et la physiologie comparées; c'est pourquoi les naturalistes se sont appliqués d'une manière tout à fait attentive à en faire connaître les différentes particularités.

On trouve des branchiostomes sur différents points du littoral européen. Il en existe aussi dans d'autres parties du monde. Ces poissons préfèrent les fonds vaseux et sont partout des animaux marins (fig. 120 et 121).

CHAPITRE IX.

ANIMAUX ARTICULÉS. ARTICULES CONDYLOPODES.
CLASSE DES INSECTES.

1.

Caractères généraux.

·Le second embranchement du règne animal est celui des

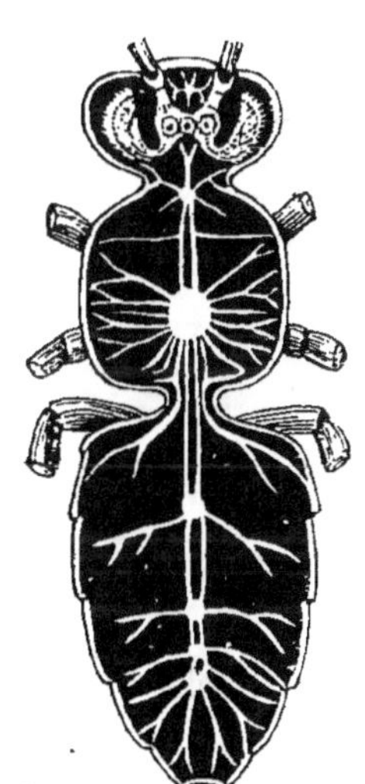

FIG. 122. — Système nerveux de l'*Abeille.*

animaux .articulés, dont les principaux caractères sont de manquer constamment de squelette intérieur, d'avoir le corps presque toujours articulé extérieurement et d'être pourvus d'un système nerveux sans moelle épinière, qui se prolonge dans la plupart des espèces au-dessous du tube digestif en une chaîne ganglionnaire dont les différents ganglions fournissent les nerfs sensibles et moteurs propres à chacun des anneaux du corps[1].

Certains animaux articulés sont pourvus de pattes également articulées. Ils forment un premier sous-embranchement auquel on a donné le nom de *condylopodes* ou arthropodes; ce sont les insectes, les myriapodes, les arachnides et les crustacés.

1. *Zoologie*, 3ᵉ année : *Anatomie et Pysiologie*, fig. 85.

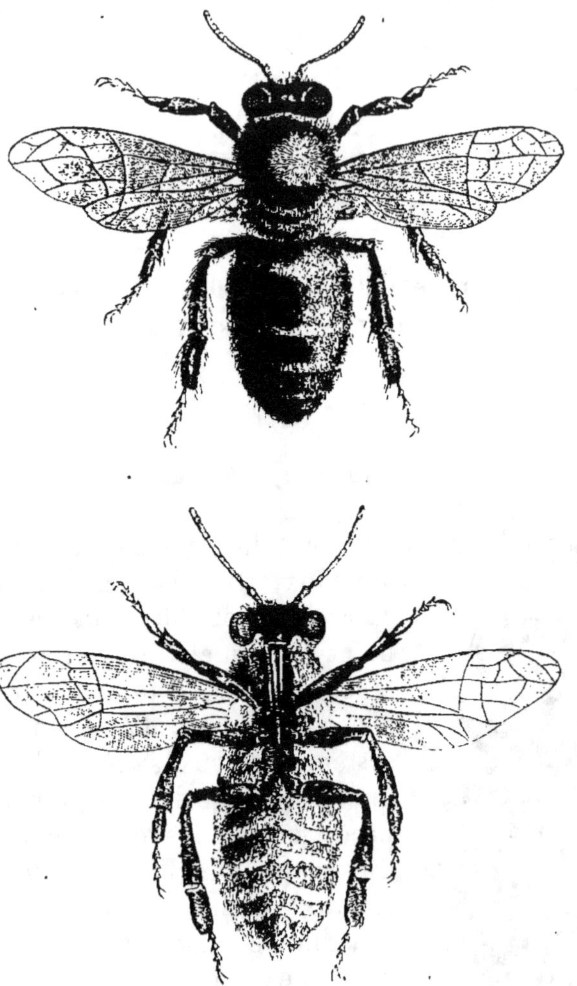

FIG. 123 et 124. — *Abeille ;* grossie ; vue en dessus et en dessous.

D'autres manquent de pattes articulées ; ce sont les *vers* dont font partie les annélides, les entozoaires ou vers intestinaux et quelques autres groupes d'une organisation peu différente et à corps également vermiforme.

Les vers sont presque tous des animaux aquatiques. Certains articulés condylopodes ont le même genre de vie et respirent par des branchies : tels sont, en particulier, les crustacés ; d'autres sont au contraire aériens et possèdent des trachées, ainsi que nous le voyons chez les insectes ; ces derniers sont les plus nombreux.

C'est par les condylopodes ou animaux articulés, pourvus de pattes articulées, que nous commencerons l'étude de ce second embranchement du règne animal.

CLASSE DES INSECTES.

Caractères généraux. — Les insectes forment la première classe des animaux articulés. On les appelle quelquefois *articulés hexapodes*, parce que c'est un de leurs caractères principaux que d'être pourvus de six pattes. Leur corps se divise en trois parties : la *tête*, le *thorax*, et l'*abdomen*.

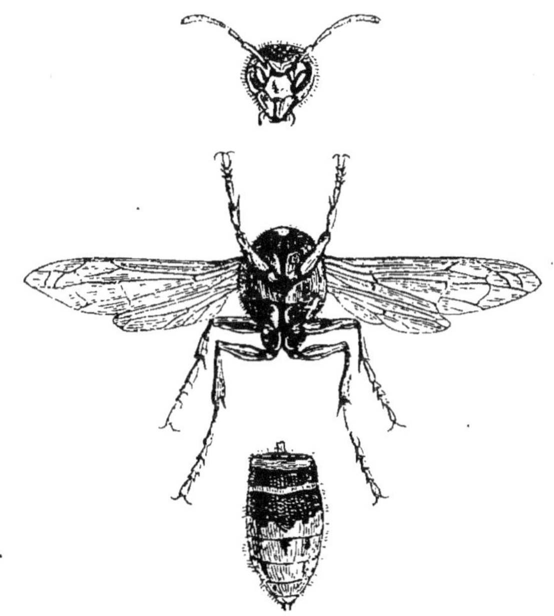

Fig. 125. — *Frelon ;* division de son corps en trois parties.

La tête porte les appendices buccaux, savoir : la lèvre supérieure, les mandibules, les mâchoires et la lèvre inférieure ; en tout quatre paires d'appendices spécialement destinés à la manducation et au milieu desquels la bouche est ouverte. Elle montre aussi les antennes, organes d'olfaction, qui sont au nombre de deux, et les yeux tantôt simples ou en ocelles, tantôt composés [1], et affectant quelquefois chez une même espèce l'une et l'autre de ces deux dispositions.

Le thorax se divise en trois articles ou anneaux qui possèdent chacun une paire de pattes. On nomme ces articles *prothorax*, *mésothorax* et *métathorax*. Dans beaucoup d'espèces le mésothorax et le métathorax présentent des expansions membraneuses, servant au vol, que l'on appelle les *ailes*.

Certains insectes manquent tout à fait d'ailes; d'autres, les diptères, n'en ont qu'une seule paire. Parmi les insectes qui en ont deux paires, des différences tirées de la conformation de ces organes ont fait distinguer plusieurs groupes, dont les principaux sont ceux des coléoptères (hanneton), orthoptères (sauterelle), hémiptères (pentatome, cigale, puceron), névroptères (libellule, termite), hyménoptères (abeille, guêpe, ichneumon), et lépidoptères (papillon).

L'abdomen des insectes se partage en général en neuf ou dix articles; et comme cette particularité se retrouve habituellement dans leur premier âge, même chez ceux qui changent de forme aux diverses époques de leur vie, elle est importante à constater, puisque, jointe à la présence des trachées et des mâchoires, elle permet de distinguer les insectes, même lorsque leur forme approche le plus de celle des vers d'avec les espèces de ce sous-embranchement. Dans quelques cas en effet on rencontre certains insectes dans des conditions analogues à celles où vivent ces derniers animaux, par exemple, dans le corps de mammifères; c'est même le séjour habituel des larves de plusieurs genres de diptères. Le caractère que nous venons de rappeler ne permettra pas de confondre ces larves, parasites appartenant à la classe des insectes, avec les entozoaires ou vers intestinaux, qui sont de véritables vers.

____

1. *Anatomie et Physiologie*, fig. 99.

Les insectes ne manquent pas de circulation, comme on l'a dit souvent; mais cette fonction n'acquiert jamais chez eux le même degré de développement que chez la plupart des autres animaux (fig. 127).

Tous les insectes respirent d'ailleurs par des trachées[1], et eur organe principal de circulation est un vaisseau dorsal; ce double caractère peut également servir à les distinguer des vers lorsqu'ils sont encore à l'état de larves.

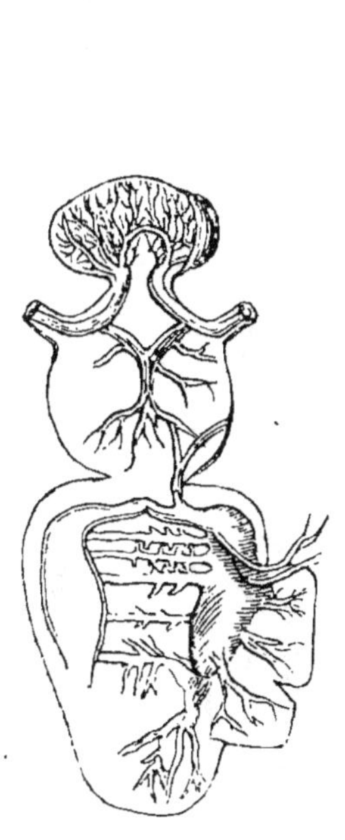

FIG. 126. — Partie du système tranchéen de l'*Abeille*.

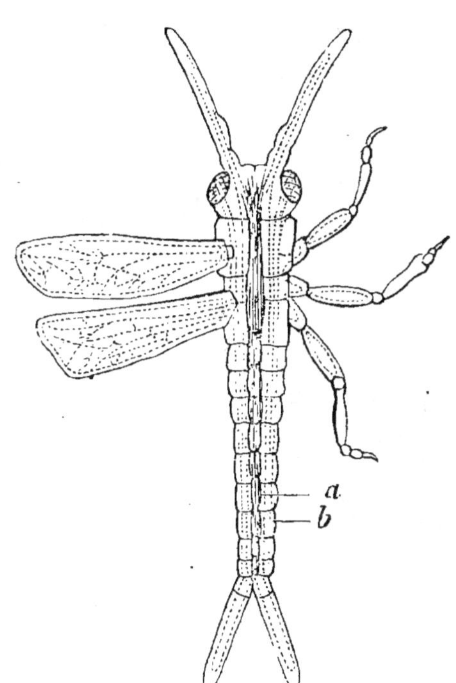

FIG. 127. — Circulation des insectes (*Éphémère*).

Beaucoup de ces animaux éprouvent avec l'âge des changements de forme, qu'on a appelés leurs *métamorphoses*. Ainsi que nous l'avons déjà dit, ces métamorphoses sont complètes, incomplètes ou nulles. Dans le premier cas,

1. *Anatomie et Physiologie*, fig. 40 et 41.

l'insecte se montre successivement sous le double état de *larve* ou chenille, et de *nymphe* ou chrysalide, avant de devenir insecte parfait, c'est-à-dire avant d'acquérir sa forme définitive, de posséder des ailes et d'être capable de reproduire son espèce.

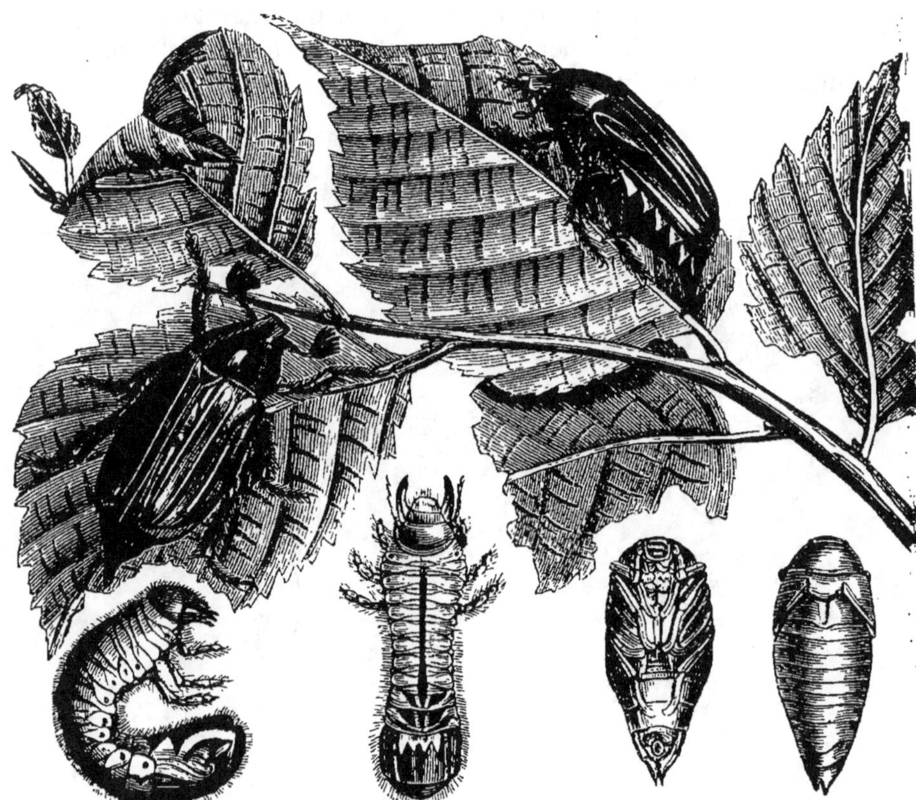

FIG. 128. — *Hanneton* et ses métamorphoses.

Les coléoptères, parmi lesquels nous citerons le hanneton (fig. 128) et la cicindèle (fig. 133), éprouvent de semblables transformations. Il en est de même des névroptères, des hyménoptères, des lépidoptères, dont le bombyce du mûrier (fig. 129), plus connu sous le nom de ver à soie, nous offre un exemple, des diptères et des puces qu'on peut joindre aux insectes de ce dernier groupe, bien qu'elles restent aptères.

FIG. 129. — *Bombyce du mûrier* (ses métamorphoses).

Dans le cas de métamorphoses incomplètes, l'animal naît
au contraire sous l'état de nymphe; il ne subit guère

d'autre modification apparente que d'acquérir les ailes, organes dont il était d'abord privé. C'est ce qui a lieu pour les orthoptères, ordre d'insectes dont les sauterelles font partie et pour les hémiptères qui comprennent entre autres espèces les punaises et les cigales.

Enfin, les insectes sans métamorphoses sont ceux qui naissent sous la forme de nymphes et restent pendant toute leur vie privés d'ailes ; aussi n'éprouvent-ils aucun changement apparent à quelque âge qu'on les examine. Il en est ainsi pour les poux, les ricins ou poux des oiseaux, les podures et les lépismes.

Arrivés à l'état parfait, les insectes ont les parties du corps plus différentes les unes des autres que cela n'a lieu dans le reste des animaux articulés. On les considère à cause de cette diversité même des parties qui les constituent comme formant la classe la plus parfaite de cet embranchement.

Les trois régions principales dont ils sont extérieurement formés, c'est-à-dire la tête, le thorax et les divers anneaux de l'abdomen, sont, ainsi que les pattes et les ailes, soutenues par une substance dure de nature particulière à laquelle les chimistes donnent le nom de *chitine*.

La bouche des insectes présente une grande diversité dans la disposition de ses parties suivant que ces animaux broyent leur nourriture ou qu'ils la pompent par succion. Mais on y retrouve toujours les mêmes éléments anatomiques.

Il en est de même de leur corps, dont les anneaux, formés d'un nombre déterminé de pièces, ont ces articles variables dans leur développement respectif, ce qui détermine ainsi des modifications qui expliquent les innombrables différences dont le thorax et les autres parties sont le siége.

Les pattes des insectes possèdent à leur tour un nombre déterminé d'articles qui portent aussi des noms particuliers. Leur portion terminale est le tarse.

Le canal digestif de ces animaux est assez compliqué ; ils ont pour organes de sécrétion des tubes grêles, les uns hépatiques, les autres urinifères, rattachés à ce canal et auxquels on a donné le nom de tubes de Malpighi.

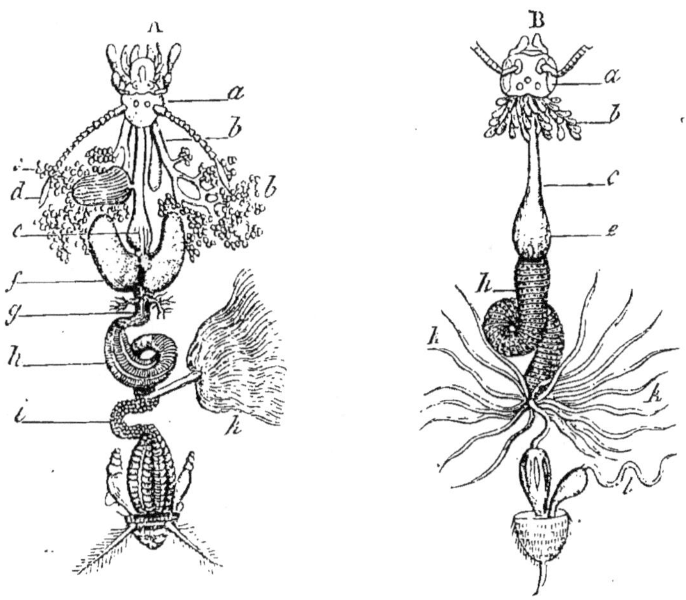

FIG. 130. — Appareil digestif de *Taupe-Grillon*.

a) la tête et ses appendices ; — *b*) glandes salivaires ; — *c*) granules sécréteurs des mêmes glandes ; — *d*) antennes ; — *e*) proventricule ou partie cardiaque de l'estomac précédée de l'œsophage qui porte le jabot sur son trajet ; — *f*) poches accessoires de l'estomac ; — *g*) partie moyenne de l'estomac ; — *h*) ventricule chylifique ou partie pylorique de l'estomac ; — *i*) intestins ; — *k*) canaux de Malpighi représentant le foie.

FIG. 131. — Appareil digestif et glande vénéneuse de l'*Abeille*.

a) tête et bouche ; — *b*) glandes salivaires ; — *c*) œsophage ; — *e*) jabot ; — *h*) estomac ; — *k*) canaux de Malpighi, remplaçant le foie ; — *l*) glande anale sécrétant le venin.

Nul groupe d'animaux n'est aussi remarquable par la variété de ses instincts que celui des insectes. L'utilité que présentent certains d'entre eux, le tort que beaucoup d'autres nous causent, sont un nouveau motif pour les étudier avec soin, et à toutes les époques ils ont été de la part des savants l'objet d'une observation attentive. Les publications de Redi, de Réaumur, de de Geer et celles de divers naturalistes plus récents, parmi lesquels nous citerons M. Ratzebourg, qui s'est surtout occupé des insectes forestiers, ont donné lieu à des ouvrages pleins d'intérêt.

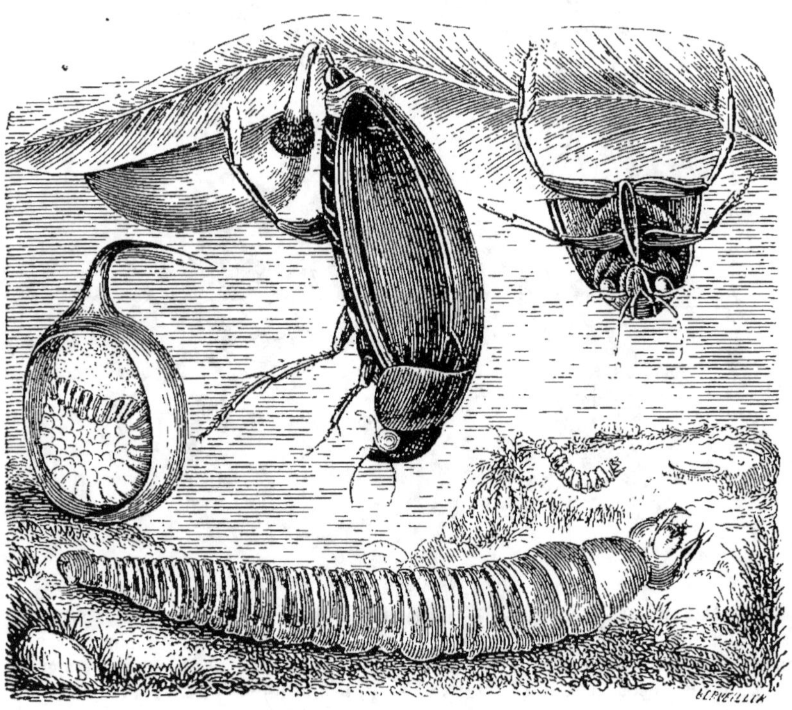

FIG. 132. — *Hydrophile.*

Classification des insectes. — Geoffroy, auteur d'une histoire des insectes qui vivent aux environs de Paris, est, avec quelques autres naturalistes du dernier siècle, l'un des fondateurs de la classification entomologique.

Dans sa méthode, les ailes ont été choisies comme fournissant les caractères principaux; on a également eu recours à la conformation de la bouche et aux métamorphoses. De là, la répartition des insectes en plusieurs ordres, dont nous avons déjà donné les noms et sur les caractères desquels nous allons revenir.

La classification de Fabricius est différente de celle qu'a proposée Geoffroy et que de Géer, Latreille ainsi que la plupart des entomologistes actuels ont acceptée en lui faisant subir certaines modifications de détail. Elle repose principalement sur la considération de la bouche, dont les parties sont en effet différemment disposées suivant que l'animal broie ses aliments, qu'il les suce ou qu'il les introduit dans sa bouche d'une manière encore différente.

2.

Tableau de la classification des insectes.

ORDRE I. COLÉOPTÈRES. — Ces insectes ont les ailes supérieures en forme d'étuis résistants, et ces étuis recouvrent les ailes inférieures, qui sont repliées transversalement au-dessous d'eux.

Ce premier ordre comprend un nombre très-considérable de genres et d'espèces.

Les carabes, cicindèles (fig. 133), dytiques (fig. 134), gyrins, staphylins, buprestes, lampyres ou vers luisants, dermestes, hannetons (fig. 128), hydrophiles (fig. 132), scarabées, lucanes ou cerfs volants, pimélies, blaps, hélops, mordelles, cantharides, charançons et autres rhynchophores, scolytes, bostriches, capricornes, coccinelles, psélaphes, etc., font partie de l'ordre des coléoptères.

On a divisé ce groupe en quatre sous-ordres, nommés pentamères, hétéromères, tétramères et trimères, d'après le nombre des articles des tarses dans les espèces propres à chacune de ces grandes divisions.

Tous ces insectes ont les pièces de la bouche disposées pour broyer et ils subissent des métamorphoses complètes.

Les hannetons dont les larves sont connues sous le nom de *vers blancs*, sont des coléoptères pentamères, très-nuisibles aux cultures. On redoute surtout le hanneton ordinaire (*Melolontha vulgaris*, fig. 128).

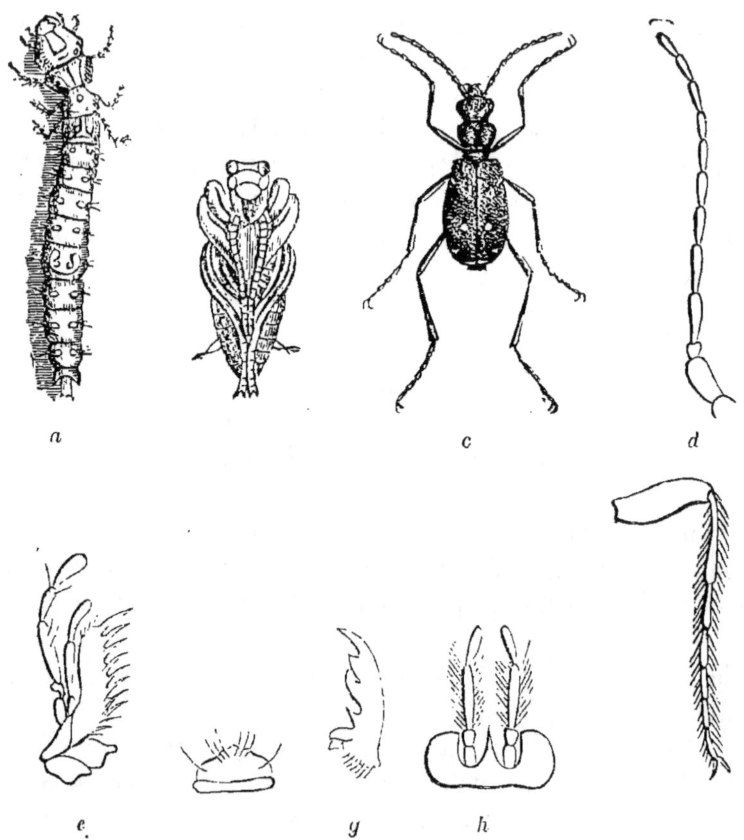

FIG. 133. — *Cicindèle champêtre.*

a) larve ; — *b)* nymphe ; — *c)* l'insecte métamorphosé ; — *d)* antenne ; — *e)* mâchoire ; — *f)* labre ; — *g)* mandibule ; — *h)* palpes labiaux ; — *i)* patte.

Les lampyres sont aussi des pentamères ; ils possèdent un organe phosphorescent qui leur a valu la dénomination de vers luisants.

Les dermestes sont des coléoptères destructeurs des substances animales ; les scarabées et les hannetons, de la famille des pentamères lamellicornes, nuisent plus particulièrement aux végétaux. Les dytiques (fig. 134) sont aquatiques comme les hydrophiles (fig. 132).

On peut citer comme offrant un intérêt particulier parmi les hétéromères ou coléoptères dont les tarses postérieurs

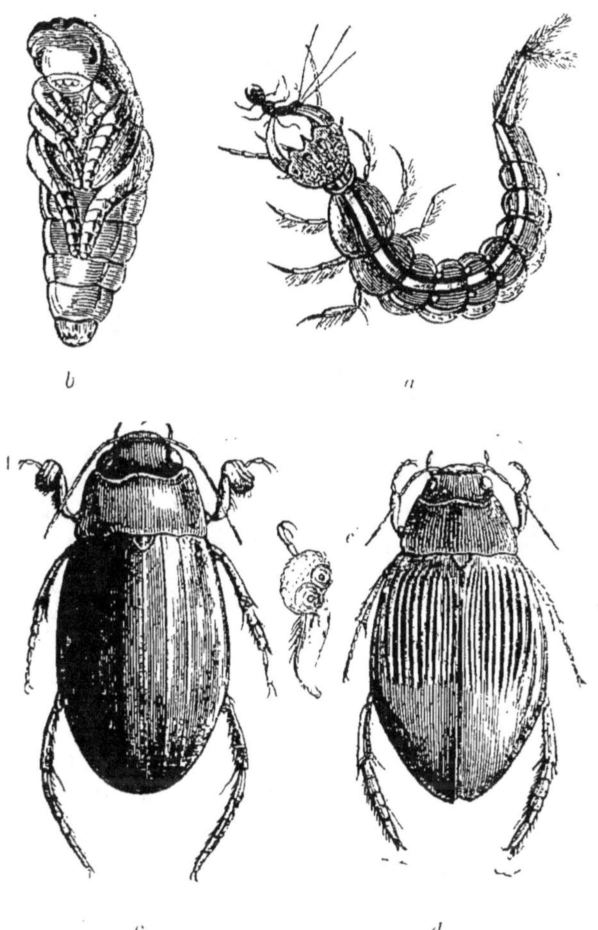

FIG. 134. — *Dytique bordé.*
a) larve, saisissant un insecte aquatique ; — *b*) nymphe; — *c*) mâle ; — *c'* tarse antérieur du mâle ; — *d*) femelle.

ne sont composés que de quatre articles tandis que les autres en ont cinq, les cantharides employées à cause de leurs propriétés vésicantes. Les charançons, type de la grande famille des rhynchophores ainsi que les capricornes rentrant dans celle des longicornes, sont au contraire des tétramètres. Aux trimères appartiennent particulièrement les coccinelles ou bêtes du bon Dieu et les psélaphes.

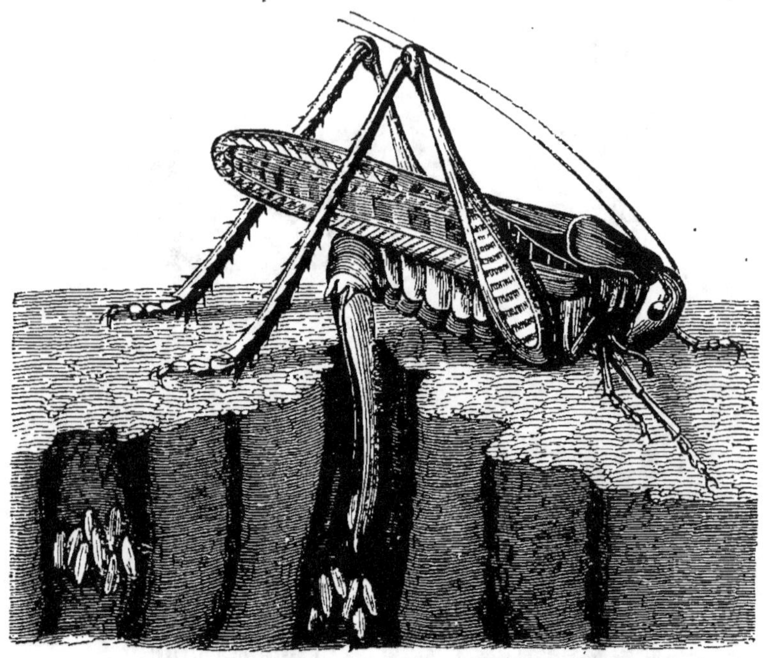

FIG. 135. — *Sauterelle verrucivore*, pondant.

II. ORTHOPTÈRES. — Ailes demi-membraneuses et droi-
tes ; appendices buccaux disposés pour
broyer ; métamorphoses incomplètes. Ces
insectes naissent à l'état de nymphes.

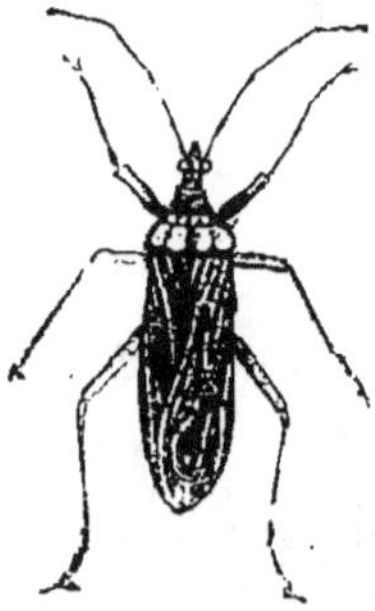

Tels sont les forficules, les blattes,
les mantes, les sauterelles (criquets, dec-
tiques, etc), les grillons.

Dans certains pays, particulièrement en
Afrique, les sauterelles sont si nombreuses qu'elles détruisent toute la végéta-
tion, et, lorsqu'elles meurent, elles em-
pestent l'air par la décomposition de leurs
cadavres ; aussi elles peuvent devenir à la
fois une cause de disette et une cause de peste.

FIG. 136. — *Réduve*.

III. HÉMIPTÈRES. — Insectes pourvus de demi-élytres,
tels que les punaises, les réduves (fig. 136), les penta-

tomes, les nèpes et les notonectes, ou d'ailes membraneuses et semblables entre elles, comme les cigales, les pucerons, les cochenilles ; on les nomme alors *homoptères*.

Comme les orthoptères, les hémiptères et les homoptères, qui en sont une simple subdivision, n'ont que des demi-métamorphoses. Tous ont la bouche disposée en suçoir, ce qui ne permet pas de les confondre avec d'autres.

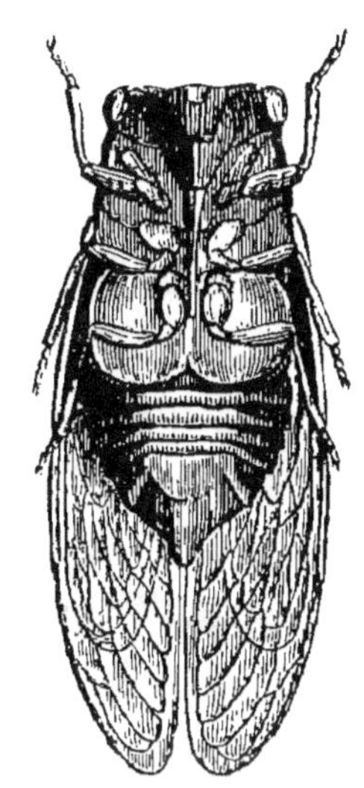

Fɪɢ. 137. — *Cochenilles*; grossies.

Fɪɢ. 138. — *Cigale* ; vue en dessous.

Les cigales possèdent sous le ventre un organe particulier, susceptible d'entrer en vibration, avec lequel elles produisent le bruit strident que l'on nomme leur chant.

IV. NÉVROPTÈRES. — Insectes ayant les ailes membraneuses et parcourues par des nervures. Les libellules (fig. 139 et 140), les éphémères les panorpes, les fourmilions (fig. 141), les semblides (fig. 18), les hémérobes et les friganes en sont autant d'exemples. Ils joignent au caractère tiré de la disposition de leurs ailes d'avoir la bouche propre à broyer et d'éprouver en général des métamorphoses complètes.

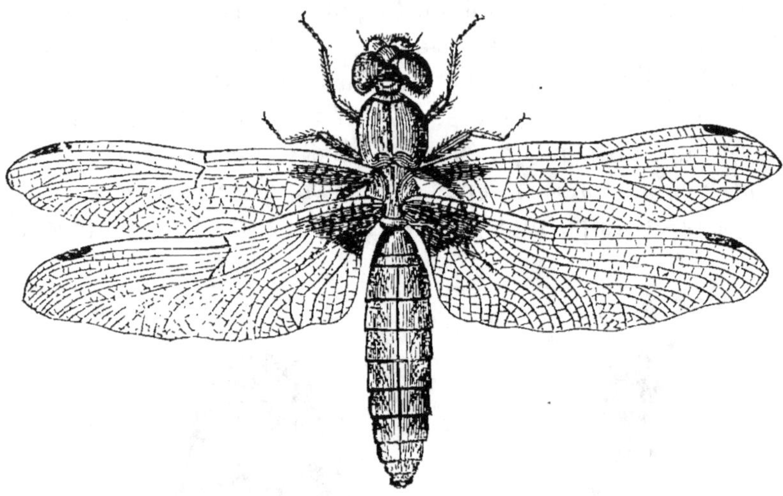

FIG. 139. — *Libellule.*

FIG. 140. — Métamorphose des *Libellules.*

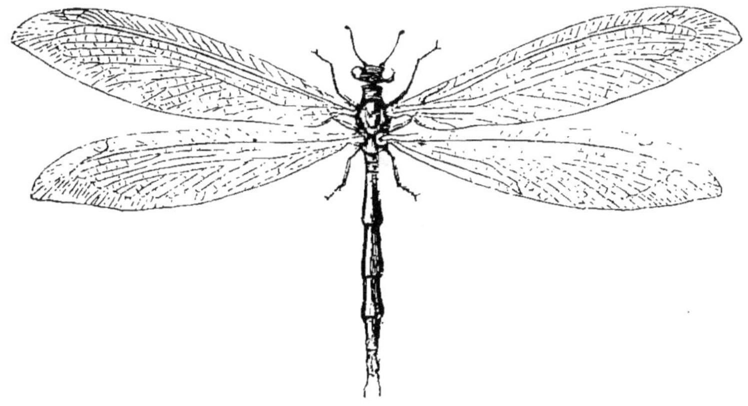

FIG. 141. — *Fourmilion.*

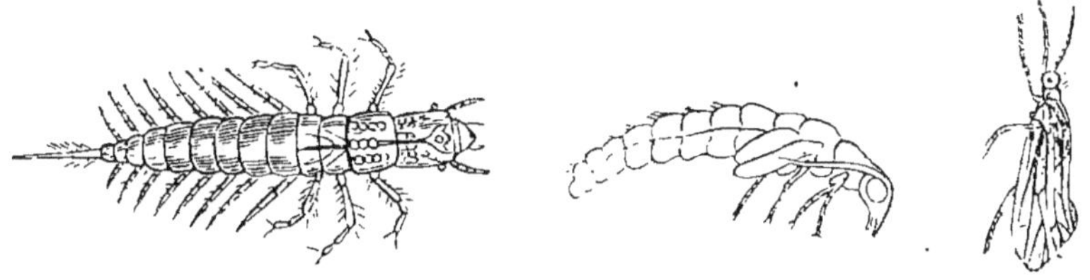

FIG. 142. — *Semblide.*

a) larve ; — *b*) nymphe ; — *c*) état parfait.

Au même ordre appartiennent les termites ou fourmis blanches, vivant principalement dans les pays chauds et dont les sociétés se composent de plusieurs sortes d'individus : ouvriers et soldats, termites neutres auxquels il faut ajouter les mâles et les femelles propres à la reproduction. Il s'en est établi en Europe, et, dans plusieurs circonstances, cette invasion a occasionné des dégâts considérables. Les villes de Rochefort et de la Rochelle ont eu particulièrement à en souffrir.

V. HYMÉNOPTÈRES. Insectes dont les ailes sont membraneuses comme celles des précédents, mais simplement veinées, au lieu d'être réticulées ; leur bouche est appropriée à la mastication ; ils subissent des métamorphoses complètes.

FIG. 143. — *Bourdon terrestre*; femelle.

Ce sont les abeilles (fig. 122, 123 et 124), les guêpes (fig. 125 et 144), les sphex, les fourmis, les chrysis, les chalcides, les ichneumons et les tenthrèdes.

Les abeilles sont cultivées à cause de leur miel. Mais il y a beaucoup d'espèces du même groupe qui ne nous rendent aucun service. Tels sont les bourdons (fig. 143), les anthocopes, les mégachiles et d'autres auxquels on donne le nom d'abeilles solitaires, par opposition aux abeilles proprement dites, dont les sociétés sont connues de tout le monde.

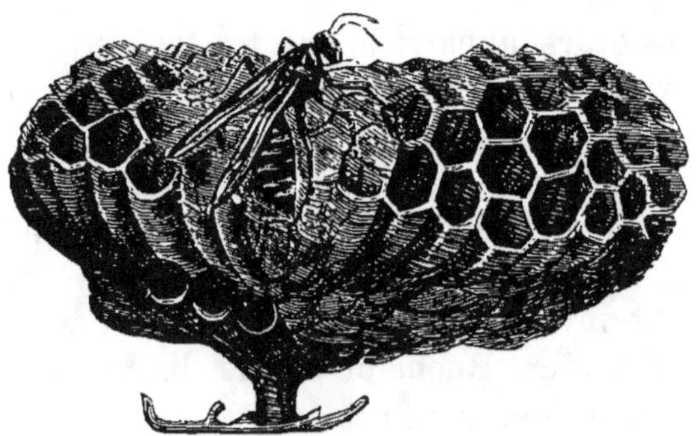

FIG. 144. — *Poliste gauloise* et son nid.

Les ichneumons attaquent les autres insectes et détruisent surtout beaucoup de chenilles. Sous ce rapport ce sont des animaux utiles à l'agriculture.

Les cynips ont, comme un grand nombre d'hyménoptères, l'abdomen terminé par une tarière avec laquelle ils perforent différentes parties des végétaux pour y placer leurs œufs. Les excroissances qui en résultent constituent les noix de galle, dont on tire l'acide gallique, et les bédéguars ou mousses des rosiers (fig. 145).

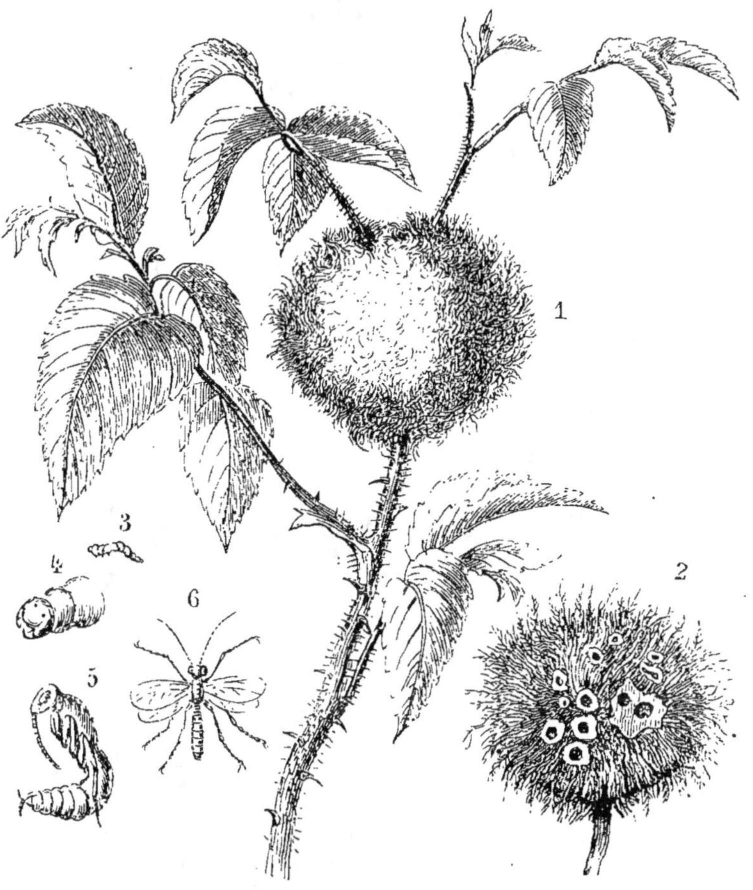

FIG. 145. — *Cynips du rosier* et bédéguar qu'il produit.

VI. LÉPIDOPTÈRES. Insectes à ailes recouvertes sur leurs deux faces par de petites écailles colorées. Ils ont les mâchoires allongées et disposées en forme de trompe; ils éprouvent aussi des métamorphoses complètes.

FIG. 146. — *Parnassien Apollon.*

On les divise : 1° en diurnes ou papillons (fig. 146);

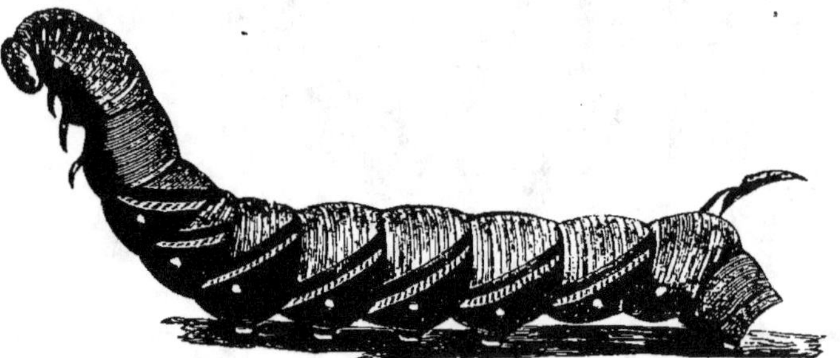

FIG. 147. — Larve du *Sphinx du Troéne.*

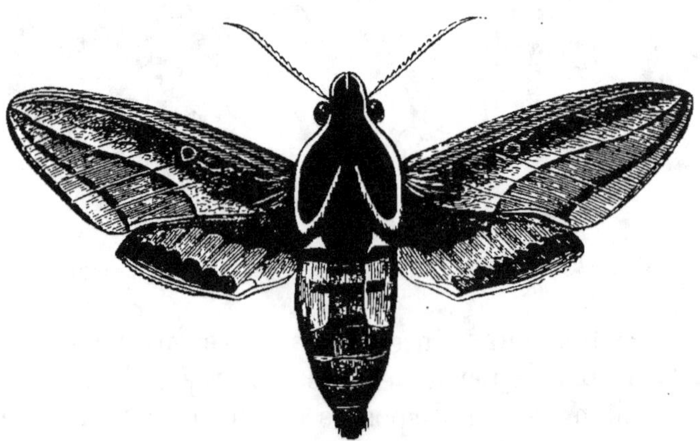

FIG. 148. — *Sphinx du Thytimale.*

FIG. 149. — *Petit Paon de nuit*, femelle.

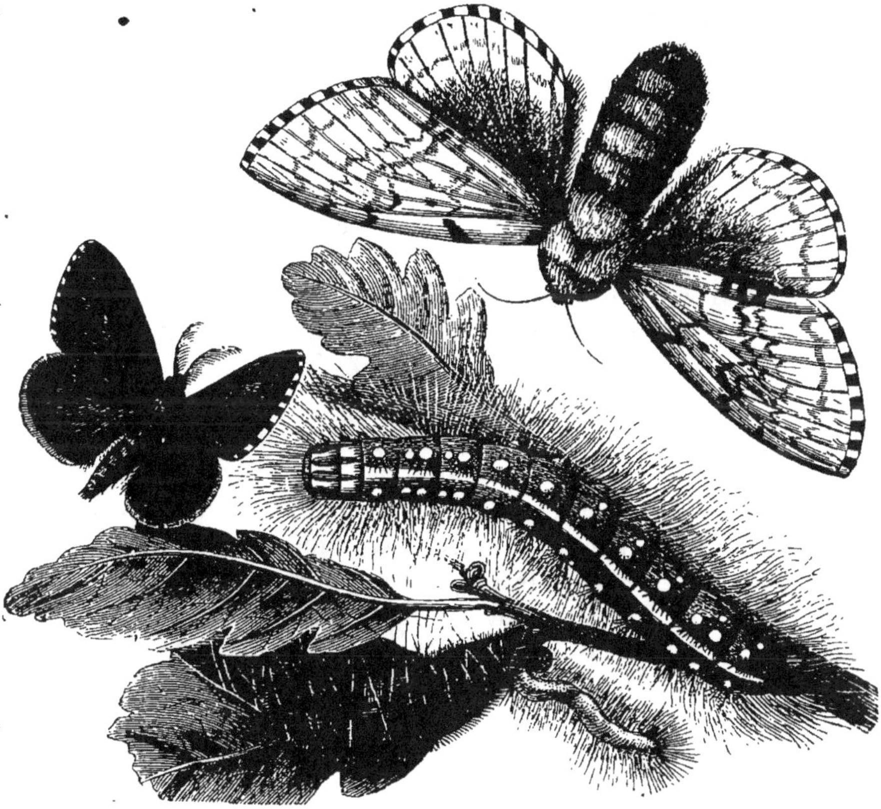

FIG. 150. — *Bombyce dispar* ; chenille, chrysalide et papillons.

2° en crépusculaires ou sphinx (fig. 147 et 148) ; et 3° en nocturnes ou phalènes, bombyces (fig. 149 et 150), noctuelles, teignes (fig. 151), ptérophores, etc.

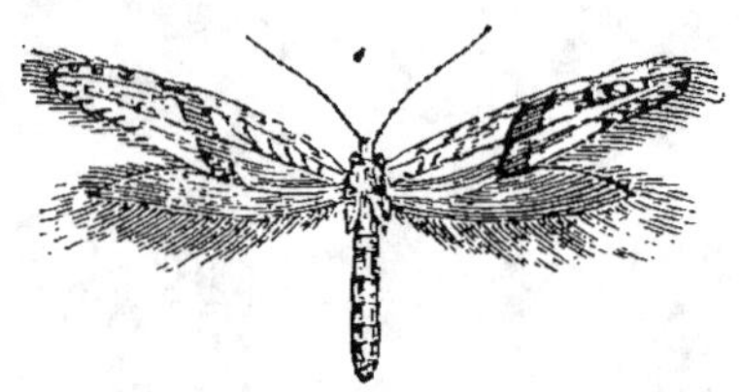

FIG. 151. — *Teigne des draps* (grossie).

VII. DIPTÈRES. Insectes n'ayant que deux ailes, tandis que les précédents en ont quatre. Cette division répond aux diverses familles des cousins, des tipules, des asiles, des anthrax, des taons, des œstres, des mouches, des hippobosques, etc., insectes dont la bouche a la forme d'une trompe et est disposée pour la succion. En outre ils naissent sous une forme différente de celle qu'ils auront étant adultes et on leur reconnaît les trois états de larve, de nymphe et d'insecte parfait.

Les œstres passent leur état de larve sous la peau des mammifères, ou encore dans leurs narines et jusque dans leurs intestins ; mais il est facile de les distinguer des entozoaires véritables au moyen de caractères que nous avons déjà indiqués : nombre des anneaux du corps, trachées, etc. Une espèce du genre lucilie (fig. 154), genre qui rentre dans la même famille, et d'autres diptères de genres encore différents, se développent parfois sur l'homme.

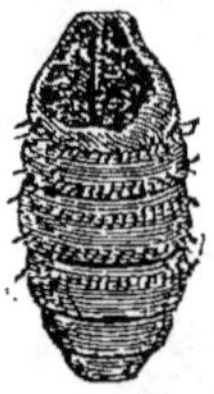

FIG. 152. — Nymphe de *Cutérèbre*.

Les cousins (fig. 153) piquent à l'aide de leurs mandibules et de leurs mâchoires qui sont allongées et finement dentelées en scie. Ils tirent une petite quantité de sang et déterminent en même temps une irritation des plus vives. Ils sont surtout nombreux dans les

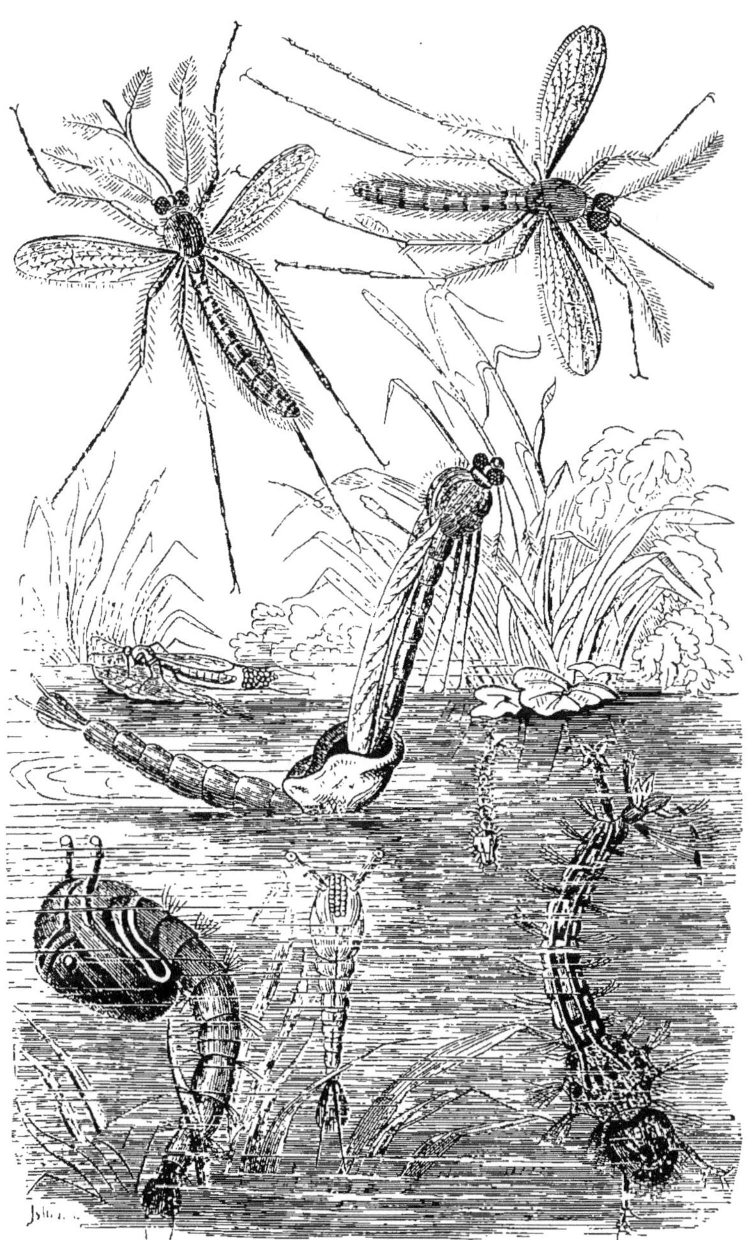

FIG. 153. — *Cousin* : éclosion, larve, nymphe, adultes mâle et
femelle (figures grossies).

pays chauds, particulièrement sur les bords des rivières ou dans les marécages ; leurs piqûres sont parfois intolérables.

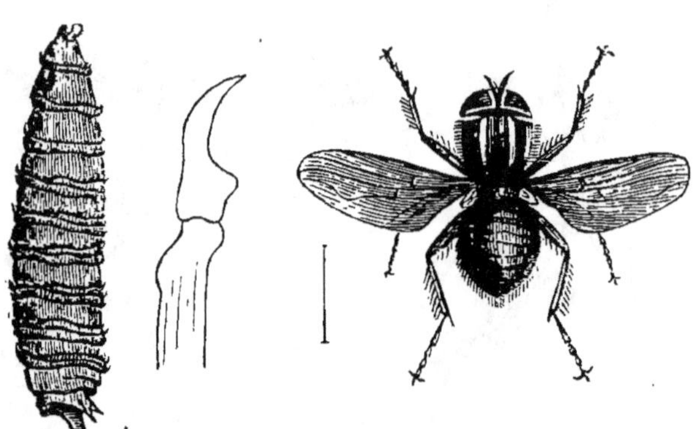

FIG. 154. — *Lucilie hominivore.*

VIII. Aptères ou insectes privés d'ailes. Latreille a partagé les insectes aptères en trois ordres appelés :

Thysanoures (lépismes et podurelles) ; — *Parasites* (pous et ricins) ; — *Suceurs* (puces).

Mais, depuis l'établissement de sa classification entomologique, on a été conduit à penser que les insectes aptères devaient être rangés dans les ordres précédents, comme en constituant des formes imparfaites susceptibles d'être rapportées à chacun d'eux si l'on tient compte de leurs autres caractères.

Il est, en effet, aisé de démontrer les affinités des puces avec les diptères, auxquels elles ressemblent par la conformation de leur bouche et par leurs métamorphoses. La même observation avait été déjà faite au

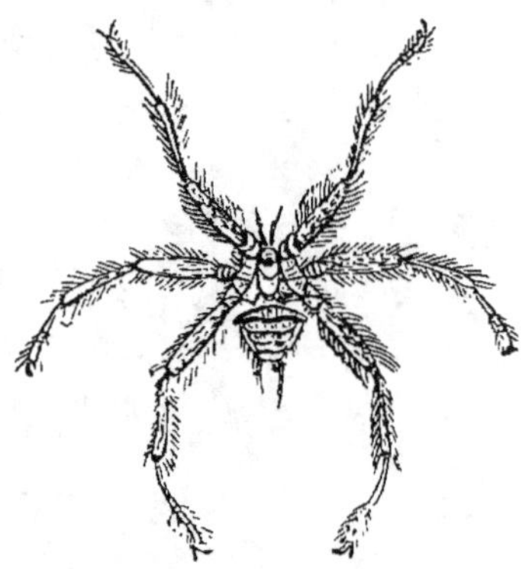

FIG. 155. — *Nyctéribie.*

sujet des nyctéribies qui vivent sur les chauves-souris ; ce sont aussi des diptères aptères, et Latreille, qui a fait un ordre à part pour y classer les puces, n'éloignait pas les nyctéribies de ses diptères pupipares dont font partie certaines espèces également parasites des mammifères ou d'autres encore vivant sur les oiseaux.

Des remarques analogues ont été faites au sujet des lépismes, que l'on a rapprochés des névroptères, et des ricins, qu'on a classés avec les orthoptères, ainsi que des poux, actuellement réunis aux hémiptères.

Parmi les auteurs qui ont le plus contribué à perfectionner la classification des insectes, on doit citer le naturaliste français Latreille, dont un des meilleurs ouvrages, publié postérieurement au *Genera plantarum* d'A. L. de Jussieu et sous l'influence des vues nouvelles formulées par ce grand botaniste, porte le titre de *Genera crustaceorum et insectorum* [1].

Applications agricoles de l'entomologie.— La branche de la zoologie qui s'occupe spécialement des insectes s'appelle l'*entomologie*. Le nombre des animaux dont elle a entrepris l'histoire est véritablement immense ; en effet, il y a plus de cent mille espèces dans le seul ordre des coléoptères, et plusieurs autres ordres de la même classe, ceux des diptères et des lépidoptères, par exemple, présentent aussi des formes très-multipliées. Quoique tous les insectes envisagés dans leur organisation et dans leurs mœurs méritent une égale attention de la part des naturalistes, il en est qui offrent pour le but que nous nous proposons, plus d'intérêt que les autres, à cause des désagréments qu'ils occasionnent ou des avantages que l'on peut en retirer. C'est ce qui a conduit à des recherches plus spéciales que celles de l'entomologie ordinaire, recherches qui servent de base à l'entomologie appliquée.

Le but de cette branche de l'entomologie est plus particulièrement de faire connaître les insectes utiles et ceux, en beaucoup plus grand nombre, qui nous sont nuisibles, soit qu'ils attaquent notre propre personne, nos substances

____

1. Paris, 1806 et 1807.

alimentaires et les objets dont nous nous servons dans nos habitations, ou qu'ils exercent leurs dégâts sur nos animaux domestiques, ou bien encore sur les végétaux que nous cultivons et sur les produits que nous employons dans l'économie domestique, dans l'industrie et dans les arts.

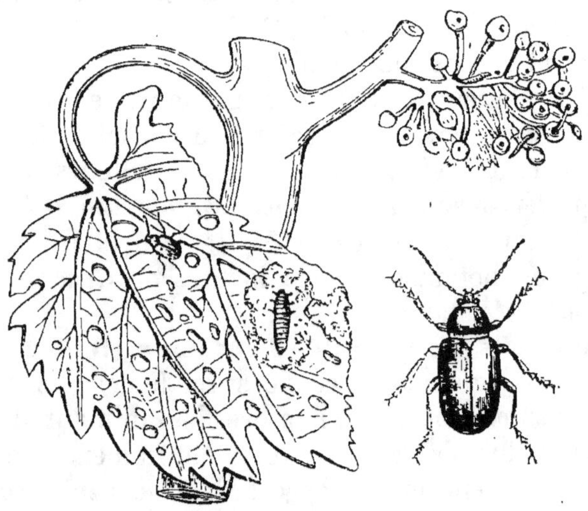

FIG. 156. — *Altise luisette.*

. Chaque mammifère, chaque oiseau et chaque sorte de plantes est souvent tourmenté par plusieurs espèces d'insectes. Les produits organiques que nous tirons de différentes classes d'êtres vivants pour notre alimentation ou que nous employons soit à nous vêtir, soit à orner nos appartements, sont aussi exposés aux attaques de ces animaux. En observant avec soin les mœurs des insectes et les conditions de leur multiplication, on a plus de chances de les arrêter dans leur développement et d'empêcher leurs dégâts ; on réussit encore à obtenir plus aisément leur reproduction et leur multiplication s'ils nous sont utiles. Mais cette étude fournirait à elle seule la matière de plusieurs volumes ; et nous devons nous borner à quelques exemples seulement.

Le premier sera tiré des insectes qui font du tort à la vigne, non pas que nous ayons la possibilité de nous occuper ici de tous ceux que l'on pourrait citer comme étant dans ce cas ; nous ne signalerons que les principaux.

Des cantons vignobles d'une étendue considérable sont parfois ravagés par des coléoptères, contre lesquels le vigneron doit lutter.

L'*Altise* (fig. 156) dévore les bourgeons de la vigne au moment où ils vont s'ouvrir ; l'*Eumolpe* (fig. 157), à l'état de larve, perce ses feuilles en traçant à leur surface des découpures qui lui ont fait donner le nom d'écrivain, et le *Rhynchites Bacchus*, vulgairement nommé *cigareur* (fig. 157), les roule en forme de cigares pour y abriter ses œufs.

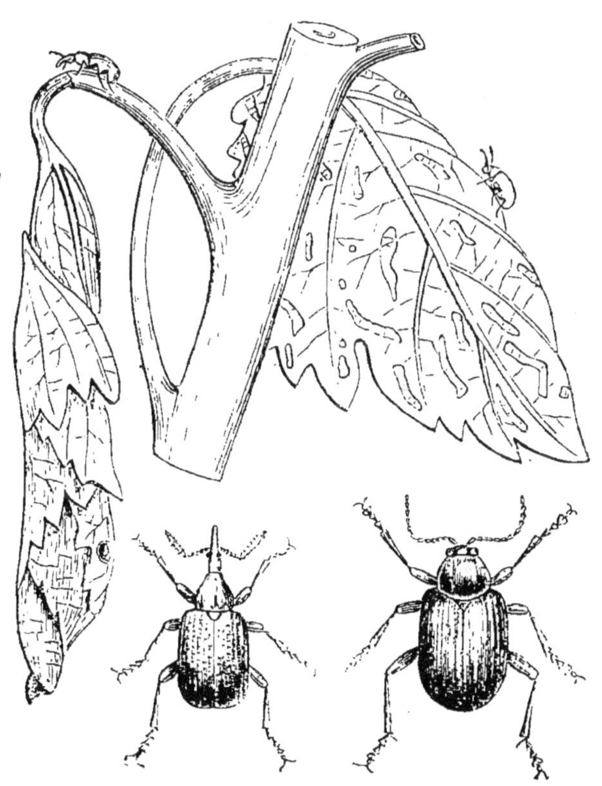

FIG. 157. — *Rhynchites cigareur et Eumolpe écrivain.*

Ces dégâts, joints à ceux que produisent des insectes encore différents et à la maladie redoutable occasionnée par le petit champignon appelé *oïdium*, diminuent singulièrement la récolte et empêchent souvent le propriétaire de retrouver, lors de la vendange, les dépenses qu'il a faites pour la culture de ses vignes. Dans d'autres circonstances, ce sont de petites chenilles appartenant à un lépidoptère nocturne du genre des pyrales qui font tout le mal. On n'a guère d'autre moyen de les combattre que d'en détruire les œufs avec soin, afin d'apporter un obstacle à leur propagation.

Le blé nourrit plusieurs parasites qui sont aussi de la classe des insectes; il en est de même pour toutes nos autres plantes alimentaires. Les fruits, lès graines diverses, qui servent à notre nourriture ou à celle des animaux domestiques, sont infestés de la même manière; il en est également ainsi de nos plantes fourragères. La luzerne, par exemple, est parfois dévastée par la larve du *Colaspis atra*, espèce de l'ordre des coléoptères (fig. 158) et beaucoup d'autres espèces d'insectes sont nuisibles aux récoltes.

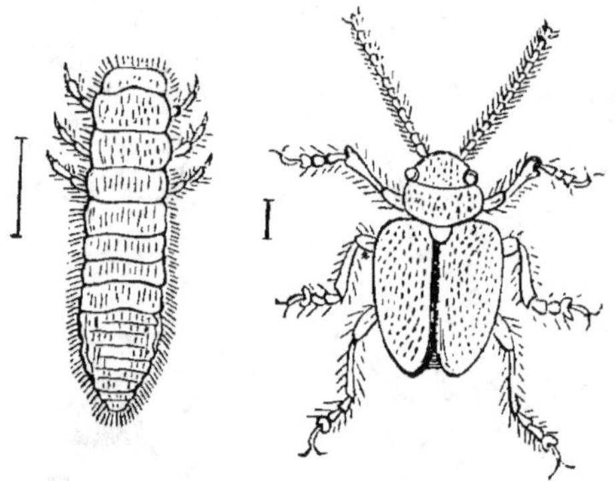

FIG. 158. — *Colaspis de la luzerne;* larve et état adulte.

L'olivier n'est pas moins exposé. Les larves de deux autres sortes de coléoptères (*Hilimius oleiperda* et *Phloiotribus oleæ*) vivent dans ses branches et sur ses rameaux qu'ils dessèchent. Le *Coccus oleæ*, vulgairement nommé pou de l'olivier, est une espèce de cochenille qui suce la séve des branches et les fait périr. Un puceron du genre des psylles s'en prend aux fleurs et fait avorter les fruits. Un diptère du genre *Dacus* passe son état de larve dans les olives mêmes et gâte la qualité de l'huile ; en outre, deux lépidoptères viennent se joindre à ces différents parasites, et leurs chenilles accaisonnent encore de nouveaux dégâts.

Nous ne finirions pas si nous voulions rappeler tous les dommages que les insectes font éprouver aux horticulteurs et aux agriculteurs ainsi que le tort qu'ils causent aux intérêts engagés dans la sylviculture. Ceux dont l'économie domestique a également à souffrir ne sont pas moins nombreux, et, pour rembrunir encore le tableau, nous n'aurions qu'à parler des insectes qui vivent sur le corps même de l'homme et dont quelques-uns, comme le pou du ptiriasis ou la puce pénétrante, sont l'occasion de maladies parfois mortelles ; mais nous préférons nous arrêter sur deux animaux de cette classe qui sont, au contraire, une source de richesses. Ce sont l'*Abeille* et le *Ver à soie* ou *Bombyce*, auxquels on pourrait ajouter la *Cochenille du Nopal* et quelques autres espèces encore.

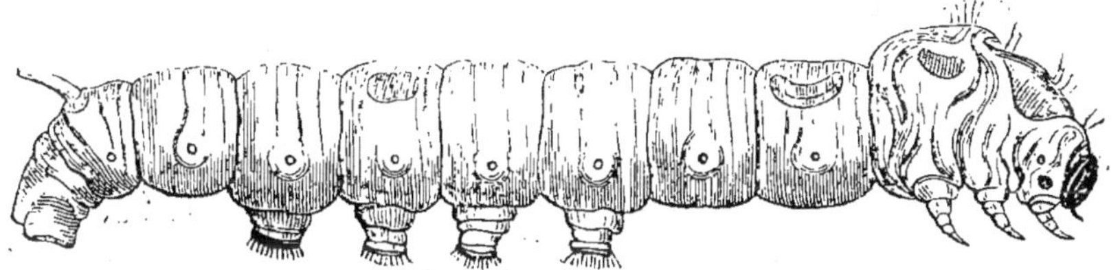

FIG. 159. — *Bombyce du mûrier* (larve).

BOMBYCE DU MÛRIER OU VER A SOIE. — Le bombyce du mûrier (*Bombyx mori*), dont la chenille file la soie pour former le cocon dans lequel elle passe son état de chrysalide, est un lépidoptère de la division des nocturnes. Il vient de Chine, où son espèce est domestique depuis un temps immémorial. Sous Justinien, au sixième siècle, des missionnaires grecs rapportèrent de l'Inde à Constantinople les œufs des premiers vers à soie cultivés en Europe. La graine en fut transportée plus tard à Naples, vers l'époque des croisades. A la fin du seizième siècle, on commençait à élever de ces bombyces en France. Sully encouragea cette industrie nouvelle, qui devait bientôt prendre une si grande extension et qui est aujourd'hui une source de richesses pour toute la région méditerranéenne. Nos départements du Midi produisent annuellement plus de trente millions de kilogrammes de cocons, ce qui, en portant le prix moyen du kilogramme à 5 francs seulement, donne un revenu total de 150 millions de francs.

La graine des vers à soie, c'est-à-dire les œufs de ces insectes, était autrefois produite dans le pays ou apportée de divers points de l'Espagne, dont le climat diffère peu de celui des Cévennes; on la tire aujourd'hui en grande partie d'Italie, d'Orient et du Japon. Pour faire éclore celle que l'on destine à une même éducation et avoir des vers qui monteront simultanément sur les bruyères qu'on leur apprête dans les magnaneries pour filer leur cocon, on a recours à une incubation artificielle qui dure quelques jours.

Les vers une fois éclos, on leur donne immédiatement à manger. Leur unique aliment consiste en feuilles du mûrier, arbre dont il existe de grandes plantations dans tous les pays séricicoles. L'éducation dure environ trente-quatre jours. Pendant ce temps, les vers subissent plusieurs mues, appelées maladies par les personnes qui se livrent à cette intéressante industrie. Le nombre des mues est ordinairement de quatre; mais il y a quelques variétés de vers qui n'en subissent que trois. Elles durent environ une trentaine d'heures chacune. L'animal passe ce temps sans manger. Quelques jours après la dernière mue, il cesse encore de prendre des aliments, mais alors d'une manière définitive; bientôt après il va commencer à filer.

La soie dont il forme son cocon est une substance de composition quaternaire renfermant une petite quantité de soufre et qui a beaucoup d'analogie avec les principes albuminoïdes. Elle se produit dans une paire de longues glandes tubiformes, plusieurs fois repliées sur elles-

mêmes, qui suivent intérieurement la face ventrale du corps
du ver.

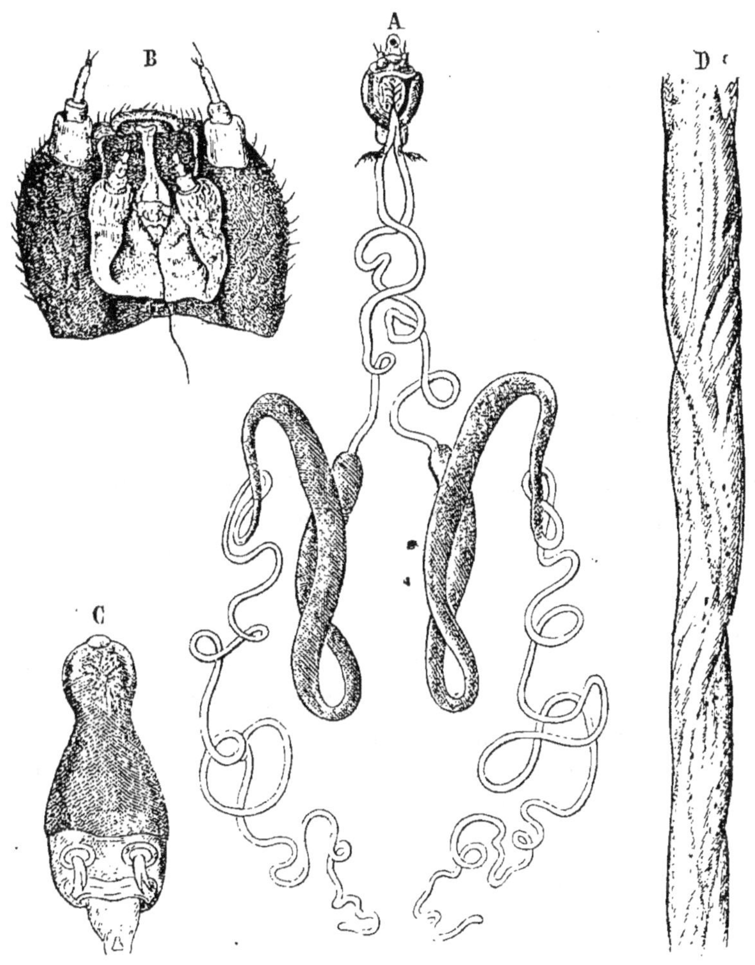

FIG. 160. — Appareil sécréteur de la soie.

A) appareil de la soie, vu dans ses différentes parties et isolé du reste du
corps. On y distingue la filière, en communication avec le tube sécréteur, qui
se divise presque immédiatement en deux branches fort longues, en partie
contournées et repliées l'une sur l'autre dans leur partie moyenne, ainsi transformée en réservoir. — B) tête du ver, vue en dessous pour montrer la filière et
le fil de soie qui en sort. — C) la filière, vue séparément; son orifice est dirigé
inférieurement. — D) soie décreusée, vue au microscope; les fils en sont ir-
régulièrement aplatis; leur épaisseur varie entre 0^{mm},007 et 0^{mm},015.

La soie (fig. 160 B) y est à l'état liquide. Elle est filée à travers un petit appareil percé à son sommet d'un orifice unique et très-fin. Cet appareil est placé auprès de la bouche, dont il semble constituer la lèvre inférieure ; on lui donne le nom de filière. Le ver attache d'abord quelques brins de soie aux corps environnants pour s'assurer des points d'appui. Il trame ensuite son cocon qui est d'un seul fil, contourné et replié de telle manière qu'il enveloppe bientôt l'animal comme dans une sorte de prison, au sein de laquelle ce dernier passera son état de chrysalide (fig. 129). On a calculé que le fil de chaque cocon n'a pas moins de quatre ou cinq cents mètres de long.

Si l'on veut utiliser les cocons pour leur soie, on y étouffe les chysalides. On les dévide ensuite plusieurs ensemble, ce qui donne les écheveaux de *soie grége*, destinés à la fabrication des tissus. Les fils de soie sont naturellement recouverts d'une matière gélatineuse dont on doit débarrasser ceux que l'on destine à cet usage, surtout si l'on se propose d'en faire des étoffes souples et qu'on veuille teindre ces étoffes avec soin. La soie encore recouverte de sa matière gélatineuse est la *soie écrue*. L'opération par laquelle on l'en débarrasse est appelée *décreusage*.

Les cocons destinés à la reproduction sont mis à part jusqu'à ce que la chrysalide y soit parvenue à l'état de papillon. L'animal perce alors son enveloppe et se montre au dehors. Sous sa forme ailée il n'a pas besoin de nourriture. Sa fonction principale est maintenant d'assurer la propagation de l'espèce.

Les vers à soie sont exposés à diverses maladies qui rendent singulièrement précaires, depuis quelques années surtout, les bénéfices que l'on se promet en les élevant. Plusieurs de ces maladies sont aujourd'hui mieux connues dans leur nature, et on a trouvé le moyen de combattre victorieusement quelques-unes d'entre elles, plus particulièrement la *muscardine*. Actuellement c'est la *pébrine* qui exerce ses ravages. Parmi les causes qui ont amené l'état de souffrance dans lequel se trouve l'industrie séricicole, on doit citer le peu de soin donné par les éleveurs à la production de la graine, et la condition dans laquelle se trouve toute graine étrangère, apportée dans nos contrées, de subir les chances d'une acclimatation nouvelle. Le retour à la graine du pays, faite avec des garanties suffisantes et au moyen de mâles pris dans d'autres chambrées que les femelles, afin d'éviter la consanguinité, permettrait sans doute de triompher de cet état de souffrance, ou du moins d'en atténuer beaucoup la gravité.

La maladie des vers pébrinés est due à la présence dans leurs humeurs et dans tous leurs tissus de corpuscules mobiles de très-petite dimension, qui ont reçu le nom de corpuscules de Cornalia, en l'honneur d'un savant italien qui a beaucoup contribué à les faire connaître[1]. Ce sont sans doute des microphytes, c'est-à-dire de petits végétaux, et ils paraissent voisins des algues inférieures. On les compare aux psorospermies qui infestent parfois les poissons et l'observation démontre qu'il s'en trouve dans la plupart des œufs d'où naissent les chambrées malades, ce qui oblige à faire de ces œufs un examen attentif. La graine ainsi envahie éclôt plus difficilement que celle qui est saine et les vers qui en sortent meurent pour la plupart avant de filer leur cocon.

On a tenté depuis plusieurs années l'acclimatation sous nos climats de quelques espèces de bombyces différentes de celle du mûrier.

Ces nouveaux insectes producteurs de la soie sont également des lépidoptères nocturnes ; ils peuvent devenir fort utiles à l'industrie et déjà la soie de plusieurs d'entre eux a trouvé son emploi. Par contre, la plupart des autres lépidoptères sont des insectes nuisibles et l'agriculture a beaucoup à souffrir des atteintes de leurs larves. Les processionnaires sont les chenilles de bombyces dont les poils sont urticants. Les larves des teignes, petites espèces du

1. M. Lebert les a aussi décrits sous le nom de *Panhistophyton ovatum.*

même ordre, s'établissent dans nos habitations et détériorent nos tissus de laines, nos fourrures et divers objets d'habillement ou d'ameublement; une autre espèce attaque les blés; l'aglosse vit dans les matières grasses, particulièrement dans le lard.

ABEILLE (genre *apis*). — Les abeilles forment, parmi les hyménoptères aiguillonnés, un genre type de la division des apididés sociétaires, division qui comprend aussi les mélipones, les bourdons, les andrènes, etc. Le genre des abeilles, auquel est resté en propre la dénomination d'*Apis*, étendue par les naturalistes du temps de Linné aux autres insectes de la même famille, réunit plusieurs espèces, toutes originaires de l'ancien monde, qui vivent en sociétés. Chacune de ces espèces est formée de trois sortes d'individus, savoir : des mâles, appelés *faux-bourdons*, des femelles, dites *reines* (chaque société ou ruche n'en possède qu'une seule), et des neutres, appelés aussi *ouvrières*, qui sont des femelles stériles et pourvues d'un aiguillon.

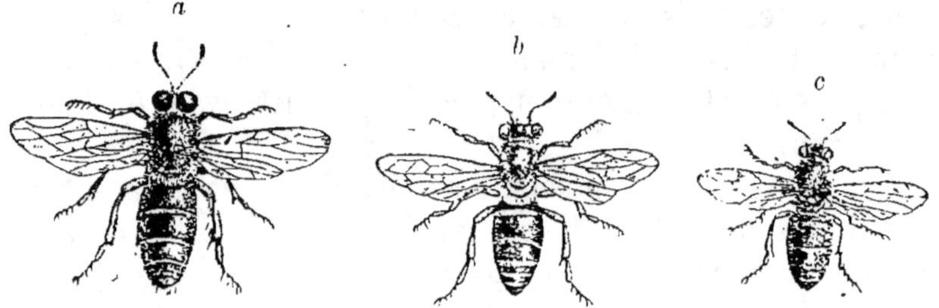

FIG. 161. — *Abeilles*.
a) mâle ou faux-bourdon ; — *b*) femelle ou reine; — *c*) neutre ou ouvrière.

Les ouvrières ont le premier article des tarses postérieurs en forme de carré long, garni à sa face interne de plusieurs rangées de poils qui le transforment en une espèce de *brosse* (fig. 162). La *corbeille* est un enfoncement bordé de poils existant au côté interne de la cuisse des mêmes pattes. Cette double disposition est utile aux abeilles dans la récolte du pollen et du nectar des fleurs qui leur servent à la fabrication du *miel*. C'est aussi au moyen de ces petits organes que les ouvrières se procurent le *propolis*, substance qu'elles tirent également des végétaux, et avec laquelle elles mastiquent leurs habitations. Quant à la *cire*, elle suinte des parois mêmes du corps de ces insectes par un certain nombre de pores glanduleux situés entre les articles de l'abdomen (fig. 124).

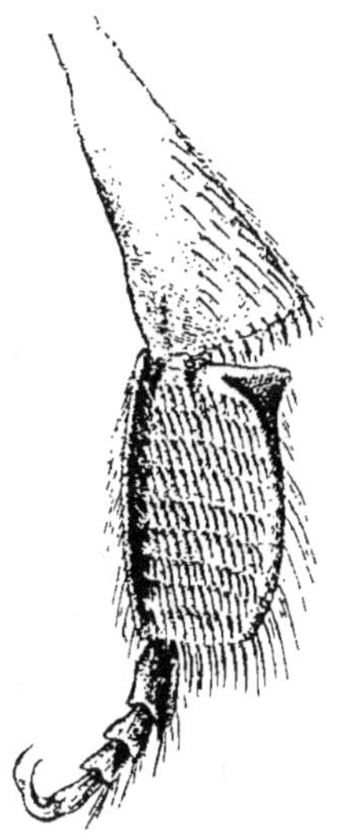

FIG. 162. — *Abeille ;* brosse, très-grossie.

Les abeilles emploient la cire à la construction des loges dans lesquelles les reines doivent déposer leurs œufs. Ces loges forment des amas de cellules hexagonales, serrées les unes contre les autres, et opposées base à base sur deux rangs, dont l'ensemble représente une sorte de gâteau. Il y a des alvéoles à part pour les œufs destinés à fournir des femelles, pour ceux d'où naîtront des mâles, et pour ceux qui donneront de simples ouvrières. Les alvéoles des œufs royaux sont les plus grands. Réaumur a constaté qu'une seule reine peut pondre, au printemps et dans l'espace de vingt jours seulement, jusqu'à douze mille œufs ; elle fait plusieurs pontes par an.

Lorsque de nouvelles femelles, c'est-à-dire des reines, naissent dans une ruche, une grande agitation ne tarde pas à se produire; celle qui avait précédemment l'autorité s'éloigne suivie de faux-bourdons et d'un nombre considérable d'abeilles ouvrières. Cette colonie va s'établir ailleurs; elle constitue ce qu'on nomme un *essaim* (fig. 163).

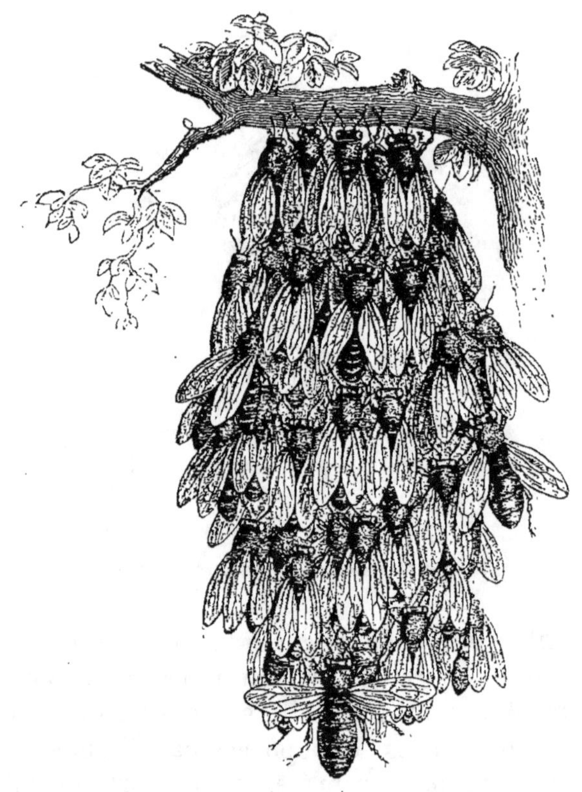

FIG. 163. — Essaim d'*Abeilles*.

Le *miel* est une provision alimentaire destinée à la nourriture des abeilles. Il leur sert aussi pour la nourriture des larves, et c'est à cette intention qu'elles en remplissent leurs alvéoles ou gâteaux de cire.

Ce sont précisément ces deux substances, l'une de nature grasse, la cire, l'autre sucrée et d'un goût agréable, le miel, qui nous portent à élever les abeilles en domesticité. Autrefois elles avaient dans l'économie domestique une importance bien plus considérable encore que celle qu'elles ont aujourd'hui. Les bougies de cire étaient le seul éclairage de luxe avant qu'on n'employât l'acide stéarique, la parafine ou le gaz, et les anciens, qui ne possédaient pas le sucre proprement dit, faisaient un grand usage de miel comme principe édulcorant. Il leur servait aussi à préparer, par la fermentation, une liqueur enivrante, appelée hydromel.

Il y a plusieurs espèces d'abeilles, toutes originaires des parties chaudes ou tempérées de l'ancien continent. Les animaux de ce genre que l'on possède en Amérique, y ont été apportés de l'Europe.

Mélipones. — Cependant il existe dans le nouveau monde des hyménoptères mellifères, susceptibles de fournir à l'homme les mêmes produits que nos abeilles; ce sont les mélipones (*Melipona*), qui ressemblent beaucoup aux abeilles du genre *Apis*, mais chez lesquelles les ouvrières ou femelles stériles n'ont pas d'aiguillon. Ces espèces d'abeilles ne piquent donc pas, mais Auguste de Saint-Hilaire a cité une mélipone qui laisse échapper par l'anus une liqueur brûlante.

FIG. 164. — *Mélipone solitaire.*

La cire dite des andaquies est de la cire de mélipones, et le miel de ces insectes est utilisé dans plusieurs parties de l'Amérique équinoxiale.

CHAPITRE X.

MYRIAPODES ET ARACHNIDES.

CLASSE DES MYRIAPODES.

La classe des myriapodes réunit un certain nombre d'animaux articulés condylopodes respirant, comme les insectes, par des trachées; ayant comme eux la tête distincte du reste du corps et surmontée de deux antennes; mais dont les anneaux ou articles du corps sont en général bien plus nombreux que chez les insectes, et presque tous pourvus de pattes; de là la dénomination de *mille-pieds*, par laquelle on désigne vulgairement les myriapodes. Ce caractère peut aussi les faire distinguer des insectes qui n'ont jamais plus de trois paires d'appendices locomoteurs. On ne saurait d'ailleurs reconnaître aux myriapodes un thorax et un abdomen nettement séparables l'un de l'autre par leur forme, comme cela se voit chez les insectes hexapodes.

Les principaux genres de cette classe sont :

1° Ceux des gloméris, des polydèmes, des iules et des polyzonies formant l'ordre des Diplopodes, ainsi nommés parce que leurs anneaux portent presque tous deux paires de pattes.

2° Ceux des scutigères, des scolopendres, des cryptops, des lithobies et des géophiles constituant l'ordre des chilopodes.

La morsure des scolopendres est fort douloureuse. Ces

myriapodes vivent de proie. Les îles répandent une odeur particulière due à des glandes placées sur les côtés de leur corps; ils mangent particulièrement des substances végétales.

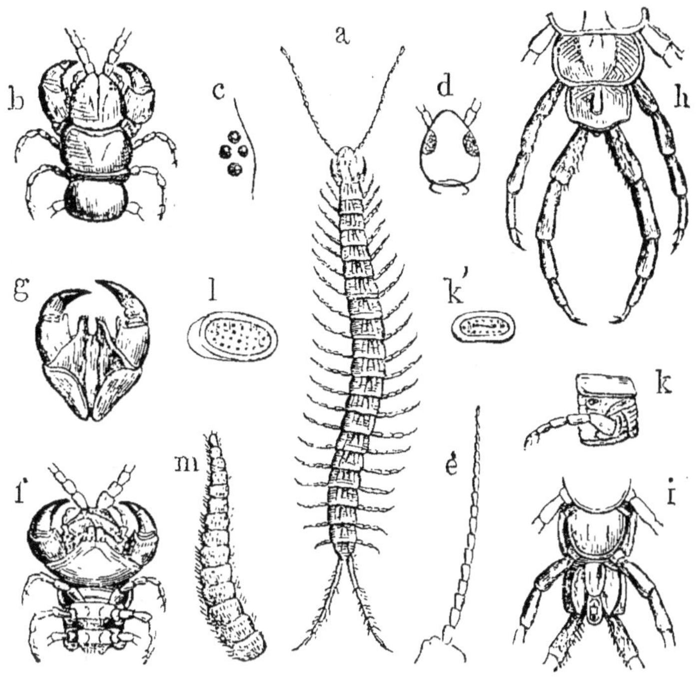

FIG. 165. — *Scolopendre* et genres voisins.

a) Cryptops des jardins: grossi; — *b) Scolopendre :* partie antérieure du corps, vue en dessus; — *c)* yeux, du côté droit; — *d) Scutigère :* tête; — *e) Scolopendre :* antenne; — *f) scolopendre :* partie antérieure du corps et bouche; vues en-dessous; — *g) id.,* ses pinces buccales; — *h) id.,* partie postérieure du corps; vue en dessus; — *i) id.,* en dessous; — *k)* un des anneaux montrant le stigmate trachéen et une patte; — *k')* stigmate isolé; — *l)* stigmate en forme de crible d'une scolopendre du genre *hétérostome;* — *m)* antenne de *géophile.*

CLASSE DES ARACHNIDES.

Les arachnides ont, en général, le corps divisé en deux parties : un céphalothorax, répondant à la tête et au thorax des insectes héxapodes unis l'une à l'autre, et un abdomen. Elles manquent d'antennes et sont aussi privées des pièces buccales propres aux insectes proprement dits. Leurs appendices sont au nombre de six paires, dont les deux antérieures servant, par leur base, à la mastication, sont appelées pinces et palpes, tandis que les quatre autres, uniquement affectées au service de la locomotion ordinaire, conservent la dénomination de pattes. C'est à cause de la présence de ces huit pattes ou appendices ambulatoires que les arachnides ont quelquefois été nommées *Octopodes*. Ces animaux ne subissent pas de véritables métamorphoses.

Ils respirent tantôt par des trachées, tantôt, au contraire, par des organes circonscrits et feuilletés, placés sous l'abdomen, qui sont renfermés dans des espèces de sacs, et auxquels on étend, à tort peut-être, la dénomination de poumons, parce qu'ils servent à la respiration aérienne. Les scorpions et les araignées sont pourvus de semblables organes; les faucheurs et les mites ou acares possèdent au contraire des trachées.

Latreille s'était fondé sur cette différence dans les organes de la respiration pour établir deux ordres distincts d'arachnides, les pulmonaires et les trachéennes; mais Dugès, savant naturaliste de Montpellier, a fait voir que les araignées des genres dysdère et ségestrie, au lieu d'avoir deux paires de pseudo-poumons ou faux poumons, comme les autres espèces de ce groupe, ont deux de ces organes seulement qui méritent ce nom, tandis que les deux autres sont de véritables trachées.

Les principaux groupes d'arachnides sont les scorpions, les araignées, les galéodes, les phalangides et les acares.

Les SCORPIONS ont les palpes ou deuxième paire d'appendices buccaux, disposés en pinces, très-développés, et rappelant les pinces des homards. Leur abdomen est caudiforme dans sa partie terminale et pourvu d'un aiguillon avec lequel ils font des piqûres fort douloureuses.

Les pinces ou chélifères sont de petites arachnides dépourvues de partie caudiforme et d'aiguillon, qui ressemblent, du reste, beaucoup aux scorpions, mais ne sont pas venimeuses comme ces derniers ; elles respirent par des trachées, tandis que les scorpions ont des pseudo-poumons.

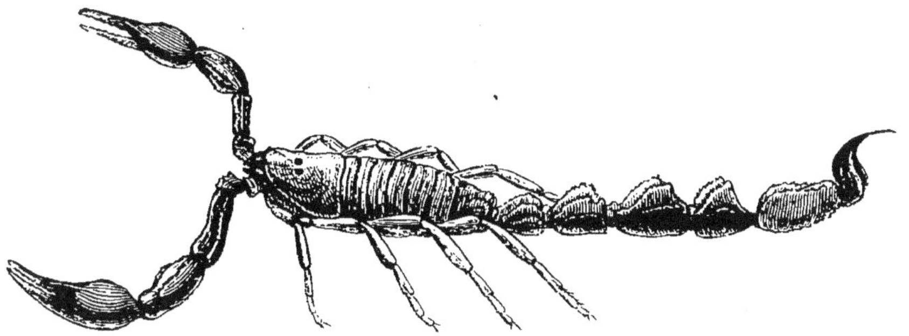

FIG. 166. — *Scorpion tunisien.*

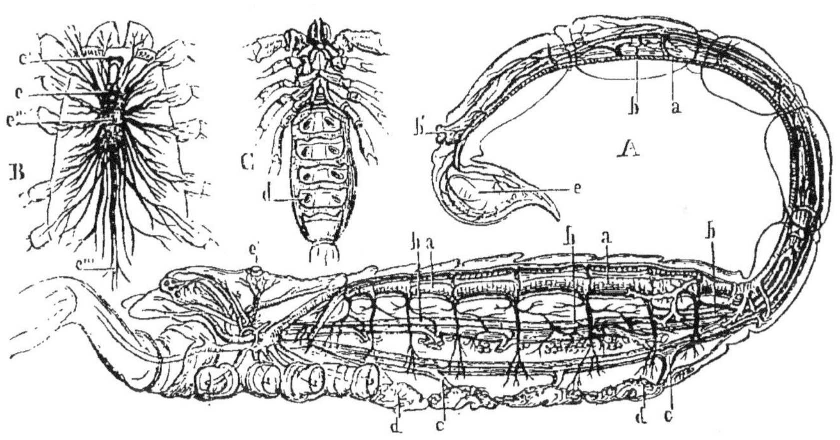

FIG. 167. — Anatomie du *Scorpion.*

A = disséqué pour en montrer les différents organes : — *a*) le vaisseau dorsal et les principales artères auxquelles il donne naissance ; — *b*) tube digestif ; — *b'*) anus ; — *c*) la chaîne des ganglions nerveux ; — *c'*) un des deux yeux principaux et son nerf optique venant du cerveau ; les yeux latéraux sont placés plus en avant ; — *d d*) sacs pseudo-pulmonaires ; — *e*) aiguillon et sa glande vénéneuse.

B = le système nerveux céphalo-thoracique : — *e*) partie sous-œsophagienne du cerveau ; — *e'*) yeux principaux et leurs nerfs optiques ; — *e''*) ganglion nerveux du thorax réunis en une masse unique ; — *e'''*) premiers ganglions nerveux de l'abdomen.

C = le dessous du corps montrant les appendices buccaux, ainsi que la base des pattes, et, en *d*, les orifices des sacs pseudo-pulmonaires.

Les **araignées** piquent avec leurs mandibules. Elles ont les palpes tentaculiformes et leur abdomen, qui est renflé, porte en arrière un appareil destiné à la sécrétion des fils soyeux avec lesquels elles tissent leur toile. Chaque fil est la réunion de plusieurs brins secondaires émis par les différents orifices de la filière.

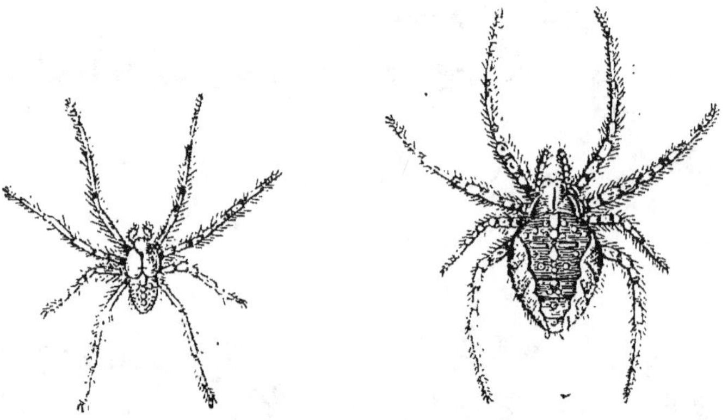

FIG. 168. — *Epéire diadème* ; mâle et femelle.

Les **galéodes** ou solpuges constituent une division des arachnides qui a principalement ses représentants dans les pays chauds ; elles sont remarquables par leur voracité. On en trouve déjà en Espagne.

Les **phalangides** ou *faucheurs*, dont plusieurs espèces vivent dans nos jardins, sont nombreux en espèces et ont parfois des formes très-bizarres. C'est dans les régions intertropicales que l'on trouve les plus singuliers.

Les **acares** ou *mites* n'ont que six pattes lorsqu'ils éclosent et ils subissent de la sorte une demi-métamorphose au moyen de laquelle leur appareil locomoteur se complète ; ils constituent la dernière division principale des arachnides.

Animaux très-nombreux en espèces, presque tous sont de très-petite dimension et ils sont fort répandus et sont très-variés dans leurs formes.

Plusieurs sortes de mites méritent une mention particulière. Celles du fromage de Gruyère appartiennent au

genre tyroglyphe (fig. 169) ; l'acare des poules et des autres oiseaux de basse-cour est du genre dermanysse (fig. 170) ;
celui des petits oiseaux de volière en est congénère.

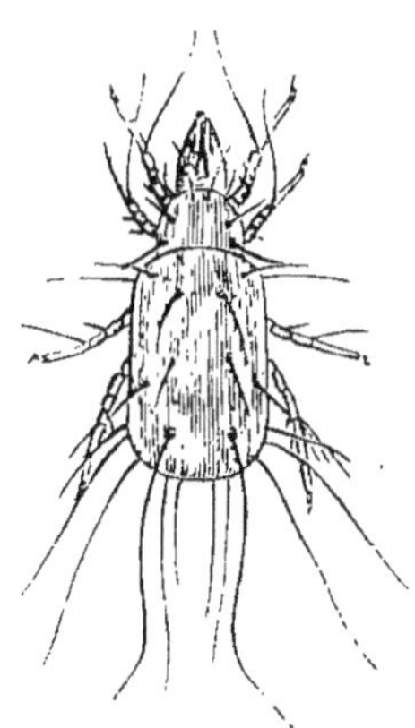

FIG. 169. — *Tyroglyphe du
fromage de Gruyère.*

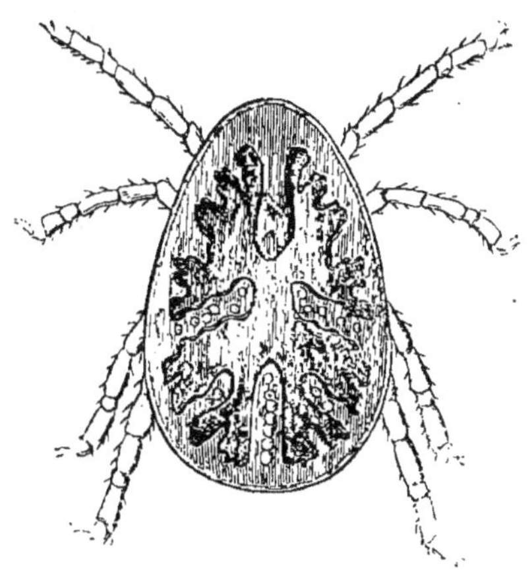

FIG. 170. — *Dermanysse des poules.*

La gale de l'homme est occasionnée par une espèce du
genre sarcopte ; celle des animaux par des espèces de ce
genre ou de celui des psoroptes [1] (fig. 171) ; ces parasites
peuvent la communiquer d'un individu à un autre, et même
d'une espèce à une autre.

Un animal de la même famille vit dans les follicules
sébacés ou tannes des ailes du nez, chez l'homme ; elle
a servi de type à un genre à part nommé démodex ou si-
monée.

C'est encore à la division des acares (ancien genre *Acarus*
de Linné et famille des acarides pour les naturalistes actuels) qu'appartiennent les petits animaux de la mousse des
toits, auxquels on donne le nom de tardigrades (fig. 172).
On sait que ceux-ci peuvent revenir à la vie après avoir été
desséchés à une température supérieure à 100°.

---

1. Comprenant une espèce d'acare spéciale au cheval.

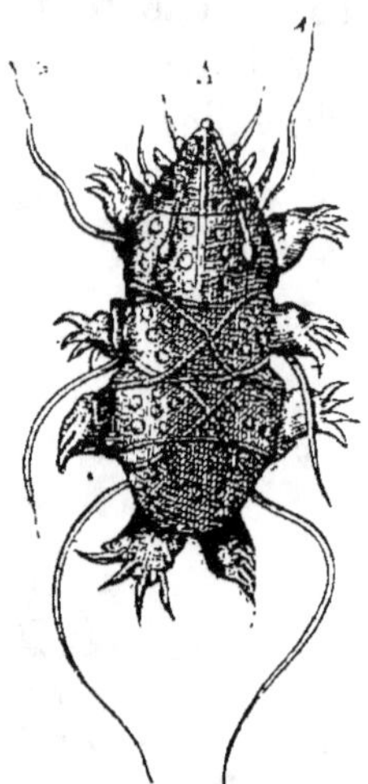

FIG. 172. — *Tardigrade.*

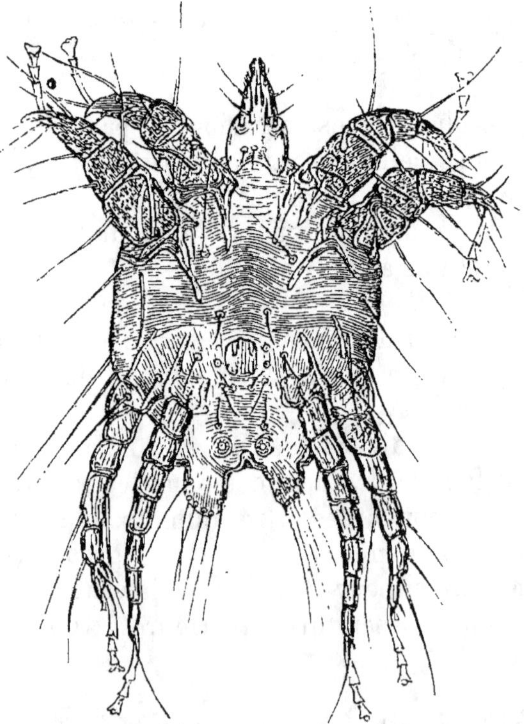

FIG. 171. — *Psoropte* (acare de la gale du cheval).

Il nous reste à parler des Limules, que quelques auteurs ont rapportées à la classe des arachnides, tandis que d'autres les ont placées parmi les crustacés à cause de leurs branchies.

Ces animaux ont une forme des plus bizarres ; ils dépassent de beaucoup, en dimensions, ceux dont nous venons de parler, et sont marins. Leur énorme céphalothorax porte en dessous un nombre d'appendices égal à celui que possèdent les arachnides (six paires), semblablement disposés et servant aussi, les deux premiers à la mastication, les quatre autres à la locomotion. Sous leur abdomen sont placées de grandes branchies foliacées, qui répondent aux faux poumons des scorpions, mais sont multiarticulées dans leur partie basilaire. En outre, le corps des limules est terminé en arrière par un appendice droit et allongé, qui a valu au groupe qu'ils constituent le nom de *xyphosures*, signifiant queue en épée. Cet appendice n'existe pas encore dans les embryons des limules.

Ces animaux vivent assez longtemps dans les aquariums et il est maintenant facile de les y observer.

CHAPITRE XI.

CLASSE DES CRUSTACÉS.

Les crustacés constituent une réunion considérable d'articulés condylopodes, pour la plupart marins, dont la forme est assez variée, suivant les groupes que l'on étudie, mais qui ont tous pour caractère de manquer de trachées. Leurs organes de respiration sont des branchies dépendant des pattes ou placées sur les pattes elles-mêmes; quelques-uns respirent uniquement par la peau. Ils ont habituellement deux paires d'antennes. Certains d'entre eux subissent des demi-métamorphoses.

Il existe, entre les divers groupes naturels qui composent la classe des crustacés, des différences remarquables d'organisation, et l'on peut considérer ces groupes comme constituant autant de sous-classes que nous indiquerons successivement. La première est celle des crustacés auxquels on a donné le nom de podophthalmaires, parce qu'ils ont les yeux supportés par des pédicules.

1° Crustacés dont les yeux sont portés sur des pédicules,
ou crustacés podophthalmaires.

Ordre des crustacés décapodes. — Les plus grandes espèces de crustacés, comme les crabes, les maias, les langoustes, les homards, les écrevisses et les palémons, sont aussi les plus parfaits des animaux de cette classe, et elles joignent quelques autres caractères importants à celui d'avoir les yeux pédiculés.

Leur tête et leur thorax sont soudés et forment un céphalothorax; en outre, leur bouche présente des organes spéciaux de mastication et ils ont un certain nombre de pieds appropriés au même usage, ce qui a fait appeler ces organes des pieds-mâchoires. Ces pieds modifiés précèdent les pieds spécialement locomoteurs, qui sont à leur tour au nombre de cinq paires. C'est ce dernier caractère qui a valu aux décapodes le nom qu'ils portent.

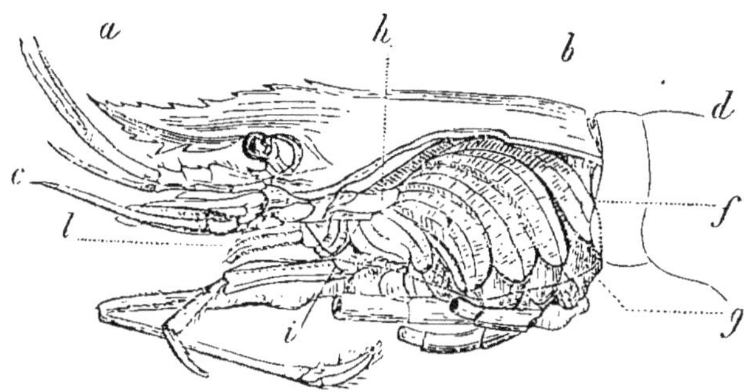

FIG. 173. — *Palémon*. Céphalo-thorax et branchies.

a) rostre; — *b*) partie postérieure du céphalo-thorax; — *c*) antennes externes; — *d*) premiers anneaux de l'abdomen; — *f*) branchies; — *g*) orifice postérieur de la cavité branchiale; — *l*) son orifice antérieur; — *h*) sa valvule.

Les branchies de ces animaux sont placées à la base des pattes et protégées par un rebord du céphalothorax sous lequel elles se trouvent enfermées, dans une sorte de chambre respiratrice. L'abdomen est tantôt raccourci, comme par exemple dans les crabes et espèces analogues qui forment, par leur réunion, le sous-ordre des *brachyures*; tantôt, au contraire, allongé, comme on le voit chez les langoustes, les écrevisses et les autres décapodes constituant le sous-ordre des *macroures*.

Les caractères extérieurs des crustacés décapodes indiquent une supériorité évidente dans l'organisation et dans les fonctions de ces animaux, comparés aux autres espèces de la même classe. Leurs caractères profonds sont aussi dans ce cas (fig. 173 à 176).

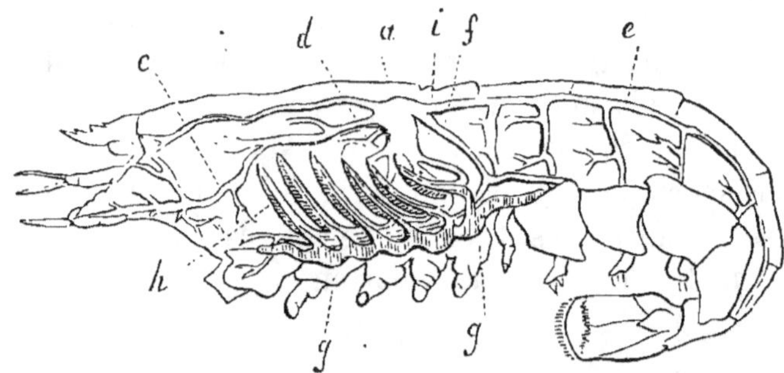

FIG. 174. — Appareil circulatoire du *Homard*.

a) cœur ; — *c, d, e, f*) artères allant aux antennes, au foie, à la partie supérieure de l'abdomen et à la région sternale ; — *o*) veines qui reçoivent le sang des lacunes ou sinus, et le conduisent aux branchies ; — *h*) veines branchia.es conduisant le sang des branchies au cœur.

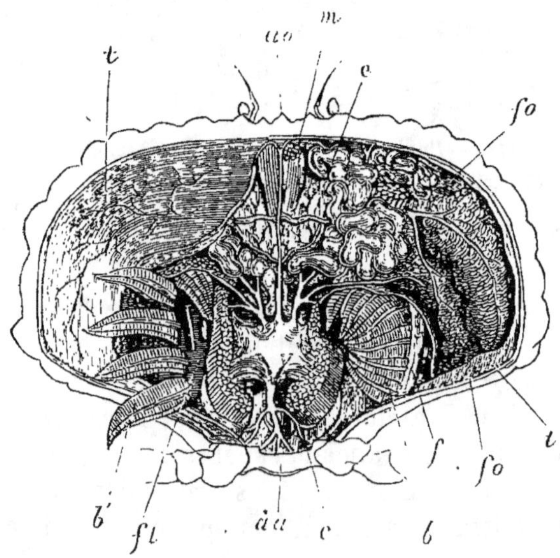

FIG. 175. — Anatomie du *Crabe tourteau*.

Le céphalothorax a été ouvert pour montrer : *c*) le cœur ; — *aa* et *c*) l'aorte postérieure et ses divisions ; — *b, b'*) branchies ; — *e*) estomac ; — *m*) ses muscles ; — *f* et *ft*) loges branchiales ; — *fo*) foie ; — *ao*) région oculaire ; — *tt*) partie de l'enveloppe cutanée, après l'enlèvement de la carapace.

Ainsi, leur artère aorte se renfle en un point déterminé, placé à la partie postéro-supérieure du céphalothorax, pour constituer un cœur véritable dont les contractions chassent dans les différentes parties du corps le sang que les veines pulmonaires ramènent des branchies.

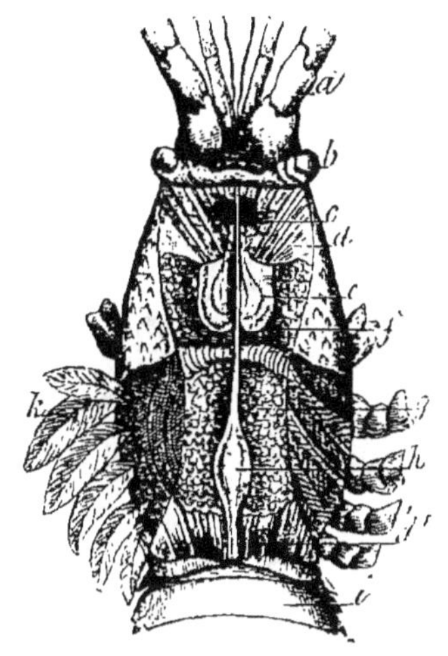

FIG. 176. — Anatomie de la *Langouste*.

a) antennes externes et internes ; — b) yeux ; — c) cerveau ; — dd') muscles antérieurs et postérieurs du céphalothorax ; — e) estomac ; — f) foie ; — g) ovaires chargés d'ovules, appelés vulgairement le corail, à cause de leur couleur rouge ; — h) cœur, déjà plus allongé que chez les brachiures ; aortes antérieure et postérieure ; — i) premier anneau de l'abdomen ; — k) les branchies.

Leur système nerveux et leurs organes des sens sont aussi plus parfaits que dans les autres crustacés, et chez ceux d'entre eux qui ont le corps court, comme les crabes, les ganglions thoraciques sont réunis en une masse commune de laquelle partent les nerfs qui vont aux membres.

Certains décapodes subissent des changements de forme après leur naissance. On n'en remarque ni chez les écrevisses, ni chez les homards et les crabes terrestres paraissent en être également dépourvus : mais il y en a chez les autres espèces.

Les langoustes, quoique très-semblables en apparence

aux.autres macroures, en éprouvent qui sont très-profonds;
à tel point que l'on a d'abord classé dans un autre ordre
(celui des stomapodes) sous le nom générique de phyllo-
somes, les jeunes des crustacés de ce genre (fig. 177).

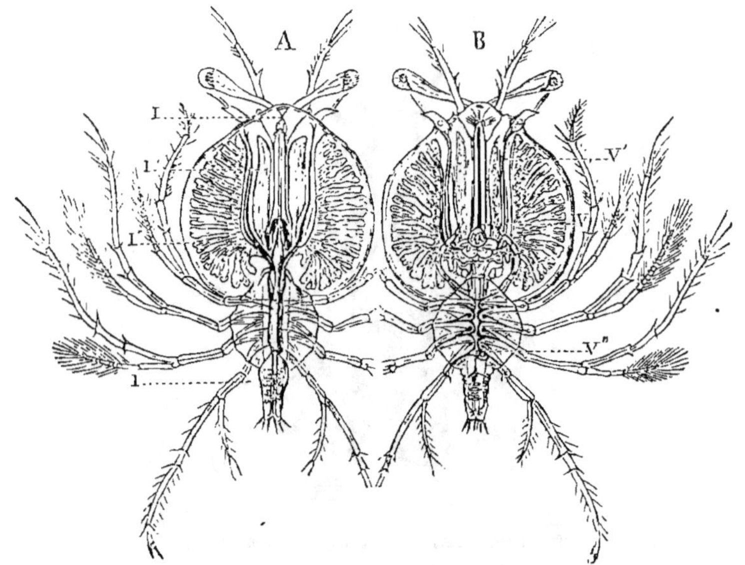

FIG. 177. — *Phyllosome* (larve de *Langouste*).

A) vu en dessus; — B) vu en dessous; — *ii*, est l'intestin. Les expansions (*i"*)
en forme de culs de sac visibles dans la partie antérieure du céphalothorax
et qui sont en communication avec l'estomac constituent le foie; — *v"* est la
partie du céphalotorax qui porte les pattes.

C'est aux décapodes brachyures ou dont l'abdomen est
raccourci qu'appartiennent les pinno-
thères (fig. 178), petites espèces de crustacés qui vivent dans les huîtres, les
jambonneaux et les moules comestibles.
On les accuse à tort des accidents que
ces dernières déterminent chez certaines
personnes.

FIG. 178.—*Pinnothère.*

Un grand nombre d'espèces de décapodes sont des animaux alimentaires. Les maias ou crabes-araignées, les
crabes ordinaires, les crabes-tourteaux (fig. 179), qui sont

des brachyures, les pagures ou bernards ermites (fig. 180), les homards, les langoustes, les scyllares ou cigales de mer, les écrevisses, les palémons, les salicoques ou cre-

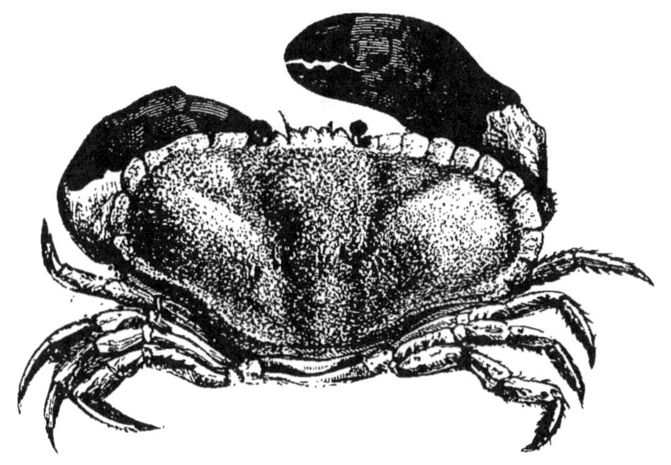

FIG. 179. — *Crabe-tourteau.*

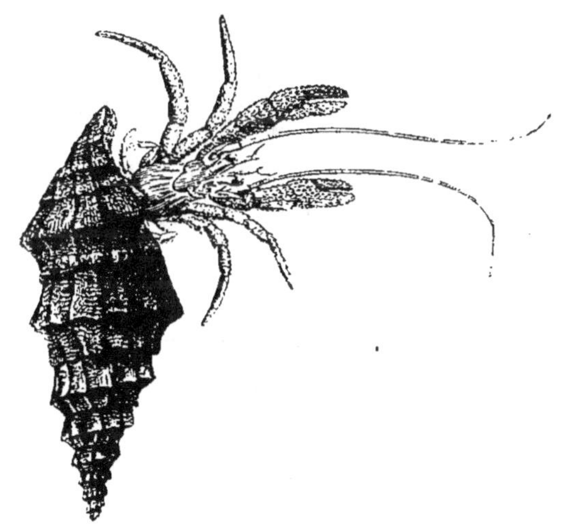

FIG. 180. — *Pagure* (dans une coquille de cérithe).

vettes de table, et beaucoup d'autres encore en sont autant d'exemples.

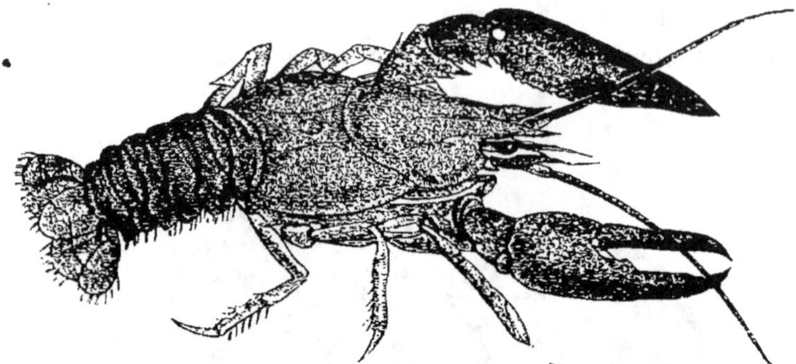

FIG. 181. — *Écrevisse de rivière.*

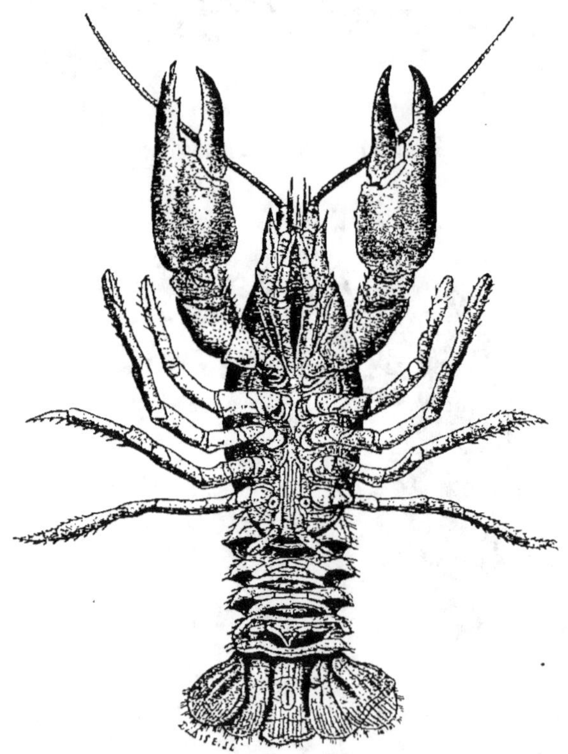

FIG. 182. — *Écrevisse de rivière ;* mâle, vu en dessous.

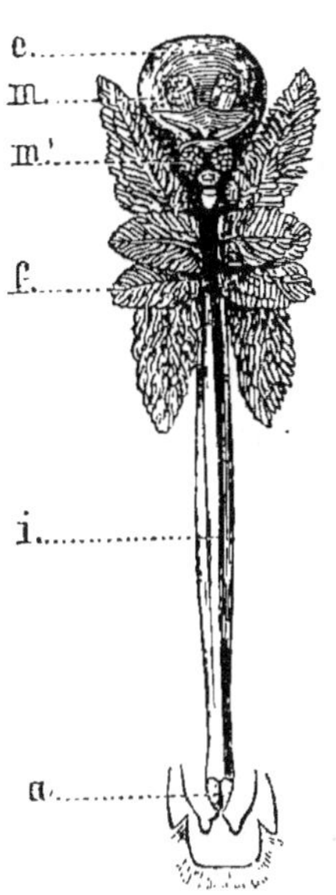

FIG. 183. — Appareil digestif de l'*Écrevisse*. = *e*) estomac ; — *m*, *m'*) ses muscles ;
— *f*) foie ; — *i*) intestin ; —
a) anus.

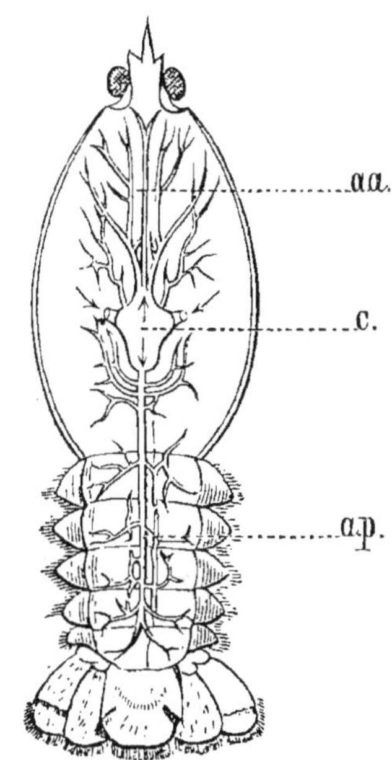

FIG. 184. — Appareil circulatoire de
l'*Écrevisse*. = *aa*) artère aorte antérieure
et ses principales divisions ; — *c*) cœur ;
— *ap*) aorte postérieure et ses principales divisions.

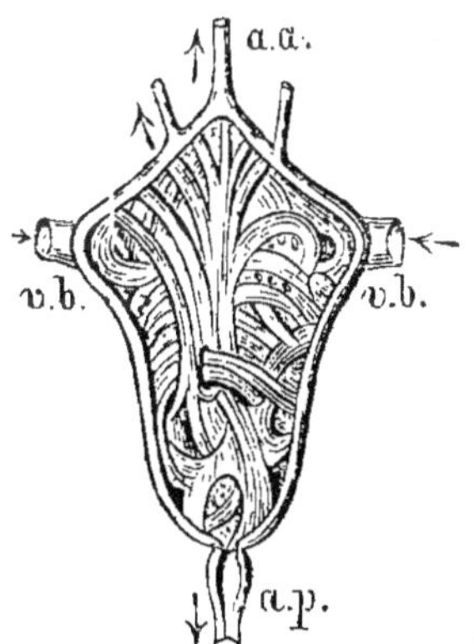

FIG. 185. — Cœur de l'*Écrevisse*,
ouvert pour en montrer la structure.= *aa*) aorte antérieure ; — *ap*)
aorte postérieure ; — *vb*) veines
branchiales. Les flèches indiquent
la marche du sang.

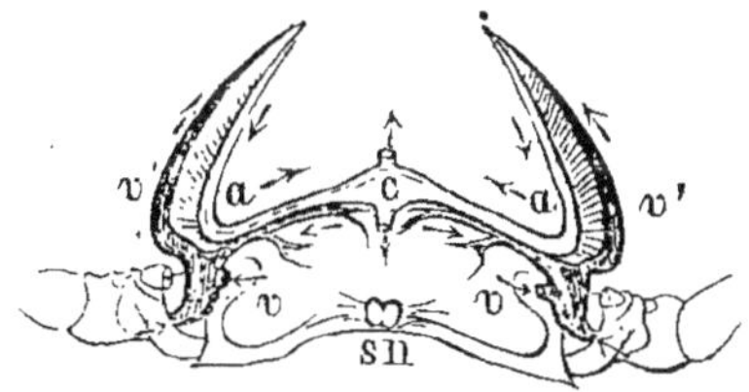

FIG. 186. — Figure théorique de la circulation chez l'*Écrevisse*. = *aa*) veines
ramenant des branchies au cœur le sang
hématosé ; — *c*) le cœur lançant le sang
dans les aortes antérieure et postérieure ;
— *sn*) l'emplacement du système veineux ; — *vv*) veines et renflement veineux
recevant le sang qui a servi à la nutri-
tion ; — *v'v'*) veines branchiales conduisant le sang aux branchies.

FIG. 187. — Une des fausses pattes abdominales de l'*Écrevisse* femelle :
A) sans œufs ; — B) chargée d'œufs.

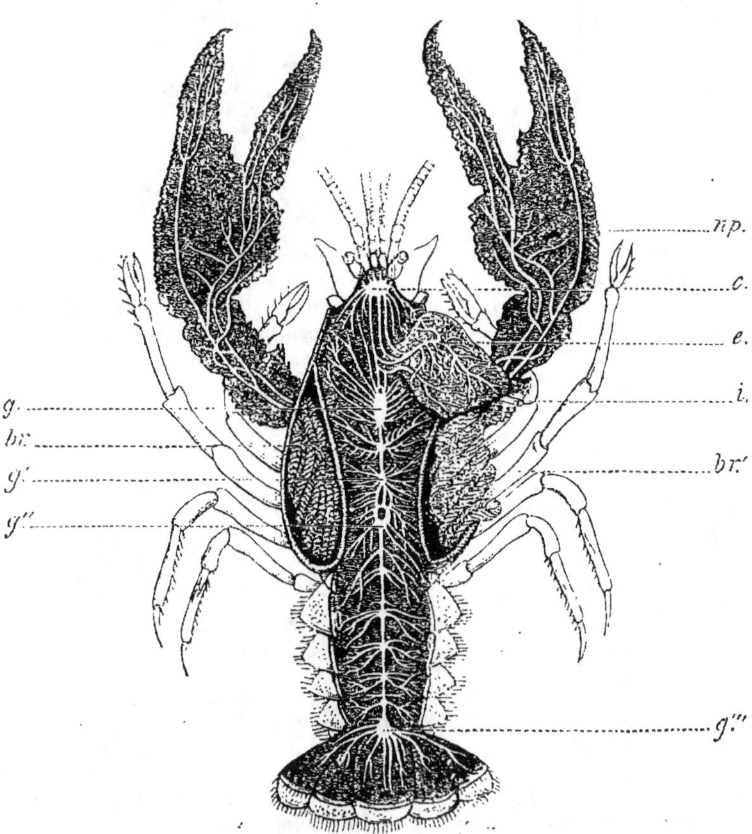

FIG. 188. — Système nerveux et branchies de l'*Écrevisse*.
c) cerveau, partie sus-œsophagienne du système nerveux ; — e) estomac et

nerfs stomato-gastriques comparés au système nerveux sympathique par certains auteurs, et, par d'autres, aux nerfs pneumo-gastriques ; — *i*) intestin également rejeté à droite pour laisser voir la chaîne des ganglions nerveux sous-intestinaux ; — *g, g', g''*) ganglions thoraciques ; — *g'''*) le dernier des ganglions abdominaux ; — *np*) nerfs des pattes antérieures appelées pinces ;— *br,br'*) branchies visibles dans la cavité respiratrice après l'enlèvement de la partie dorsale de la carapace qui recouvre le céphalothorax.

Les décapodes sont pour la plupart des animaux marins, mais quelques-uns peuvent quitter l'eau pendant un certain temps et on les voit souvent courir sur la plage ou aux environs des étangs salés; tels sont les crabes enragés (*Cancer mœnas*), qui sont communs sur nos côtes. Les écrevisses, quelques genres de crabes au nombre desquels sont les telphuses et des macroures voisins des palémons vivent dans les eaux douces. Les tourlourous sont des espèces de crabes, propres aux Antilles, qui s'éloignent de la mer et voyagent dans l'intérieur de ces îles, comme pourraient le faire des animaux terrestres doués d'une respiration aérienne. L'appareil branchial de ces crustacés conserve, pendant ce temps, la quantité d'eau nécessaire à leur respiration.

ORDRE DES STOMAPODES. — Il continue, pour ainsi dire, celui des décapodes, et les espèces, comme les squilles et autres, qui s'y rapportent, ont encore les yeux pédiculés de ces derniers; mais leurs branchies ne sont plus protégées par le thorax, la tête reste distincte de celui ci et il n'y a plus de véritable cœur. L'aorte remplace cet organe et reste sous la forme d'un simple vaisseau dorsal sans renflement sur sa partie moyenne.

2° *Crustacés dont les yeux sont sessiles ou crustacés édriophthalmaires.*

Cette catégorie montre des signes d'une dégradation déjà évidente, et les yeux y sont toujours sessiles, ce qui lui a valu le nom d'*édriophthalmaires*. On en partage l'ensemble en plusieurs groupes secondaires auxquels on donne la valeur d'autant d'ordres distincts.

En première ligne se placent les ISOPODES, dont font

partie les cloportes, qui vivent à terre; les aselles, particuliers aux eaux douces, et un nombre assez considérable d'espèces marines, dont quelques-unes habitent en parasites sur les poissons dont elles sucent le sang, tandis que d'autres attaquent ces animaux, lorsqu'ils sont morts ou retenus dans les filets des pêcheurs, et en dévorent la chair. Nous citerons parmi les isopodes marins les genres sphérome, idotée, cymothoé et bopyre dont il y a des espèces sur nos côtes.

Les gammares ou fausses crevettes, qu'il ne faut pas confondre avec les crevettes alimentaires appartenant aux décapodes macroures, sont aussi de la grande division des édriophthalmaires, mais d'un ordre différent de celui des cloportes[1]. Il y a de ces fausses crevettes dans nos eaux douces.

Les chevrolles (fig. 189), dont la forme est allongée; les phronymes vivant dans un tunicier pélagien propre à la

FIG. 189. — *Chevrolle.*

Méditerranée, dont nous parlerons, à propos des mollusques, sous le nom de barillet; les cyames ou poux de baleines et les pycnogonons, petites espèces, en apparence fort insignifiantes, mais chez lesquelles une étude attentive a révélé des particularités physiologiques très-curieuses, méritent aussi d'être signalés. Le canal digestif des pycnogonons est muni d'expansions tubiformes qui se prolongent jusque dans les membres. Quelques auteurs placent les crustacés de ce genre parmi les arachnides à cause de leurs pattes qui sont au nombre de huit.

1. L'ordre des amphipodes.

3° *Crustacés branchiopodes.*

Une troisième série de crustacés est celle des BRANCHIO-
PODES, animaux chez lesquels les pattes sont transformées
en branchies natatoires. Nous citerons, comme lui appartenant, les apus, espèces propres aux eaux douces, qui sont
assez semblables aux limules par leur apparence générale,
mais d'une organisation bien différente de la leur. Il faut
également y rapporter les branchipes, dont une espèce formant aujourd'hui le genre *Artemia*, pullule dans les eaux
des marais salants. Les branchipes ordinaires vivent dans
les eaux lacustres; on en trouve parfois dans de très-pe-
tites flaques et il suffit que la pluie ait rempli ces encava-
tions pour qu'ils y apparaissent bientôt.

Les TRILOBITES, singuliers crustacés à corps trilobé, que
l'on ne connaît qu'à l'état fossile, et seulement dans les
terrains paléozoïques ou primaires, se rapprochaient beaucoup des branchiopodes par leur organisation. Leur étude
est d'une grande utilité pour la géologie. Il a vécu des trilobites sur tous les points du globe, et leurs espèces ont
été fort nombreuses. On en a formé différents genres dont
les principaux sont ceux des *Asaphus, Calymene, Ogygia,*
et *Bronteus.*

Plusieurs gisements de trilobites ont été signalés en
France.

4° *Entomostracés.*

En continuant la série décroissante des crustacés, on
arrive aux entomostracés, petites espèces aquatiques qui
pullulent dans toutes les eaux, jusque dans les baquets
d'arrosage qu'on établit dans les jardins. Ils sont de deux
familles principales, les cypris, à carapace bivalve, et les
daphnies vulgairement appelées puces d'eau.

5° *Crustacés suceurs*.

On place encore au-dessous les crustacés, principalement
parasites des poissons, qui constituent les genres calige,
argule (vivant sur les épinoches) et lernée. Ce sont des animaux suceurs. Ceux des deux premiers genres ont toujours
été considérés comme étant de la classe qui nous occupe ;
mais les lernées, dont les femelles se déforment en se
fixant et dont les mâles sont restés pendant longtemps in-
connus, avaient été rangées parmi les mollusques par
Linné, et, par Cuvier, avec les vers intestinaux. La notion
de leur mode de développement a permis à de Blainville
de lever tous les doutes qu'on avait au sujet de leurs véritables affinités. Ce sont bien des crustacés, mais des
crustacés d'une organisation inférieure.

6° *Cirrhipèdes*.

C'est également l'étude du développement et la connais-
sance des métamorphoses qui ont fait reporter dans la classe
des crustacés les cirrhipèdes ou cirrhopodes (genres ana-
tife (fig. 190), balane, coronule (fig. 191), etc., longtemps
rangés parmi les mollusques, et regardés alors comme étant
des mollusques à coquille plurivalve.

Les cirrhipèdes passent la plus grande partie de leur vie
fixés aux rochers ou aux corps sous-marins, mais ils ont
bien certainement les principaux caractères anatomiques
des crustacés, et l'on s'étonne que l'on ait si longtemps
tardé à les réunir à ces animaux ou tout au moins aux articulés condylopodes lorsque l'on examine les appendices
dont leur corps est pourvu, ainsi que leur système nerveux
qui forme une chaîne ganglionnaire placée au-dessous du
tube digestif. Cependant, leur place dans la classification
n'a été fixée qu'à partir du moment où l'on a pu constater

qu'ils ont, en sortant de l'œuf, une forme tout à fait analogue à celle des larves de certains crustacés inférieurs, et
il a fallu bien connaître leur mode de développement pour
juger de leurs véritables affinités.

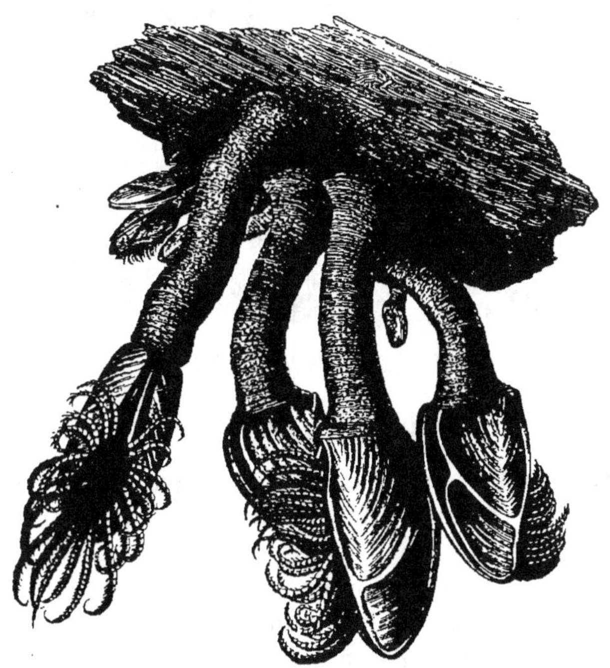

FIG. 190. — *Anatifes pouce-pied.*

Après avoir subi leurs métamorphoses, ces crustacés se
fixent et restent dès lors adhérents. Il y en a qui vivent sur
certains animaux et l'on établit parmi eux plusieurs genres
assez différents les uns des autres.

On trouve des cirrhipèdes fort analogues aux balanes sur
les écailles de certaines espèces de chéloniens aquatiques;
d'autres s'enfoncent dans la peau des cétacés, plus particulièrement dans celle des baleines; ces derniers constituent les deux genres coronule (fig. 191) et tubicinelle.

On connaît des cirrhipèdes fossiles, principalement dans
les terrains tertiaires moyens du midi de l'Europe; mais
c'est à tort que l'on a placé dans ce groupe les *Aptycus*

des terrains secondaires, qui ne sont bien certainement que des opercules d'ammonites.

FIG. 191. — *Coronule dialème.*

7° *Animaux voisins des crustacés.*

Divers animaux ont également dû être rapprochés des crustacés ou même classés avec eux. De ce nombre sont les *Linguatules*, vivant à la manière des entozoaires, et dont une espèce est parasite de l'homme ; les *Myzostomes*, parasites des crustacés décapodes et des échinodermes ; enfin les rotateurs ou *Systolides*. Ces derniers ont même été regardés par plusieurs naturalistes comme devant constituer une classe à part.

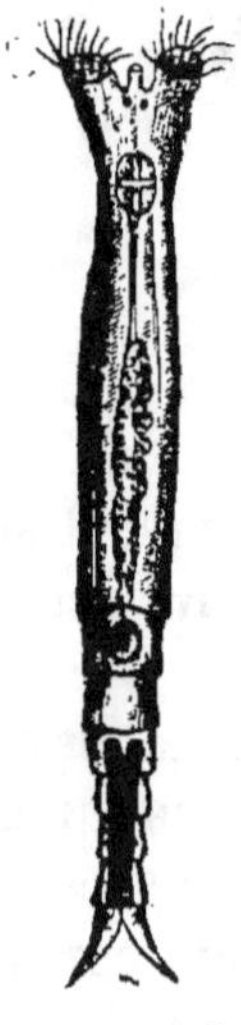

Le groupe des ROTATEURS ou *Systolides* comprend les rotifères (fig. 192), les brachions et d'autres animaux de très-petite taille qu'on avait d'abord réunis aux infusoires ; mais ils ont une organisation bien plus compliquée que la leur et c'est évidemment de la division des articulés condylopodes qu'ils doivent être rapprochés : ce sont toutefois les derniers de ces animaux.

FIG. 192. — *Rotifère.*

CHAPITRE XII.

SOUS-EMBRANCHEMENT DE VERS. ANNÉLIDES ET VERS INTESTINAUX.

Les vers, animaux à corps articulé, mais dépourvus de pieds articulés, constituent le second sous-embranchement de la grande division à laquelle appartiennent aussi les insectes, les arachnides et les crustacés dont nous venons de parler.

Certains d'entre eux échappent par l'infériorité de leur structure à la définition que nous avons donnée de l'embranchement des articulés. Ainsi il en est dont le corps ne présente plus de divisions, et chez certains d'entre eux la chaîne ganglionnaire sous-intestinale est même réduite à une paire de simples filets nerveux, sans renflements sur son trajet, c'est ce que nous présentent les planaires. Chez d'autres, il n'y a plus de tube digestif, et tout le reste de l'organisme participe à cet état d'infériorité ; aussi le système nerveux est-il encore plus rudimentaire que chez les précédents.

Au contraire, chez les annélides véritables, telles que les néréides, les lombrics et les sangsues, l'annellation du corps est évidente, et la chaîne ganglionnaire du système nerveux facile à constater. De plus il existe chez ces animaux un canal intestinal complet, leur appareil circulatoire est toujours notablement compliqué, et l'ensemble de leur organisation présente une supériorité relative qui

avait d'abord fait illusion aux naturalistes et les avait engagés à classer ces animaux les premiers parmi les articulés. Cette manière de voir a dû être abandonnée, lorsque
l'on a reconnu les affinités qui rattachaient les annélides
aux entozoaires et aux autres vers inférieurs.

CLASSE DES ANNÉLIDES.

Les annélides sont des vers dont l'annellation est toujours évidente. Ils ont le corps formé d'articles successifs,
rappelant ceux des articulés condylopodes, et auxquels on

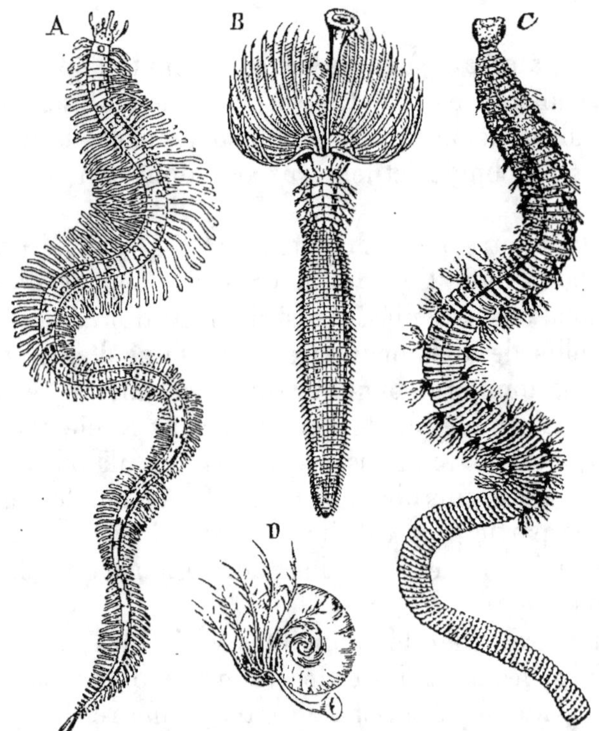

FIG. 193. — A) *Myrianide*, en voie de multiplication gemmipare; de nou-
veaux individus se sont développés en arrière du premier.
  B) *Serpule*; retirée de son tube.
  C) *Arénicole des pêcheurs.*
  D) *Spirorbe* et son tube calcaire.

a quelquefois donné le nom de zoonites, mais ils manquent de véritables membres. Leur système nerveux se compose, indépendamment du cerveau, d'une chaîne ganglionnaire sous-intestinale, comparable à celle des classes précédentes et de même reliée au cerveau par un collier œsophagien ; ils ont en outre, du moins dans la majorité des cas, le plasma sanguin de couleur rouge, ce qui les a fait appeler *vers à sang rouge* par plusieurs auteurs.

FIG. 194. — *Serpules* et *Sabelles* (Annélides tubicoles).

I. Les uns sont pourvus de soies servant à la locomotion, et ils ont souvent des branchies. Ce sont les CHÉTOPODES ou *vers sétigères*, dont certains genres vivent habituellement dans des tuyaux que leur peau sécrète, ce qui les a fait nommer *tubicoles*.

Ceux-ci ont le corps divisible en tête, thorax et abdomen, et leurs branchies sont insérées sur la première de ces régions. Les plus connus sont les serpules dont le tube est calcaire, et les amphitrites chez lesquelles il reste membraneux. Cette catégorie porte, dans quelques ouvrages, le nom de *céphalobranches*.

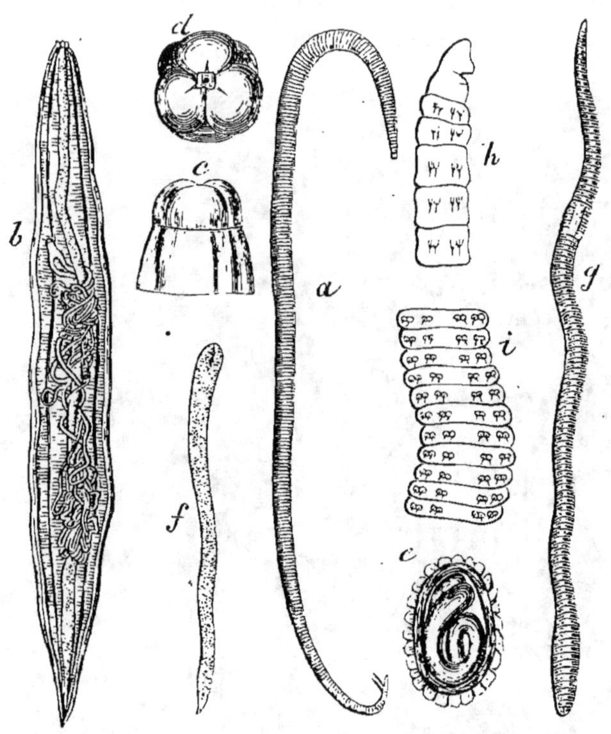

FIG. 195. — Comparaison de l'*Ascaride lombricoïde* et du *Lombric* ou ver de terre.

a) ascaride lombricoïde, mâle ; — *b*) femelle ouverte pour montrer le tube intestinal, les oviductes et les canaux vasculaires ; — *c* et *d*) bouche ; vue de profil et en dessus ; — *e*) œuf, renfermant un embryon ; — *f*) ascaride naissant ; — *g*) lombric ou ver de terre ; — *h*) sa partie antérieure ; vue de profil pour montrer la tête, la bouche et les premiers anneaux sétigères ; — *i*) anneaux du milieu du corps et leurs soies ; vus en dessous.

D'autres vers sétigères ou chétopodes ont les anneaux du corps de plus en plus semblables entre eux, et la plupart de ces anneaux possèdent des branchies, ce qui les a fait appeler *dorsibranches*. Un grand nombre d'annélides marines appartiennent à cette division. Nous nous bornerons à citer, comme s'y rapportant, les arénicoles et les néréides que les pêcheurs recherchent pour amorcer leurs lignes. Ces animaux vivent dans la vase, dans les pierres, etc., mais sans s'astreindre à rester au même lieu. On leur donne souvent la dénomination d'*annélides errantes*.

Une troisième division des vers sétigères comprend ceux dits *abranches*, dont le caractère principal, ainsi que ce nom l'indique, est de manquer de branchies. Les lombrics ou vers de terre (fig. 195 *g-i*) et les naïs, espèces plus petites, vivant dans les eaux douces ou dans la terre humide, en font partie.

II. On doit séparer des annélides précédentes certaines espèces entièrement privées de soies, et qui se meuvent au moyen de ventouses placées à l'ex-trémité de leurs corps; elles forment la division des *apodes*. Les sangsues en constituent le genre principal.

Contrairement à ce qui a lieu dans la plupart des chétopodes, annélides presque toutes propres aux eaux de la mer, les sangsues ne subissent pas de métamorphoses. Les lombrics et les naïs, qui pour la plupart vivent également dans les eaux douces, sont aussi dépourvus de métamorphoses. Ces espèces sortent de l'œuf avec leur forme définitive.

Les sangsues médicinales ont la bouche garnie de trois petites mâ-choires dentelées en scie avec les-quelles elles entament la peau des ani-maux sur lesquels elles s'appliquent.

FIG. 196. — *Sangsue.*

Leur ventouse buccale, quoique moin-dre que celle qu'elles ont à la partie postérieure du corps, leur permet en outre de sucer le sang en pratiquant le vide autour de la plaie faite par leurs mâchoires; elles peuvent ainsi se gorger en peu de temps. La petite cicatrice étoilée, qui subsiste aux endroits du corps qu'elles ont piqués, est due à l'action de ces trois mâchoires.

CLASSE DES HELMINTHES.

Les différents ordres que l'on comprend sous la dénomination générale d'helminthes, sont faciles à distinguer de ceux dont se compose la classe des annélides; cependant ils s'éloignent assez les uns des autres, et les caractères communs qu'on pourrait leur assigner sont en petit nombre. Nous en parlerons sous les noms de *nématoïdes, térétulaires, trématodes* et *cestoïde*.

ORDRE I. NÉMATOÏDES. — Les nématoïdes sont des vers à corps fusiforme, allongé ou même filiforme, sans appendices locomoteurs d'aucune sorte. Leur peau est élastique et finement annelée plutôt que réellement articulée.

Ils ont toujours les sexes séparés, et leur canal intestinal est habituellement complet. On reconnaît chez la plupart d'entre eux un cordon nerveux sous-intestinal, ainsi qu'une paire de longs vaisseaux suivant les deux côtés du corps.

. Ces vers ne subissent pas de métamorphoses. Ils sont fort nombreux en espèces, et la plupart vivent en parasites dans l'intérieur du corps des autres animaux. Ce sont alors de véritables entozoaires, c'est-à-dire des vers intestinaux.

L'homme en nourrit de plusieurs sortes. Ainsi les ascarides (fig. 195 *a, f*), appelés à tort vers lombrics, que l'on rend quelquefois avec les excréments; les oxyures, beaucoup plus petits, et qui se tiennent dans le rectum des enfants, sont des nématoïdes parasites de notre espèce. Il en est de même des strongles, des trichocéphales et de quelques autres.

Le dragonneau ou ver de Médine, qui attaque notre espèce dans les régions équatoriales, est aussi un ver de cet ordre; il vit dans des abcès sous-cutanés, déterminés par sa présence.

Les trichines qui infestent la chair du porc dans certaines localités et peuvent passer de cet animal
à l'homme, font également partie des nématoïdes. Enfin on rapporte encore au même groupe
les anguillules ou vers du vinaigre, de la colle
et du blé niellé (fig. 197), animaux de très-pe-
tites dimensions auxquels on a quelquefois
donné le nom de vibrions aujourd'hui réservé à
certains microphytes de la division des algues
diatomées.

ORDRE II. TÉRÉTULAIRES. — Cet ordre se
compose de vers plats à corps souvent fort long
et couvert de cils vibratiles, dont le tube digestif n'a dans certaines espèces qu'un seul
orifice. Ses principaux genres sont ceux des
némertes ou borlasies, des prostomes et des
planaires.

FIG. 197. —
*Anguillule
du blé.*

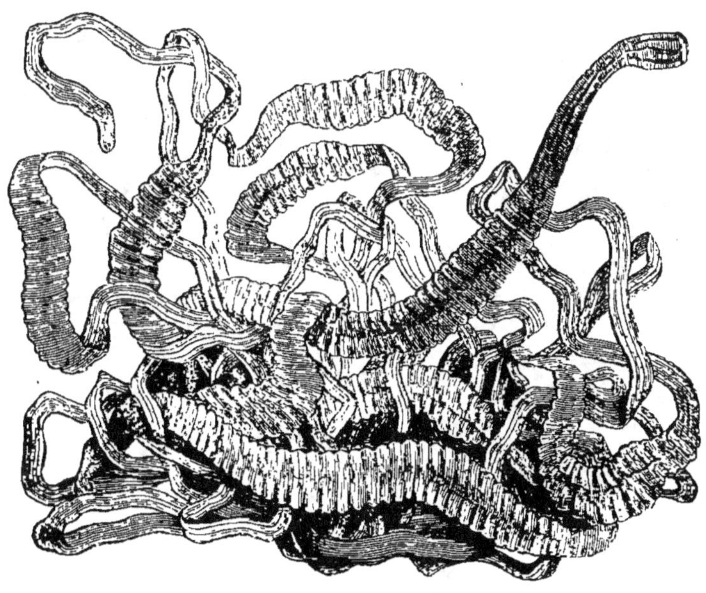

FIG. 198. — *Némerte de Borlase.*

Ces helminthes vivent dans l'eau ou plus rarement sur

terre ; dans ce dernier cas ils recherchent les endroits humides.

Leurs espèces marines ont souvent des couleurs très-vives, et il y en a dont le corps est long de plusieurs mètres (fig. 198). Aux espèces fluviatiles appartiennent plusieurs genres de planaires.

Ordre III. Trématodes. — Un troisième groupe de vers a reçu le nom de trématodes. Les espèces qu'on y réunit ont une assez grande analogie avec celles de la division précédente ; leur corps est également plat, mou et inarticulé, mais il manque de cils vibratiles à sa surface. Elles sont parasites et vivent tantôt sur le corps des animaux, tantôt dans l'intérieur de leurs organes ; ce sont les polystomes et les douves.

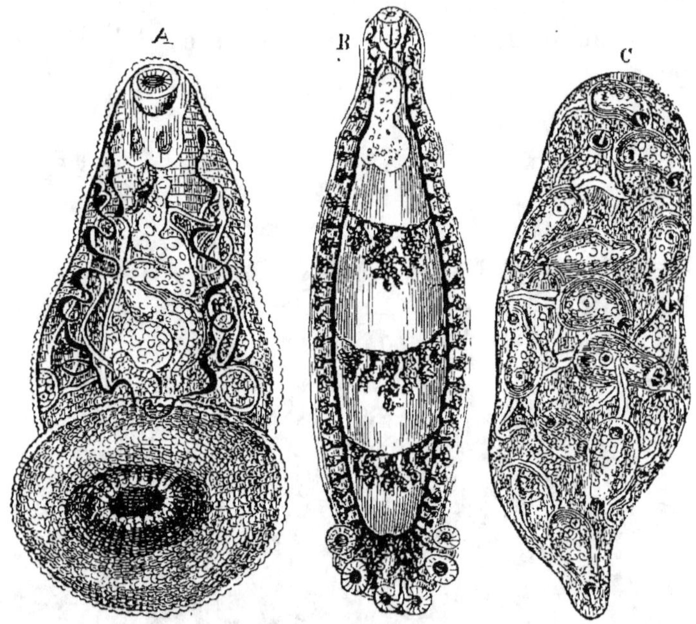

FIG. 199. — *Trématodes.*

A = *Amphistome ;* très-grossi.
B = *Polystome des grenouilles.*
C — Sac à *Cercaires ;* de la paludine.

Les trématodes épizoïques, c'est-à-dire ceux qui vivent

aux dépens des animaux, mais en restant fixés à la surface
extérieure de ces derniers, attaquent plus particulièrement
les poissons. Quelques-uns semblent relier l'ordre des helminthes auquel ils appartiennent, à la famille des hi-
rudinés ou sangsues, qui constitue la division des annélides
apodes.

Le corps humain nourrit plusieurs sortes de douves
(genre *Distoma*); il y en a aussi chez les autres vertébrés.
Les vers de ce genre subissent des métamorphoses remarquables, dont l'étude a singulièrement éclairé la théorie de
l'infection vermineuse en fournissant des notions exactes sur
la manière dont les entozoaires s'introduisent dans les corps
des animaux, ainsi que sur les différents milieux dans lesquels ils peuvent vivre ou sur la facilité avec laquelle
leurs œufs résistent dans bien des cas aux causes de des-
truction ; ils attendent pour se développer d'avoir été portés
dans des conditions qui leur sont favorables.

On a démontré que les cercaires, longtemps décrites
comme étant des infusoires, et qui habitent dans l'eau, ne
sont que les larves de certaines espèces de la famille des
douves. Après avoir vécu pendant quelque temps sous cette
première forme, elles se transforment en effet en douves véritables et deviennent parasites des animaux vertébrés. Or,
ce sont des œufs des trématodes qui donnent ces cercaires.

ORDRE IV. CESTOÏDES. — Les cestoïdes, aussi appelés
vers rubanés, dont les genres les plus connus sont les
ténias ou vers solitaires, et les bothriocéphales, les uns et
les autres parasites de l'homme, ont été regardés tantôt
comme constituant une classe à part, tantôt, au contraire,
comme des trématodes d'une organisation plus simple, et
alors on les a réunis à ces helminthes dans une même
grande division.

Ils ont de commun, avec les trématodes, leur corps mou
et aplati ; mais, au lieu d'être inarticulés, comme le sont
tous les trématodes ordinaires, ils sont formés d'une succession souvent considérable d'articles attachés les uns aux
autres et formant dans leur ensemble une sorte de ruban.

La partie antérieure de ces articles est appelée la *tête*; elle diffère des autres par son organisation aussi bien que par ses fonctions. Ainsi elle est pourvue de ventouses; habituellement on y distingue aussi des crochets chitineux. Son usage est de fixer le ver aux parois du canal digestif de l'animal aux dépens duquel il doit vivre, et dont il utilise à son profit les sucs élaborés par la digestion.

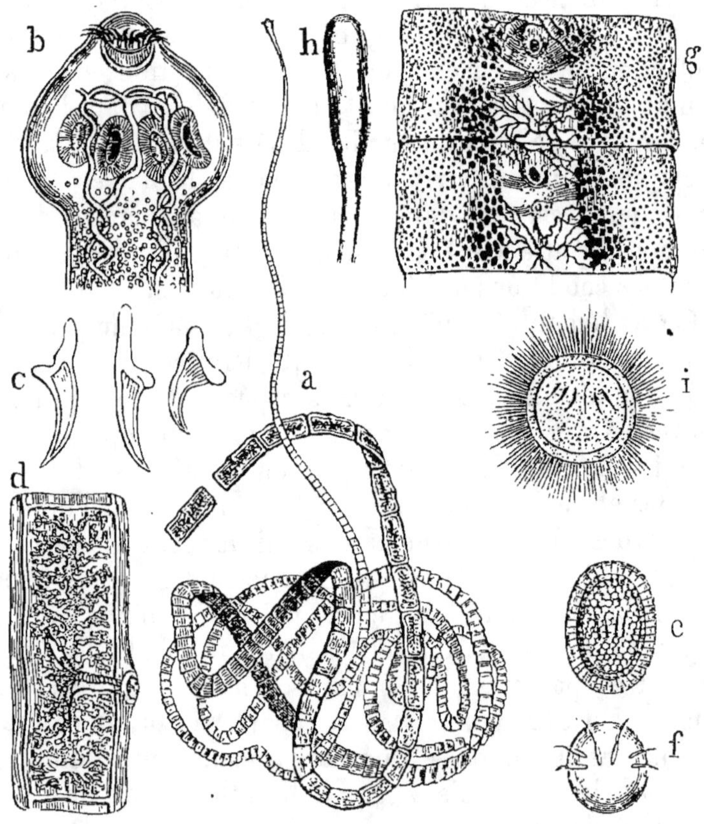

FIG. 200. — *Ténia et Bothriocéphale.*

a) ténia ou ver solitaire; — *b*) sa partie céphalique; — *c*) crochets; — *d*) un des canaux reproducteurs; — *e*) œuf; — *f*) embryon dit larve héxacanthe; — — *g*) deux anneaux reproducteurs du bothriocéphale; — *i*) ovule cilié du même.

Les autres anneaux du corps des cestoïdes ne sont que

des organes de reproduction, et, à la maturité des œufs, ils se séparent pour être rejetés par l'anus, hors du corps des sujets qui en sont infestés, et vivre pendant un certain temps à l'extérieur. Leur destination est de disperser les œufs de ténias ou de bothriocéphales pour que, d'autres animaux les prenant ensuite avec leurs aliments, ces œufs fournissent à leur tour de nouveaux parasites.

La tête ou partie antérieure d'un cestoïde a la propriété de produire de nouveaux articles reproducteurs tant qu'elle n'a pas été détruite. Voilà pourquoi, lorsque les médecins font rendre un ver solitaire, ils ne manquent jamais de s'assurer si la tête fait partie de la masse expulsée.

Une observation importante a été faite à propos du mode de propagation des ténias. On a constaté que leur œuf ne donne naissance qu'à des sujets encore incomplets et dont la forme rappelle la partie de ces vers appelée la tête. Lorsque cette partie se fixe dans le parenchyme de quelque organe au lieu d'arriver directement dans le tube digestif, où elle doit se compléter, et de produire dans sa partie postérieure des anneaux reproducteurs, tels qu'on en voit dans la presque totalité du corps des ténias, elle se transforme provisoirement en *hydatide*, sorte de poche remplie de sérosité dans laquelle le ver se trouve alors encapuchonné comme dans une outre remplie d'eau.

Le cénure du cerveau des agneaux, qui cause, par sa présence, la maladie de ces ruminants appelée le tournis et le cysticerque formant les poches caractéristiques de la ladrerie du porc, sont des ténias encore à l'état d'hydatides, c'est-à-dire incomplétement développés, mais dont on peut opérer la transformation en ténias complets si on les introduit dans l'estomac d'autres animaux. C'est alors seulement que leurs anneaux deviennent nombreux, et ces anneaux sont précisément les parties du ver qui vont se charger d'œufs et servir à la propagation de l'espèce.

L'expérience a démontré que les hydatides naissent constamment des œufs des ténias, mais elles ne deviennent à leur tour des ténias véritables, c'est-à-dire pourvues d'articles produisant des œufs, que lorsqu'elles passent de l'organe dans lequel elles s'étaient enkystées, dans l'estomac d'un autre sujet.

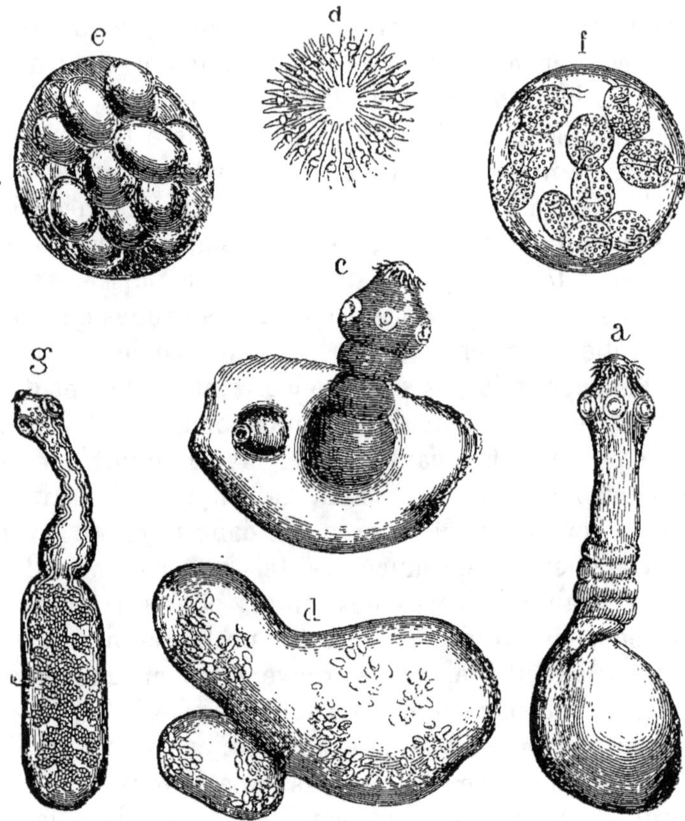

FIG. 201. — *Hydatides.*

a) *Cysticerque de la ladrerie*, sorti de son enveloppe; — b) sa couronne de crochets; — c) portion d'un *cénure du mouton*; — d) cœnure entier, avec les têtes multiples rattachées à sa vésicule; — e) vésicules d'*échinocoques*; — f) une de ces vésicules grossie pour en montrer les têtes multiples; — g) *ténia nain*, provenant du développement d'une des têtes à crochets de l'échinocoque

Cette métamorphose a lieu, pour les hydatides de la ladrerie, lorsque nous mangeons de la viande de porcs ladres dans laquelle elles n'ont pas été tuées par la cuisson, et de la viande de bœuf ou de mouton renfermant aussi des parasites analogues, ce que les bouchers appellent des *bou-*

teilles. Le suc gastrique n'agit pas plus sur les larves de
ténias que sur ces entozoaires eux-mê-
mes, et ces sortes de larves, c'est-à-dire
les hydatides, ingérése, dans de semblables conditions, ne tardent pas à se compléter en reproduisant des anneaux qui
se chargeront bientôt d'œufs et à devenir,
par suite de leur séjour dans les intestins, des vers solitaires tels qu'on les
connaît.

C'est de la même manière que les trichines peuvent passer du porc à l'homme. La cuisson des viandes alimentaires
est le plus sûr moyen d'empêcher cette
dangereuse propagation.

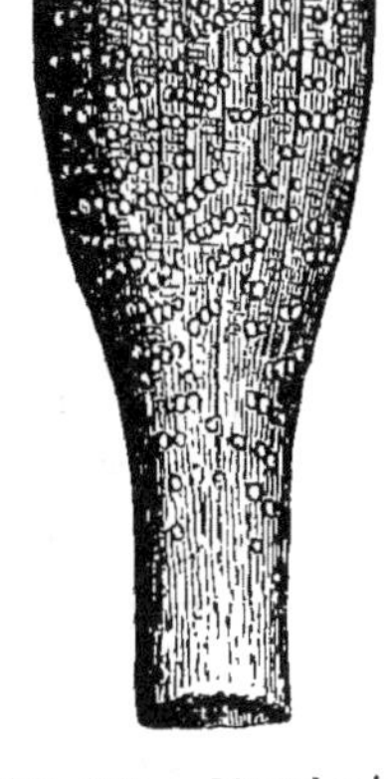

FIG. 202.— Muscles in-
festés par des *Trichines*.

Le fait de la transmission du ténias
ou ver solitaire des animaux à notre espèce, au moyen des hydatides, paraît avoir été connu
des Hébreux; il nous explique pourquoi la loi de Moïse
interdit à cette nation l'usage de la viande du porc.

FIG. 203 — *Trichines* (genre de nématoïdes) et muscles infestés
par ce parasite (vus au microscope).

C'est en vue de cette transmigration, et pour y mettre obstacle que, sur nos marchés, on défend sévèrement la vente
des cochons ladres. Des experts appelés *langueyeurs* sont
chargés de l'examen des animaux mis en vente, et, s'ils

les soupçonnent atteints de cette maladie, ils doivent en interdire la vente et faire rejeter leur viande comme insalubre.

D'autres larves des ténias ont été décrites comme constituant un genre à part d'hydatides sous le nom d'échinocoques. Une même vésicule de ces échinocoques renferme un grand nombre de têtes et peut donner naissance à autant de ténias, mais ceux-ci sont toujours de petite dimension (fig. 201, *e-g*). On en a constaté la présence dans les intestins du chien et dans ceux de l'homme. Quant aux échinocoques encore à l'état d'hydatides, ils peuvent former des masses volumineuses qui se développent dans les différentes parties du corps. On en trouve assez fréquemment dans le foie et dans les reins.

Les cœnures ont une conformation analogue, mais les têtes portées par leurs vésicules hydatiques sont plus grosses que dans les échinocoques. C'est particulièrement dans le cerveau des agneaux qu'elles se développent et, comme nous l'avons déjà rappelé, elles y deviennent la cause de la maladie de ces ruminants signalée plus haut sous le nom de tournis[1].

Les vers cestoïdes sont les moins parfaits de tous les animaux articulés. Leur système nerveux est tout à fait rudimentaire, et ils n'ont pas de tube digestif. Ils constituent la dégradation extrême de l'embranchement de ces animaux auxquels certains de leurs caractères les rattachent néanmoins. Nous trouverons dans les mollusques une organisation bien moins imparfaite que la leur et que celle de beaucoup d'autres espèces du sous-embranchement des vers.

---

1. Nous renvoyons pour plus de détails au sujet de ces parasites et de ceux dont il a été question précédemment, à l'ouvrage que nous avons publié en commun avec M. le professeur Van Beneden, de l'université de Louvain, sous le titre de *Zoologie médicale*.

CHAPITRE XIII.

ANIMAUX MOLLUSQUES. LEURS DIFFÉRENTES CLASSES. MOLLUSQUES CÉPHALOPODES ET CÉPHALIDIENS,

Troisième embranchement du règne animal, les mollus-

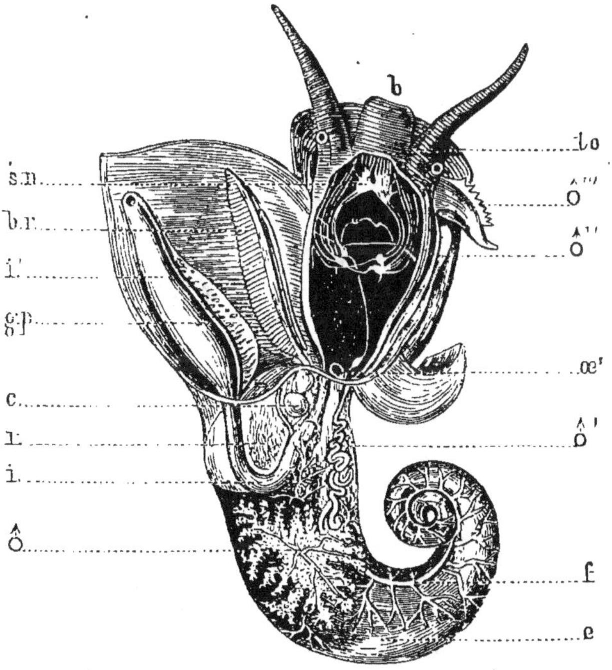

FIG. 204. — *Littorine vignot*. Anatomie.

l)Bouche ; — *to*) tentacules oculifères ; — *œ*) section de l'œsophage don toute la partie antérieure a été enlevée pour laisser voir le système nerveux ; — *f*) foie ; — *e*) estomac ; — *sn*) système nerveux cérébral et collier œsophagien avec ses différents ganglions ; — *br*) branchies ; — *r*) rectum ou partie terminale de l'intestin ; — *gp*) glande de la pourpre ; — *c*) cœur, formé de deux cavités : une oreillette et une ventricule ; — *r*) rein ; — *i*) intestin.

L'exemplaire disséqué est du sexe mâle : ♂ ♂' ♂'' ♂''' sont les organes de reproduction. Les mêmes organes sont marqués ♀ ♀' ♀'' dans l'exemplaire la figure suivante qui est du sexe femelle.

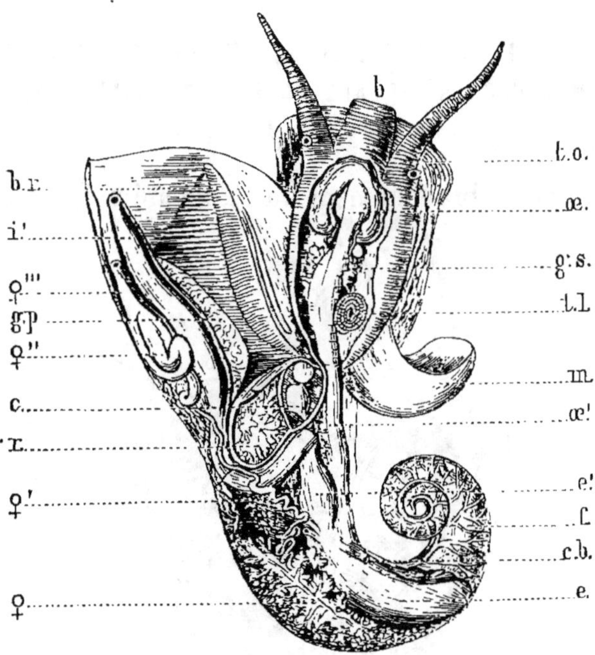

FIG. 205. — *Littorine vignot.* Anatomie.

b) bouche ; — *to*) tentacules oculifères ; — *œ œ'*) œsophage ; — *gs*) glandes salivaires ; — *tl*) ruban lingual ; — *m*) muscles ; — *e c'*) estomac ; — *f*) foie ; — *cb*) canaux biliaires ; — *r*) rein ; — *e*) cœur, formé de deux cavités ; — *gp*) glande de la pourpre ; — *i*) rectum aboutissant à l'anus ; — *br*) branchie.

ques manquent du squelette intérieur propre aux vertébrés et n'ont pas comme les animaux articulés le corps annelé extérieurement. Leur enveloppe extérieure forme une espèce de sac ou manteau habituellement membraneux et ils n'ont jamais d'appendices locomoteurs comparables aux membres des vertébrés ou des articulés. Leur système nerveux central affecte presque toujours l'apparence d'un collier œsophagien, mais ils n'ont ni moelle épinière, ni chaîne ganglionnaire sous-intestinale.

Ces animaux dont la plupart sont protégés par des coquilles calcaires, sont nombreux en espèces. L'étude de leurs fossiles n'est pas moins importante que celle de leurs représentants actuels, parmi lesquels nous trouvons un certain nombre d'espèces utiles.

On partage les mollusques en six classes, qui ont reçu les noms de céphalopodes, céphalidiens, conchifères

Fig. 206. — *Troque.*

ou lamellibranches, brachiopodes, tuniciers et bryozoaires.

CLASSE DES CÉPHALOPODES.

Les céphalopodes sont les premiers de tous les mollusques et en même temps ceux de ces animaux dont la structure offre la complication la plus grande. Leur cerveau est protégé par un petit cartilage comparable à un crâne; leurs yeux ont une structure approchant de celle des yeux des poissons et leur corps est divisé par un étranglement très-marqué en deux parties : l'une est la tête; l'autre répond au tronc et constitue le manteau. Leur appareil circulatoire[1] est aussi plus compliqué que celui des autres mollusques, et leurs branchies sont au nombre de deux ou de quatre.

Ces mollusques se meuvent d'avant en arrière en utilisant l'eau qui a servi à leur respiration. Ils la chassent avec force devant eux à travers une sorte d'entonnoir qui précède la poche abdominale dans laquelle ces organes sont renfermés, et ils s'assurent ainsi un agent moteur qui les pousse par saccades, mais en les faisant reculer à chaque

1. *Zoologie*, 1re année : *Notions générales*, p. 160, fig. 127.

contraction. Leur tête est surmontée d'expansions habituellement brachiformes, que l'on a comparées à des membres, mais qui n'ont pas ce caractère ; ce sont ces espèces de tentacules qui ont valu aux animaux qui nous occupent le nom de céphalopodes, signifiant tête garnie de pieds.

Les céphalopodes se divisent en deux ordres, appelés *dibranches* et *tétrabranches*, d'après le nombre de leurs branchies, qui est tantôt de deux, tantôt de quatre.

ORDRE I. DIBRANCHES. — Ils sont aussi nommés *acétabulifères*, parce que leurs expansions céphaliques, au nombre de huit ou de dix, sont garnies de ventouses qui leur servent pour s'attacher fortement aux autres corps. Ces céphalopodes n'ont qu'une seule paire de branchies.

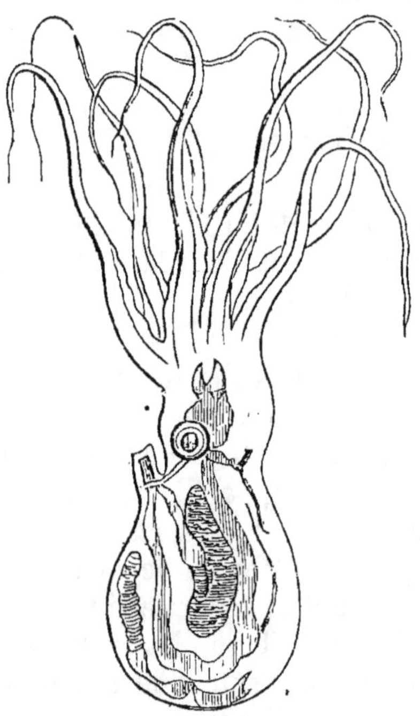

FIG. 207. — *Poulpe*. Ses principaux organes.

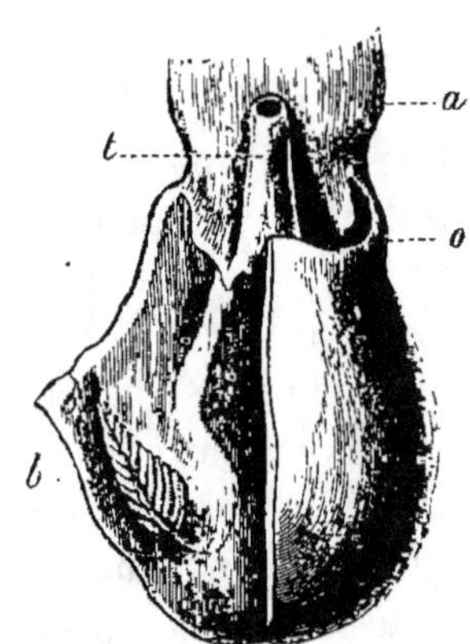

FIG. 208. — Le manteau du *Poulpe*, ouvert du côté droit. *a*) L'étranglement qui sépare le tronc de la tête ; — *b*) la branchie droite ; — *o*) le bord libre du sac viscéral ; — *l*) l'entonnoir.

Les uns manquent de véritable coquille, comme les poulpes, et n'ont que huit appendices céphaliques.

A leur famille appartiennent également les argonautes,

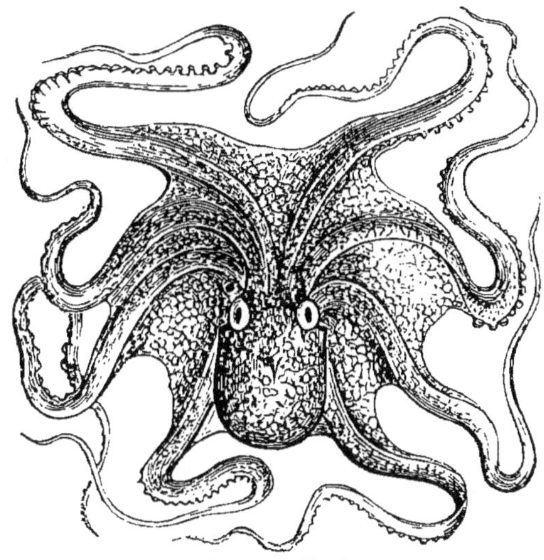

FIG. 209. — *Poulpe.*

dont les femelles sécrètent au moyen de leurs bras palmés cette sorte de nid calcaire ayant tout à fait l'apparence d'une coquille.

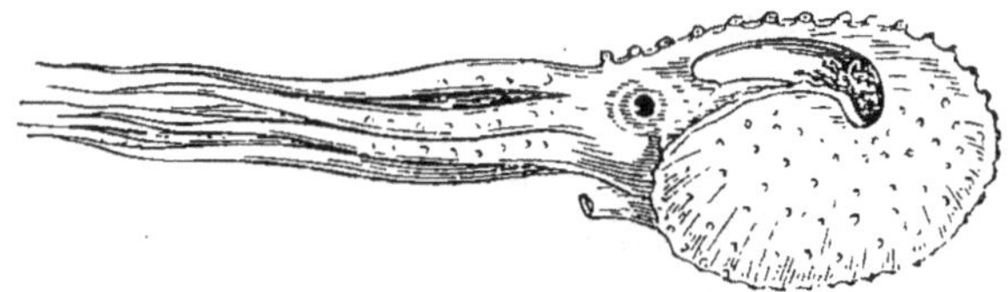

FIG. 210. — *Argonaute* femelle.

Les autres ont, en outre des huit appendices propres aux poulpes et aux argonautes, deux longs tentacules également garnis de ventouses dans leur partie terminale, qui est élargie en massue; de plus, ils ont toujours une coquille plus ou moins développée.

Dans certains d'entre eux, comme les calmars, cette coquille forme une simple lamelle penniforme enfermée dans le dos; chez les seiches, elle constitue un osselet sembla-

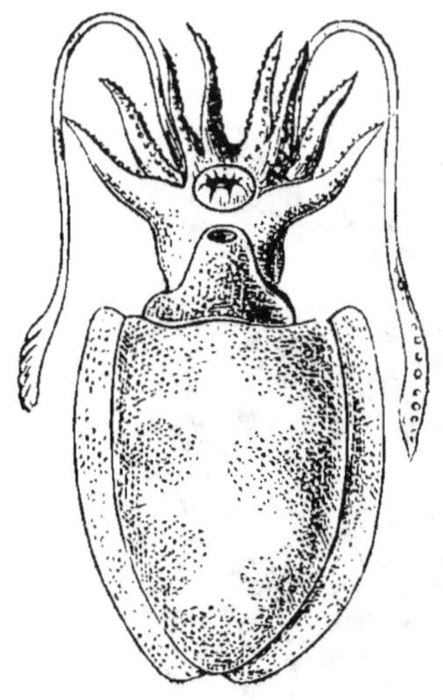

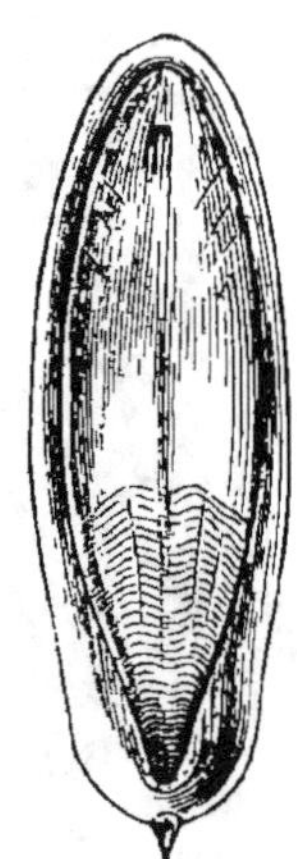

FIG. 211. — *Seiche* ; vue en dessous.

FIG. 212. — Os de *Seiche* (la coquille) ; vu en dessous.

blement disposé, mais plus épais et soutenu par des couches calcaires ; enfin chez les spirules elle a la forme d'une coquille véritable, mais reste cependant intérieure. Dans ce dernier genre elle est multiloculaire et siphonée.

FIG. 213. — Œufs de *Seiche*, vulgairement nommés raisins de mer.

Les sépioles (fig. 215) sont de petites espèces de cépha-

lopodes appartenant à la même famille que les calmars
et les seiches. On les mange ainsi que les poulpes, les
calmars et les seiches.

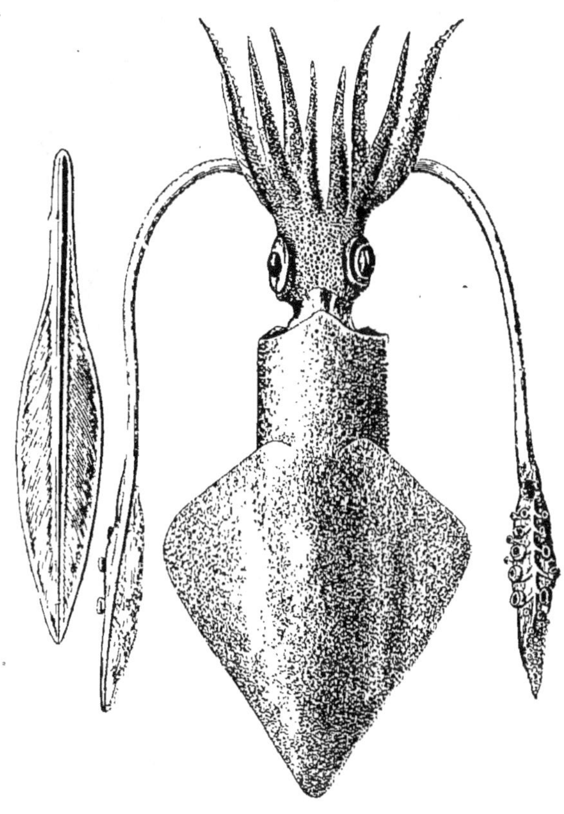

FIG. 214. — *Calmar* et son osselet (coquille).

Il y a de ces animaux dans toutes les mers. Une des
particularités les plus remarquables qu'ils présentent est la
facilité avec laquelle ils changent de couleur. Cela tient à
un système de nombreux petits sacs pigmentaires, doués
de contractilité dont leur peau est garnie. Ces petits sacs
peuvent apparaître instantanément à la surface du derme
ou au contraire se cacher dans ses mailles ; ils ont reçu le
nom de chromotophores.

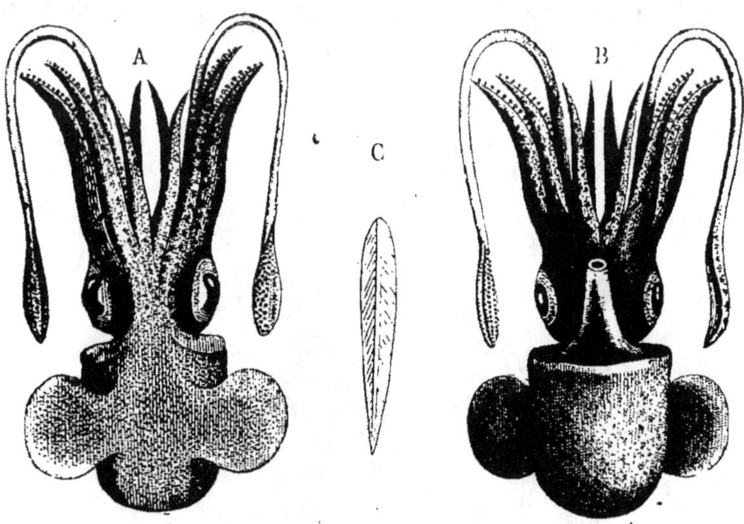

FIG. 215. — *Sépiole.*
a) vue en dessus ; — *b*) en dessous ; — *c*) son osselet dorsal.

Les bélemnites, qui ont vécu pendant la période secondaire, étaient aussi des céphalopodes dibranches.

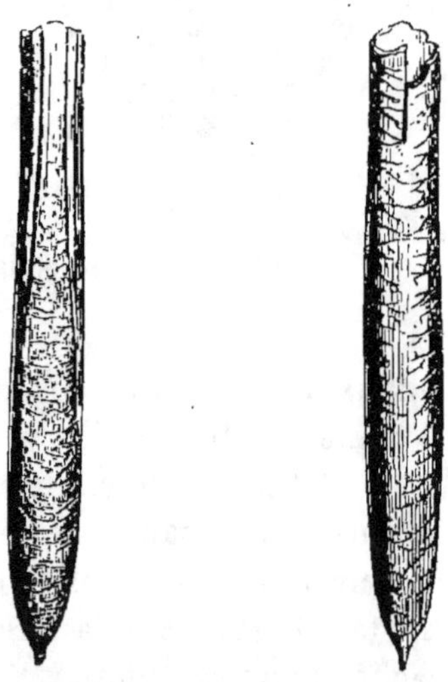

FIG. 216. — *Bélemnite mucronée.*

On ne les a longtemps connues que par une partie de leur coquille, ce qui n'avait pas permis de s'en faire tout d'abord une idée exacte; aussi a-t-on émis sur leur véritable nature les idées les plus bizarres.

On sait aujourd'hui qu'une bélemnite entière se compose de trois parties : une loge viscérale ayant la forme d'un entonnoir; une partie chambrée, c'est-à-dire multiloculaire, répondant à la coquille des spirules, et une armature terminale en forme de cône allongé, qui est la bélemnite telle qu'on la rencontre habituellement.

ORDRE II. TÉTRABRANCHES. — Les tétrabranches, ainsi appelés de ce qu'ils sont pourvus de quatre branchies, ont leurs expansions céphaliques dépourvues de ventouses et très-différentes dans leur disposition de celle des dibranches.

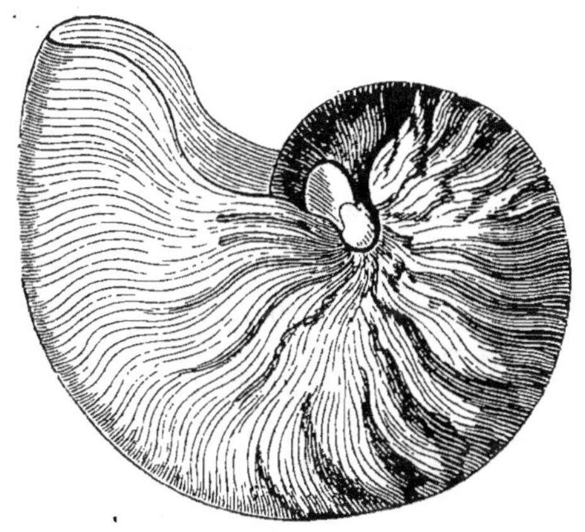

FIG. 217. — *Nautile flambé.*

LES NAUTILES, dont on connaît quatre espèces dans les mers actuelles, forment le seul genre de tétrabranches aujourd'hui existant. Ce genre a fourni de nombreuses espèces aux anciennes faunes et plusieurs groupes éteints (orthocères, etc.) appartenant à la même famille que lui fournissent des espèces propres aux plus anciennes formations géologiques.

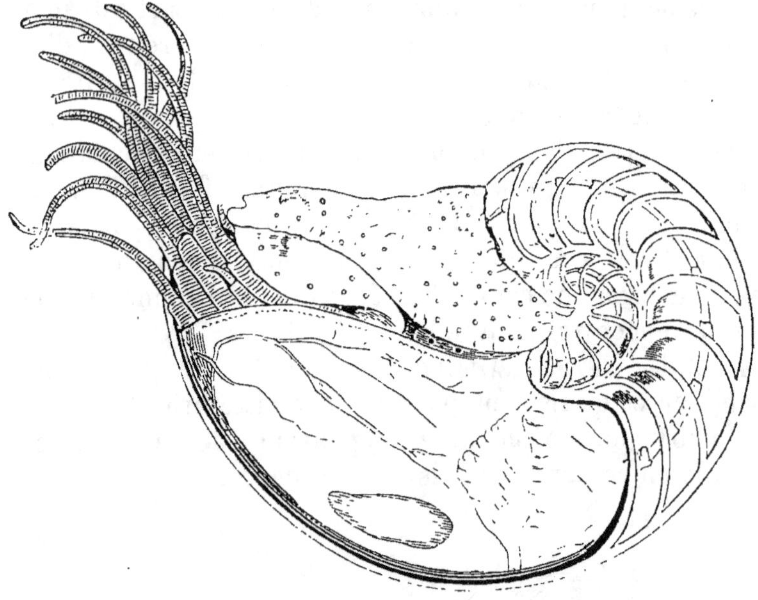

FIG. 218. — *Nautile*. (La coquille sciée pour en montrer les loges que traverse le siphon; l'animal occupe la dernière de ces loges.)

C'est aussi dans le même ordre qu'il faut classer les AMMONITES, famille entièrement perdue, dont les espèces ont été contemporaines des bélemnites.

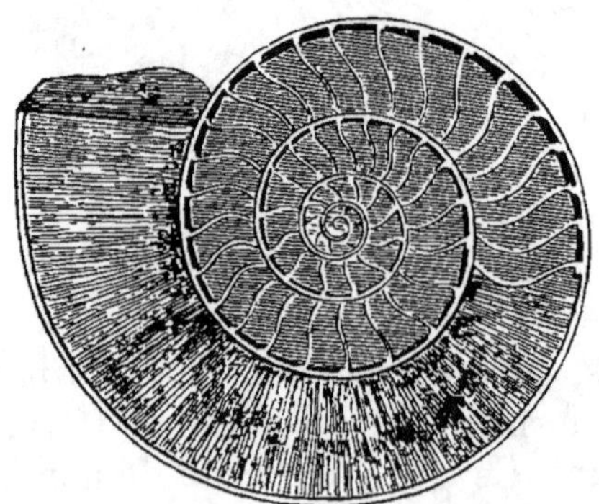

FIG. 219. — *Ammonite* (coupe montrant le siphon et les cloisons).

Les coquilles des ammonites et celle des nautiles sont cloisonnées et siphonées, caractère qui se retrouve aussi dans la coquille des bélemnites et dans celles des spirules, des orthocères, etc.; mais les ammonites ont leurs loges séparées par des cloisons lobulées et comme décomposées, tandis que celles des nautilidés sont simples. En outre ce siphon est placé le long du bord extérieur de la coquille, et celui des nautiles ainsi que des autres genres de la même famille qu'eux est au contraire central.

Les ammonites se partagent en plusieurs tribus, dont la plus nombreuse est celle des ammonites proprement dites. Auprès d'elles prennent place les goniatites, espèces à cloisons simplement anguleuses, qui sont caractéristiques de la période paléozoïque.

CLASSE DES CÉPHALIDIENS.

Ces mollusques ont encore la tête apparente, mais elle est à peine séparée du corps et acquiert un volume beaucoup moindre que celle des céphalopodes; le nom de céphalidiens, qu'on leur donne, signifie animaux à petite tête; il rappelle donc un de leurs caractères principaux.

Les céphalidiens manquent des expansions brachiformes qui existent au devant de la tête des céphalopodes. Des quatre tentacules que présentent la plupart d'entre eux, les deux plus grands portent ordinairement les yeux.

La coquille, dont ils sont en général pourvus, est constamment univalve et monothalame, c'est-à-dire sans cloisons intérieures ni siphon. Beaucoup de céphalidiens ont un opercule, soit corné, soit calcaire, destiné à fermer l'orifice de cette coquille lorsque leur corps s'est abrité dans son intérieur; les autres manquent d'opercule, mais ils peuvent sécréter, comme le font les hélices ou escargot, une sorte de couvercle n'adhérant pas à leur corps, et cependant capable de les clore hermétiquement; c'est ce que l'on nomme un épiphragme.

On distingue trois ordres de mollusques céphalidiens : les *gastéropodes*, les *hétéropodes* et les *ptéropodes*.

Ordre I. Gastéropodes. — Les gastéropodes ont pour caractère principal d'avoir au-dessous du corps un plan musculaire contractile, fonctionnant comme un pied.

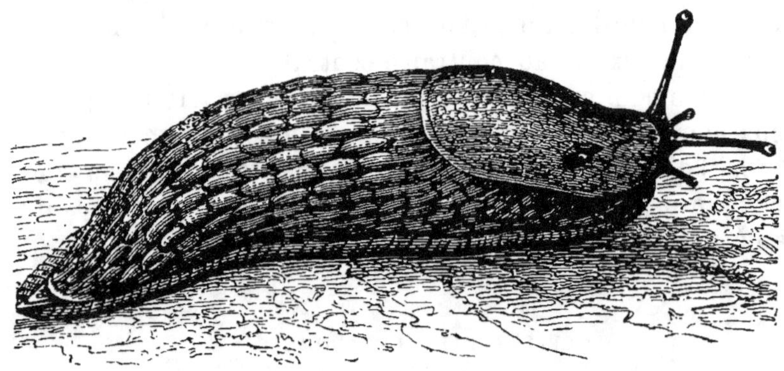

Fig. 220. — *Limace rouge* (genre *Arion*).

Il y a des gastéropodes pulmonés, c'est-à-dire à respiration aérienne. Parmi ces animaux les uns vivent à l'air

Fig. 221. — *Limaçon des vignes* (*Helix pomatia*).

libre, comme les limaces (fig. 220), les hélices ou colimaçons (fig. 221 et 222) et les cyclostomes (fig. 223); les autres se tiennent dans l'eau, comme les limnées (fig. 224),
les planorbes (fig. 225) et les ampullaires. Les ampullaires
ont en même temps des poumons et des branchies.

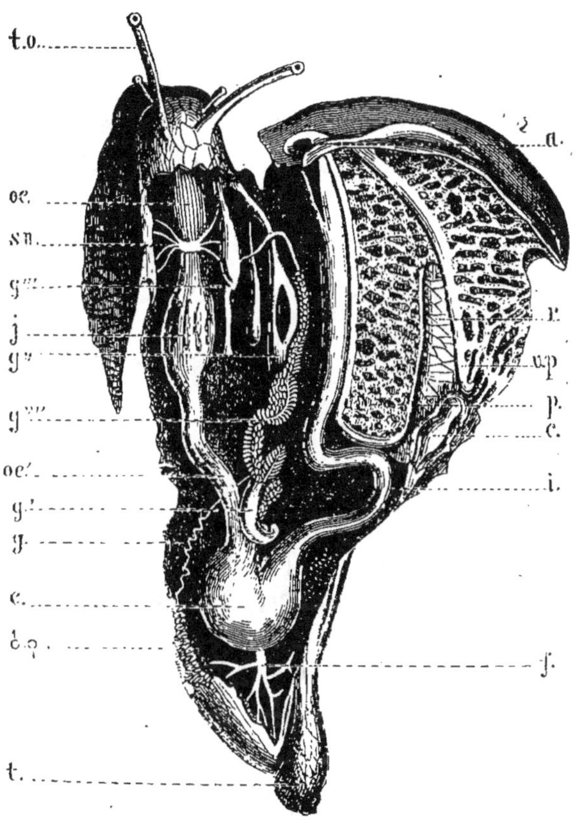

FIG. 222. — *Agathine de Maurice* (famille des Colimaçons). Anatomie.

to) tantacules oculaires; — *œo*) œsophage; — *sn*) cerveau ou système nerveux sus-œsophagien; — *j*) jabot; — *e*) estomac; — *t*) tortillon formé par le
foie; — *f*) emplacement occupé par le foie dont on n'a laissé que les canaux
biliaires et la partie terminale; — *i*) intestin; — *a*) anus; — *r*) rein; — *p*)
poumon; — *vp*) vaisseaux pulmonaires; — *c*) les deux cavités du cœur.

Les mollusques de cette famille ont presque tous les sexes mâle et femelle
réunis sur le même individu. Les signes ♂ (mâle) et ♀ (femelle), ainsi que les
ettres *g g' g'' g'''·g''''* indiquent les différentes parties de l'appareil reproduc-
teur.

Fig. 223. — *Cyclostome de Cuvier*
(Madagascar).

Fig. 225. — *Planorbe corné.*

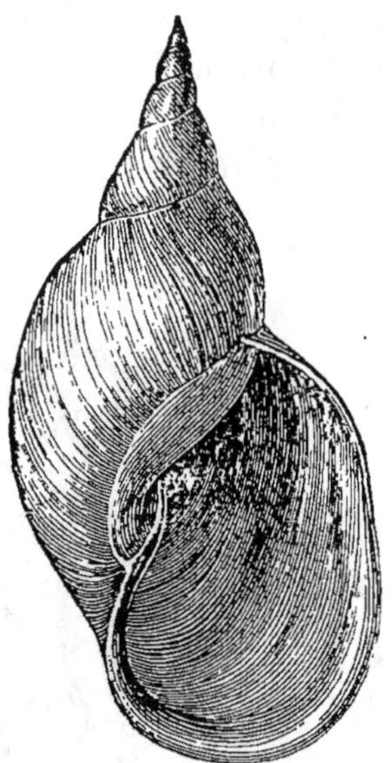

Fig. 224. — *Limnée des
étangs.*

D'autres mollusques du même ordre respirent par des branchies seulement; ils emploient donc l'air dissous dans l'eau au lieu de respirer directement l'air atmosphérique.

Quelques gastéropodes branchifères habitent les eaux douces; tels sont les paludines (fig. 226), les ancyles et les néritines.

Fig. 226. — *Paludine vivipare.*

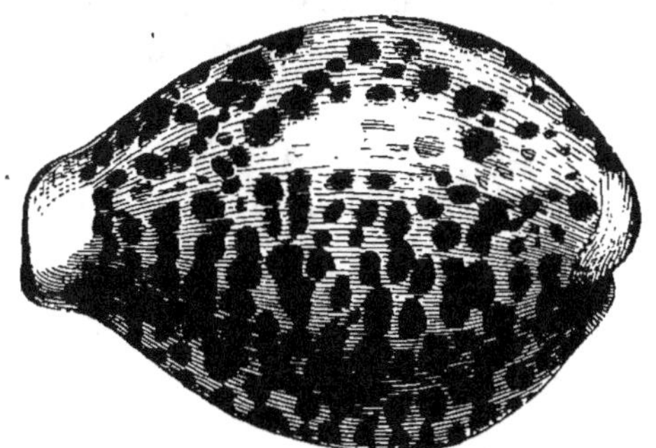

FIG. 227. — *Porcelaine tigre.*

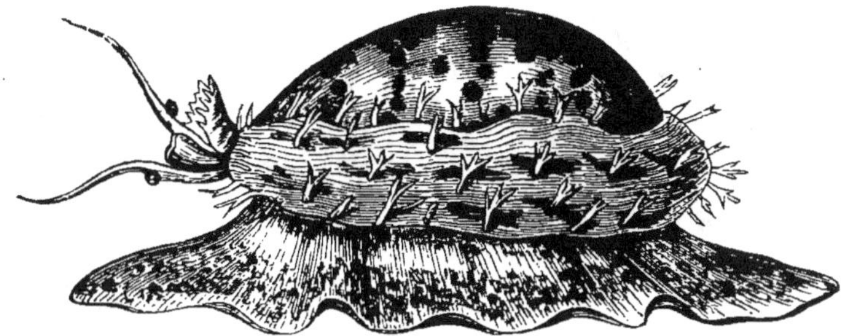

FIG. 228. — *Porcelaine tigre* (l'animal dans sa coquille).

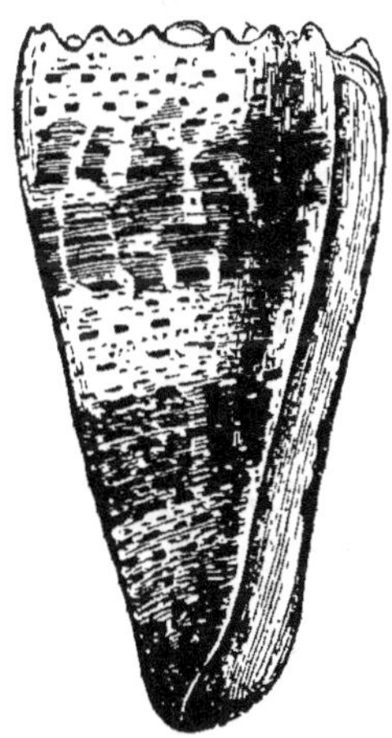

FIG. 229. — *Cône.*

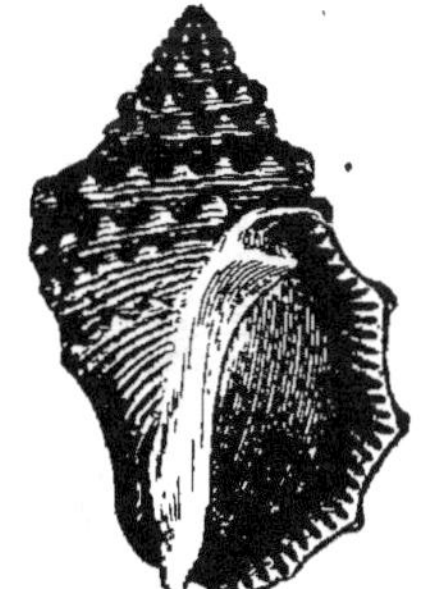

FIG. 230. — *Pourpre.*

Les autres sont marins; leur nombre est très-considérable. Nous citerons, parmi eux, les porcelaines (fig. 227 et 228), les rochers (fig. 231), les pourpres (fig. 230), les volutes, les ptérocères (fig. 233), les strombes, les haliotides (fig. 236), les patelles, les dentales (fig. 232) et les oscabrions (fig. 235), dont les coquilles figurent dans toutes les collections.

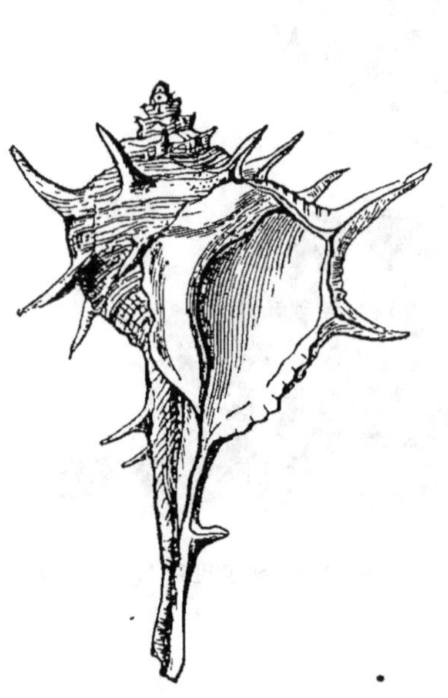

Fig. 231. — *Rocher épineux (Murex brandaris).*

Fig. 232. — *Dentale.*

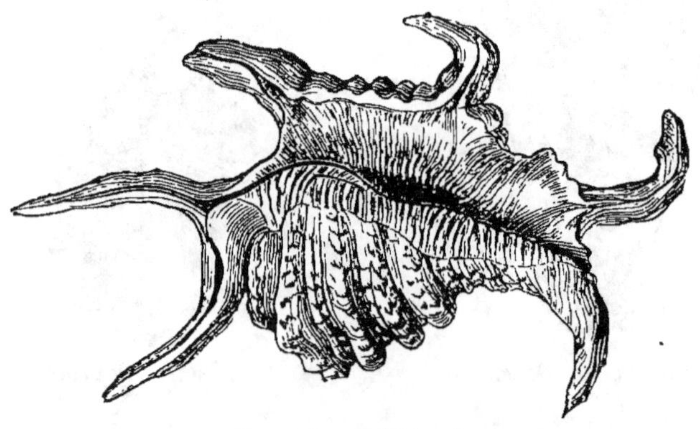

Fig. 233. — *Ptérocère.*

Presque tous les genres de gastéropodes marins ont les branchies pectiniformes et, pendant leur premier âge, ils subissent une métamorphose.

Ils sont dioïques, c'est-à-dire les uns mâles et les autres femelles dans chaque espèce, tandis que ceux qui suivent ont les deux sexes portés par le même individu. La coquille des oscabrions (genre *Chiton*, fig. 235) est formée de plusieurs articulations successives, disposition bizarre que ne présente aucune autre famille des mollusques.

Les gastéropodes marins qui sont monoïques forment plusieurs genres, dont les principaux sont ceux des bulles, des aplysies, des doris, des tritonies (fig. 240) et des éolides (fig. 237 à 239).

Plusieurs de ces genres manquent de coquille lorsqu'ils ont acquis leur forme définitive, et rentrent dans la division des gastéropodes appelés nudibranches.

De même que les autres gastéropodes marins, ils subissent une véritable métamorphose, et présentent, en outre, la particularité d'être pourvus au moment de leur naissance d'une petite

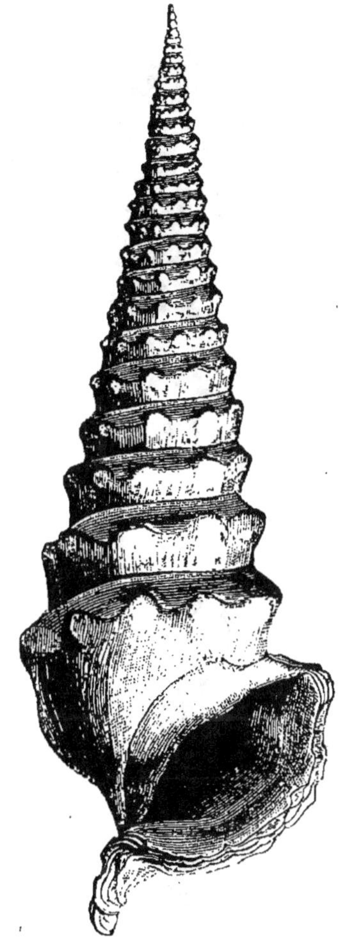

FIG. 234. — *Cerithium giganteum.*

coquille qu'ils perdront en acquérant leur forme définitive (fig. 250 *c*).

Certains genres de gastéropodes sont employés comme aliments, et, sur les bords de la mer, on ne les estime pas moins qu'ailleurs les escargots dont les habitudes sont ter-

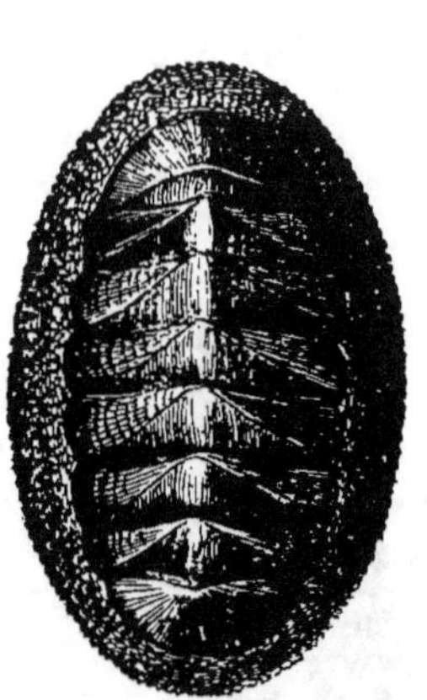

FIG. 235. — *Oscabrion.*

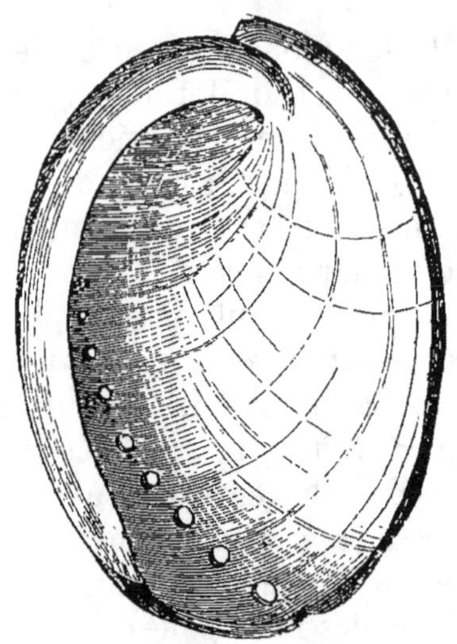

FIG. 236. — *Haliotide.*

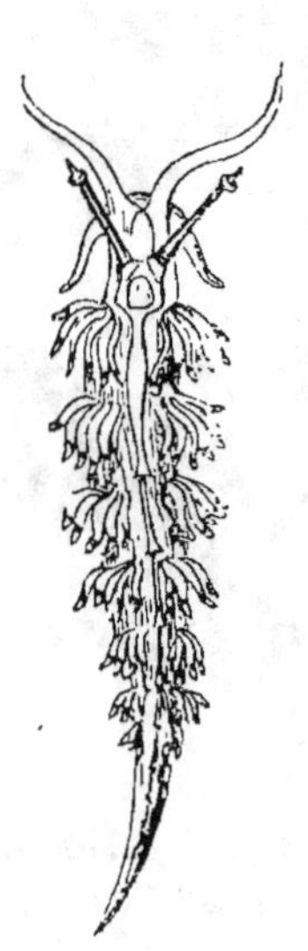

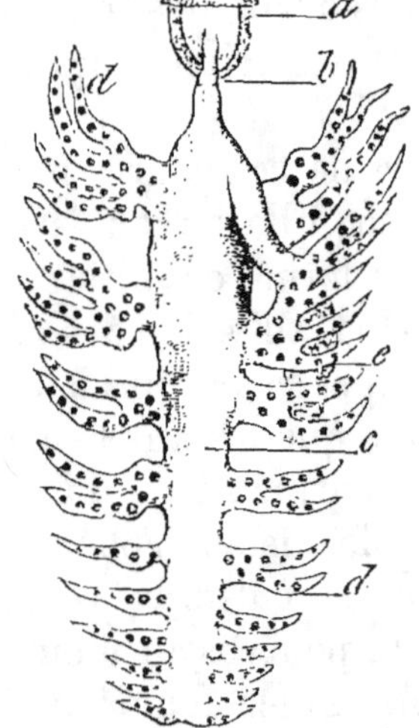

FIG. 237 et 238. — *Éolide*, genre des mollusques nudibranches et son appareil digestif.

a) bouche et ses mâchoires ; — *b*) œsophage ; — *c*) estomac ; — *e*) rectum ; — *d*) appendices représentant le foie.

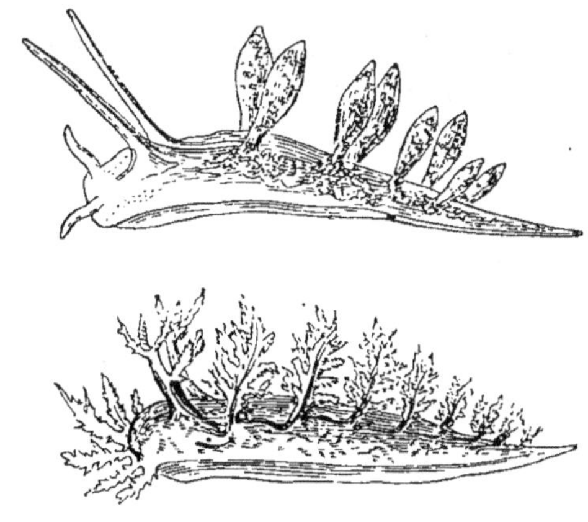

FIG. 239, 240. — *Éolides* et *Tritonie*.

restres. Les coquilles d'un grand nombre de mollusques du même ordre sont recherchées à cause de l'élégance de leurs formes ou de la vivacité de leurs couleurs ; il en est que l'on emploie à divers usages. Certaines espèces de pourpres et divers rochers fournissent une liqueur qui a été longtemps utilisée en teinture ; c'est la pourpre, que les anciens estimaient particulièrement. Elle était tirée de certains coquillages de la Méditerranée, parmi lesquels nous citerons la pourpre hémastome (*Purpura hæmastoma*) (fig. 230) et le rocher épineux (*Murex brandaris*) (fig. 231).

Les terrains sédimentaires sont riches en débris de mollusques, et les coquilles de ces animaux entrent souvent pour une fraction considérable dans la masse qui les compose. En France, les coquilles des gastéropodes tertiaires ont été l'objet d'une étude attentive de la part des naturalistes. Celle des dépôts éocènes indiquent par leur taille et leur analogie avec les espèces actuellement tropicales que la température des eaux marines était alors plus élevée qu'aujourd'hui. Une des plus remarquables parmi ces coquilles est la cérithe géante (*Cerithium giganteum*) que l'on trouve particulièrement aux environs de Paris (fig. 234).

Ordre II. Hétéropodes. — On réunit dans cet ordre

quelques genres de céphalidiens dont le pied est en forme de gouvernail et sert à nager. Ce sont des animaux pélagiens dont la plupart ont le corps et la coquille remarquables par leur transparence ; ce qui permet d'en examiner les différents organes avec une grande facilité.

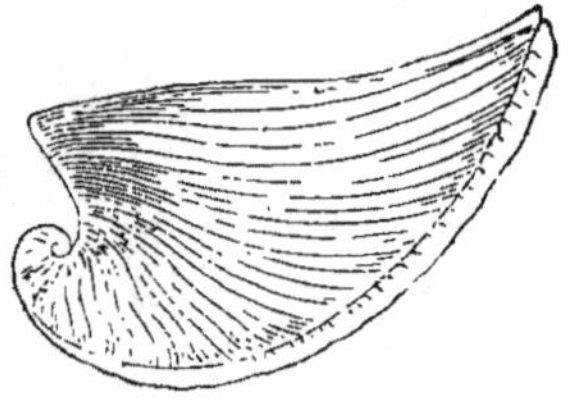

FIG. 241 et 242. — *Carinaire* et sa coquille.

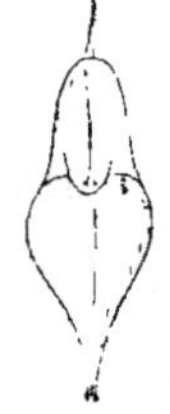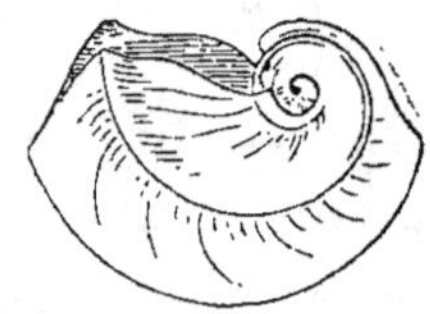

FIG. 243. — *Atlante* et sa coquille.   FIG. 244. — La coquille ; vue de face.   FIG. 245. — La coquille ; vue de profil.

Les atlantes, les carinaires (fig. 241 à 244) et les firoles font partie des hétéropodes.

ORDRE III. PTÉROPODES. — Les ptéropodes vivent également en pleine mer, et par leur manière de nager ils rappellent à quelques égards les papillons. La partie antérieure de leur corps est pourvue de deux expansions membraneuses, en forme d'ailes : ce sont les hyales (fig. 246), les cléodores, les cuviéries (fig. 247), les limacines, les clios, les pneumodermes, les cymbulies, etc. Ils sont tous de petite dimension. Plusieurs se tiennent réunis par bancs, et les clios ainsi que les limacines des régions polaires constituent une grande partie de la nourriture des baleines franches.

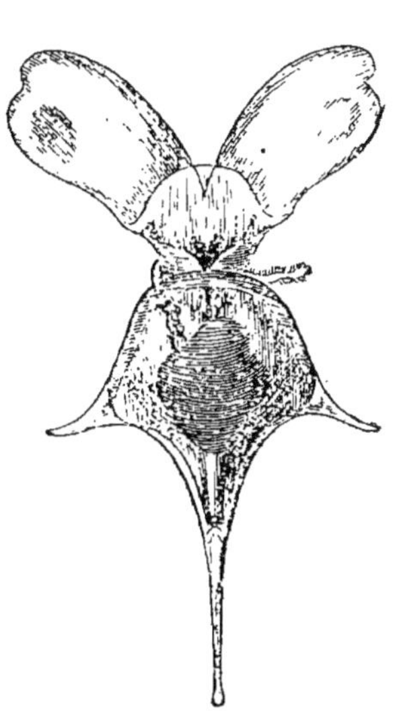

FIG. 246. — *Hyale.*

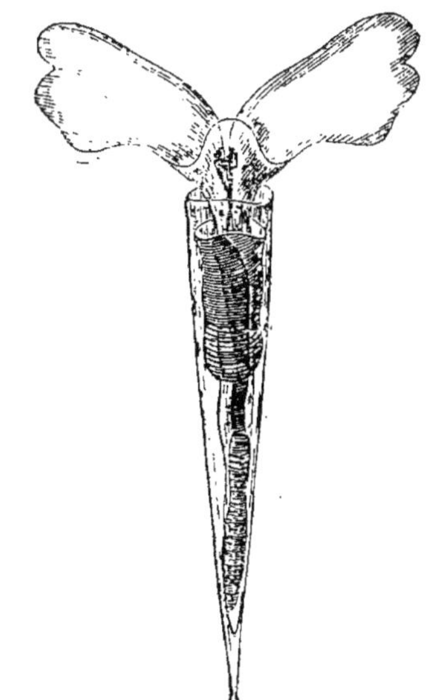

FIG. 247. — *Cuviérie.*

Comme les céphalidiens de l'ordre qui précède, les ptéropodes subissent une métamorphose.

CHAPITRE XIV.

MOLLUSQUES ACÉPHALES.

CLASSE DES CONCHIFÈRES.

Les mollusques acéphales forment plusieurs classes distinctes, dont nous allons parler successivement sous les noms de conchifères ou lamellibranches, brachiopodes, tuniciers et bryozoaires; ainsi que l'indique leur nom, ils ont pour caractère commun de manquer de tête ou pour mieux dire de n'avoir point cette partie distincte du reste du corps comme cela a lieu chez les céphalopodes et même chez les céphalidiens.

Les conchifères ou lamellibranches commencent la série des mollusques acéphales.

Ils sont protégés par une coquille bivalve dont les deux moitiés sont placées l'une à droite, l'autre à gauche du corps. Leurs organes de respiration consistent en lamelles comparables à des peignes et sont situées dans le sens des valves qui les protégent aussi bien que le reste de l'animal. Beaucoup d'entre eux ont à la partie postérieure deux tubes rétractiles qui permettent l'accès de l'eau destinée à leur respiration ainsi que l'expulsion de leurs fécès.

Les mêmes animaux sont souvent pourvus d'un appendice charnu en forme de soc qui leur sert de pied.

Ces mollusques produisent une quantité considérable d'œufs qui éclosent, en général, dans leurs branchies. Les œufs et les jeunes qui en sortent forment d'abord un amas comparable à du lait; les individus qui sont pourvus de ce naissain peuvent être avantageusement utilisés pour la

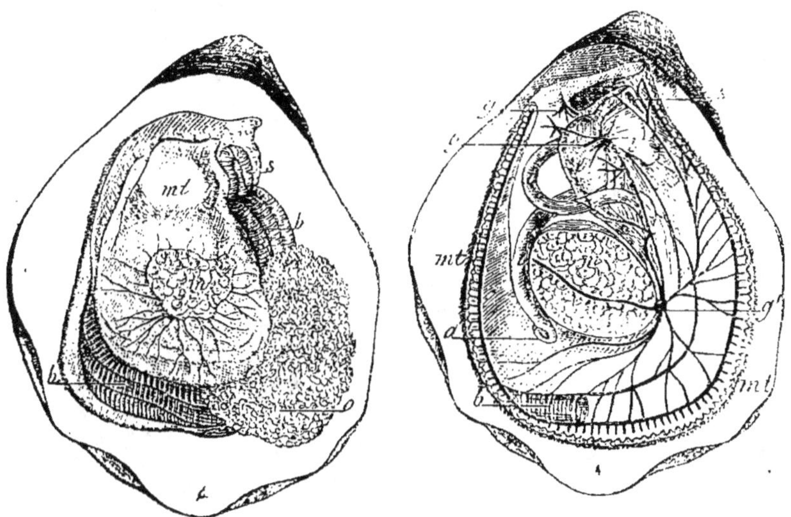

FIG. 248. — Anatomie de l'*Huître*.

s) bouche; — *e*) estomac; — *ii*) canal intestinal; — *a*) anus; — *gg* et *b*) cerveau et ganglions œsophagiens; les filets nerveux qui en partent sont représentés par des lignes noires; — *g*) ganglion sous-intestinal, appelé aussi pédieux, répondant au ganglion sous-œsophagien des autres mollusques et des animaux articulés; — *mt*) bord frangé du manteau auquel se rendent des filets nerveux issus du ganglion précédent; — *i*) intestin; — *a*) anus; — *bb*) — branchies dont on n'a conservé que les portions terminales.

FIG. 249. — *Huître*, chargée de naissain; = *b*) branchies; — *m*) muscle servant à la fermeture des valves; — *mt*) manteau; — *c*) naissain ou amas d'œufs et d'embryons formant une masse laiteuse; — *s*) palpes buccaux et bouche.

multiplication de leur espèce, si on les place dans des conditions favorables. C'est sur ce fait que sont fondés les essais de propagation des huîtres tels qu'on les a mis en pratique sur plusieurs points de notre littoral (fig. 248).

La forme des jeunes lamellibranches est d'abord assez différente de celle des adultes; il existe même chez ces mollusques une sorte de métamorphose, et dans les premiers temps qui suivent l'éclosion, ils sont pourvus d'un appareil cilié qui leur permet de nager librement.

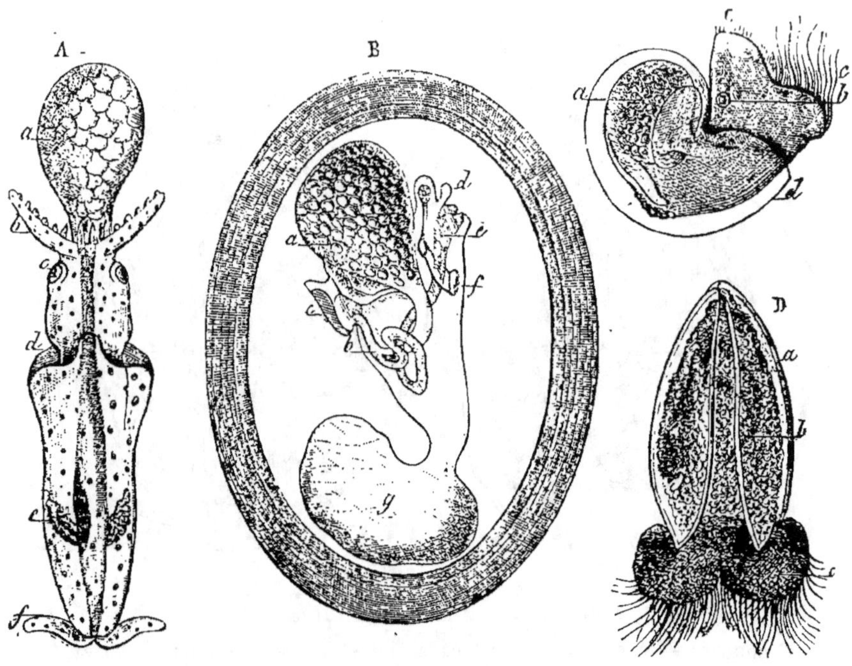

FIG. 250. — Principaux modes de développement des mollusques et métamorphoses de ces animaux.

A = Céphalopodes. Embryon de *Calmar.* = a) vésicule vitelline ; — b) appendices céphaliques appelés bras ou pieds ; — c) yeux ; — d) cou et orifice du sac respiratoire ; — e) branchies.

B = Gastéropodes pulmonés. Embryon de *Limace.* = a) vésicule vitelline ; — b) intestin ; c) bouclier renfermant le rudiment de la coquille ; = d) tentacules oculaires : — e) bouche et œsophage ; = cerveau et collier œsophagien ; g) rame caudale qui disparaîtra à l'époque de la naissance.

O = Gastéropodes nudibranches. Embryon de l'*Actéon.* = a) vitellus ou jaune ; — capsule auditive ; — c) appareil natatoire pourvu de cils ; — d) coquille. — L'appareil natatoire et la coquille des nudibranches sont des organes temporaires destinés à disparaître peu de temps après la naissance.

D = Conchifères ou lamellibranches. Embryon de l'*Huître.* = a) la coquille qui est alors équivalve ; — b) corps du jeune animal ; = c) appareil natatoire cilié, destiné à disparaître lorsque la jeune huître se fixera.

On a partagé les conchifères en plusieurs ordres et en diverses familles. Leurs principaux genres sont ceux des unios ou mulettes . (fig. 251), anodontes, dréissènes (fig. 253) et cyclades (fig. 252), qui vivent dans nos eaux douces, ainsi que ceux des huîtres (fig. 248 et 249), des

FIG. 251. — *Mulette margaritifère.*

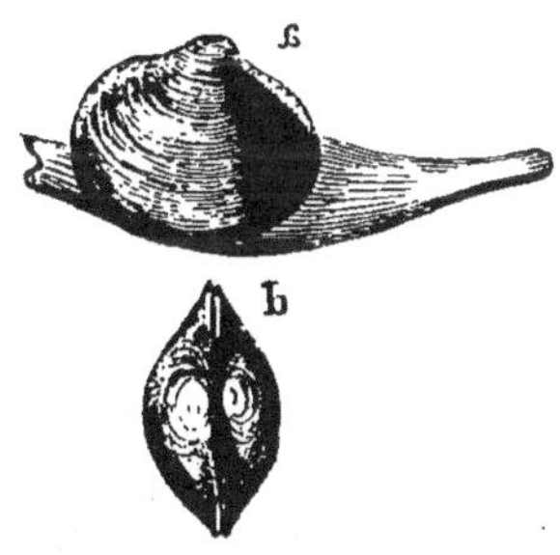

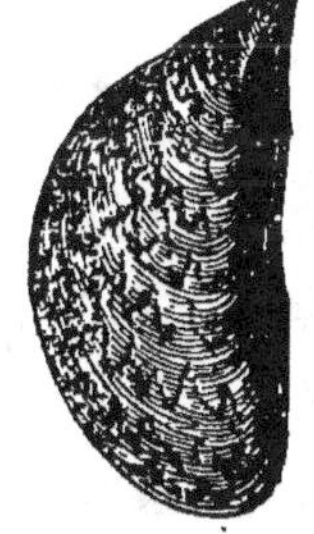

FIG. 252. — *Cyclade cornée.*   FIG. 253. — *Dréissène polymorphe.*
a) de profil, montrant le pied et les tubes ; — *b*) en-dessus, pour faire voir la charnière.

pintadines ou huîtres à perles (fig. 254 et 255), des avicules, des jambonneaux, des moules (fig. 256), des peignes

(fig. 258), des arches, des cames, des bucardes (fig. 257),
des vénus (fig. 260 et 262), des saxicaves, des tellines, des
mactres, des myes, des pholades (fig. 259 et 261) et des
arrosoirs, dont les espèces sont toutes marines.

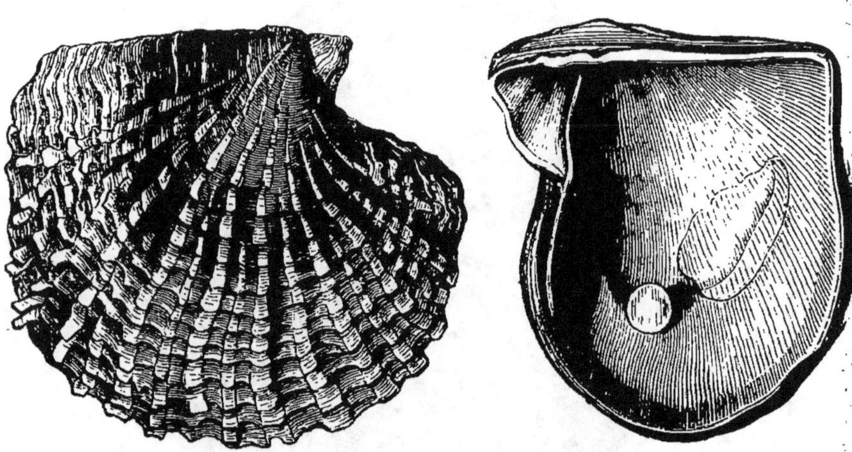

FIG. 254 et 255. — *Pintadine* ou huitre perlière.

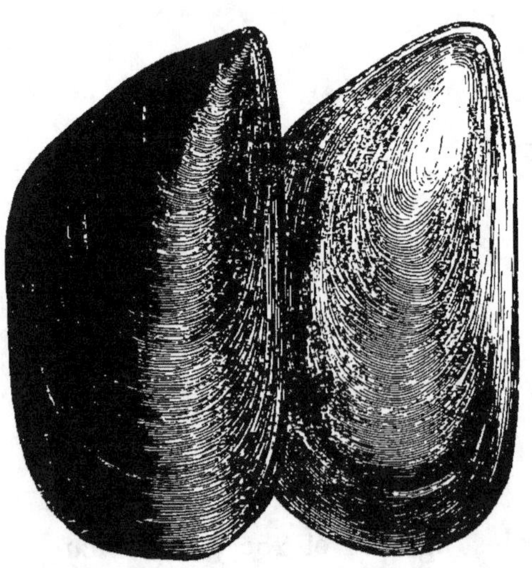

FIG. 256. — *Moule.*

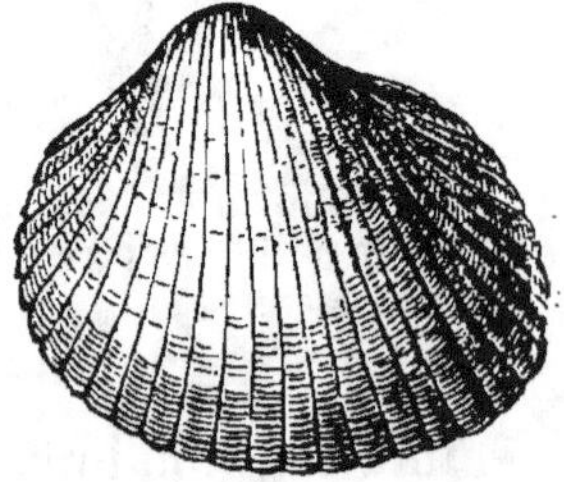

FIG. 257. — *Bucarde édule.*

FIG. 258. — *Peigne.*

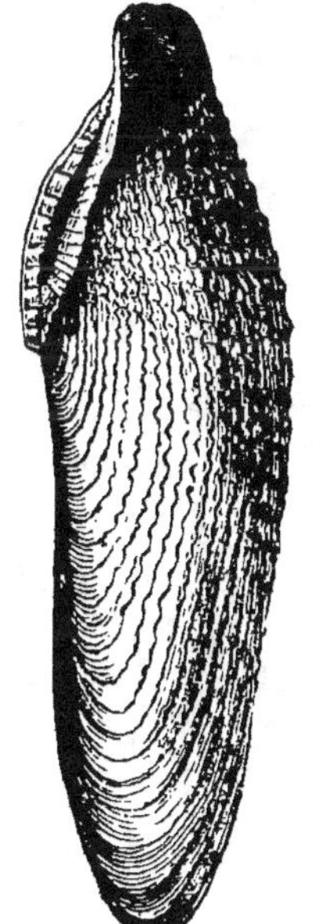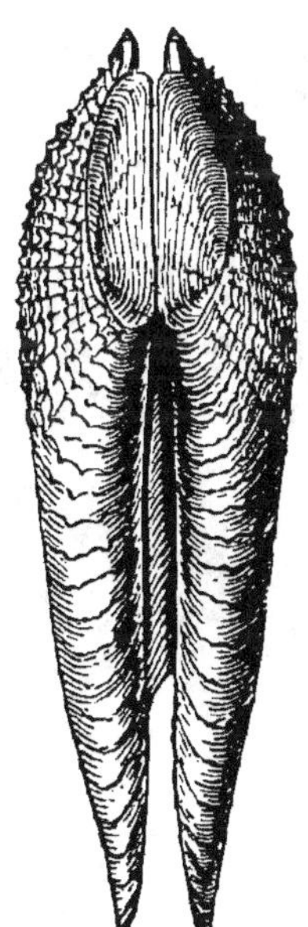

FIG. 259. — *Pholade.*

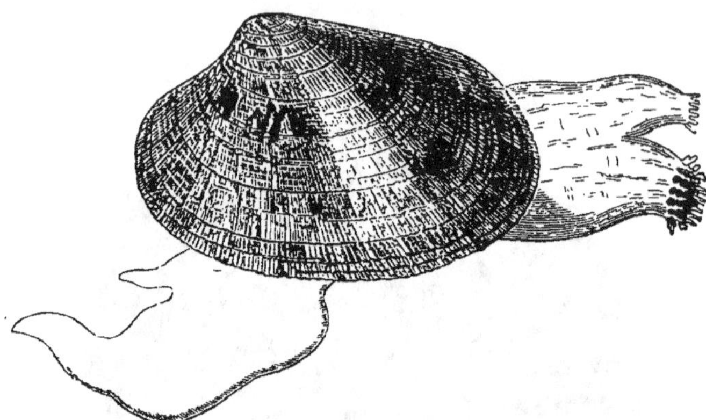

FIG. 260. — *Vénus palourde* (*Venus decussata*); de l'étang de Thau.

FIG. 261. — *Pholade.*

Les vénus fournissent les espèces 'alimentaires connues sous les noms de claunisses, palourdes (fig. 260), praires (fig. 262), etc. Celles des étangs marins de la Méditerranée et de la rade de Toulon sont particulièrement estimées.

FIG. 262. — *Vénus praire-double* (*Venus verrucosa*) ; de Toulon.

Quant aux huîtres et aux moules, tout le monde les connaît et sait quels soins on apporte aujourd'hui à leur culture.

CLASSE DES BRACHIOPODES.

Les acéphales de cette classe sont pourvus d'une coquille à deux valves ; mais ces valves, au lieu d'être placées sur les côtés du corps de l'animal, sont l'une supérieure et l'autre inférieure. En outre, leurs branchies ne forment plus des organes spéciaux comme celles de conchifères ou lamellibranches : ce sont de simples dépendances du manteau. Il faut ajouter qu'il existe chez les brachiopodes deux longs palpes labiaux ciliés, placés à droite et à gauche de la bouche, qui ont la forme de tentacules ou bras enroulés en spirale ; c'est de là que vient le nom de brachiopodes qui a été donné aux mollusques de cette classe. Ces bras sont tantôt mobiles, tantôt fixes. Les autres systèmes d'organes

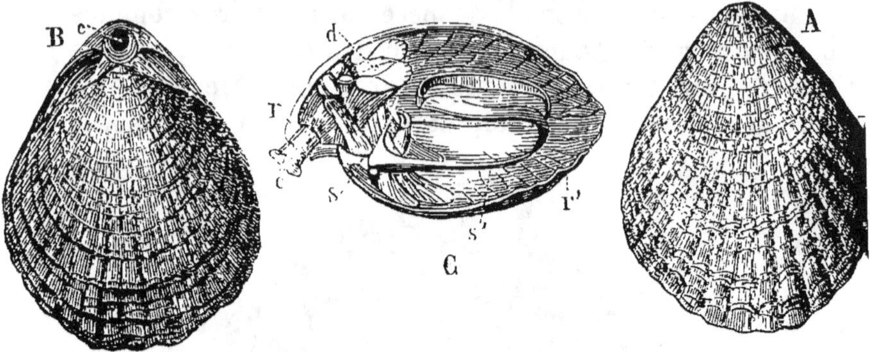

FIG. 263. — Térébratule du sous-genre *Waldheimie.*

A = La coquille, vue par sa valve supérieure ou grande valve. B = Vue par sa face inférieure ; en *c* est l'ouverture de la grande valve par laquelle sort le pédoncule servant à attacher l'animal aux corps sous-marins. C = Coupe longitudinale permettant de voir : *c*) le pédoncule d'attache ; — *d*) l'ensemble des muscles servant à ouvrir les valves et à les fermer ; — *r*) la partie de la grande valve par laquelle sort ce pédoncule ; — *s s'* l'armature solide destinée à supporter les bras.

FIG. 264. — Anatomie de la térébratule (*Waldheimia australis*). L'animal est retiré de sa coquille.

a, a) manteau ; — *b*) œsophage ; *c, c*) pédoncule et sa capsule ; — *d d' d''*) principaux muscles servant aux mouvements des valves de la coquille (voir fig. 262. C l'ensemble de ces muscles) ; — *e*) estomac sur lequel on voit l'insertion des canaux biliaires qui ont été coupés ; — *i i'*) intestin ; — *k*) cœur ; — *l* et *m*) vaisseaux sanguins ; — *n n'*) les bras tentaculaires dont les bords sont frangés ; — *o*) oviducte.

des brachiopodes présentent encore quelques particularités remarquables, qui justifient la séparation de ces mollusques d'avec les conchifères; ils sont représentés en partie sur les figures ci-contre.

Tous les brachiopodes sont marins; en général, ils se tiennent à de grandes profondeurs au fond des eaux; ils sont fort rares dans nos mers.

Ces mollusques constituent différents genres connus des naturalistes sous les noms de térébratules, waldheimies (fig. 263-264), rhynchonelles (fig. 265), orbicules, lingules, etc.

Il y en a également eu dans les anciennes mers, et beaucoup de leurs espèces éteintes sont citées en géologie comme caractéristiques de différentes formations. Plusieurs d'entre elles ressemblent aux térébratules, aux rhynchonelles, etc., et appartiennent aux mêmes genres ou à des genres très-peu différents; d'autres ont servi à l'établissement de coupes génériques spéciales, aujourd'hui sans analogues.

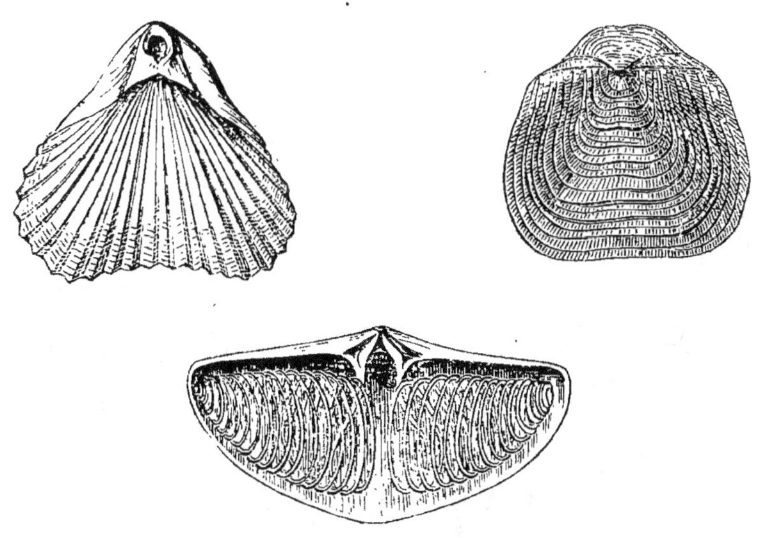

FIG. 265 à 267. — *Rhynchonelle.* — *Productus.* — *Spirifère.*

Les productus (fig. 266) ainsi que les spirifères (fig. 267), brachiopodes des formations géologiques les plus anciennes, sont plus particulièrement dans ce cas. Les térébratules nous offrent l'exemple remarquable d'un genre d'animaux qui a eu de nombreux représentants à toutes les époques géologiques, quoique ses différentes espèces soient souvent fort difficiles à distinguer les unes des autres.

CLASSE DES TUNICIERS.

Les tuniciers sont aussi des acéphales, mais ils manquent de coquille, et leur organisation s'éloigne à plusieurs égards de celle des deux classes précédentes. Leur corps est protégé par une peau coriace, qui forme une tunique résistante, percée de deux orifices seulement. L'un de ces orifices conduit au sac branchial, au fond duquel est située la bouche, l'autre sert de cloaque. Le système nerveux de ces animaux ne fournit pas de véritable collier œsophagien; on n'y remarque qu'un seul ganglion d'où partent les nerfs destinés

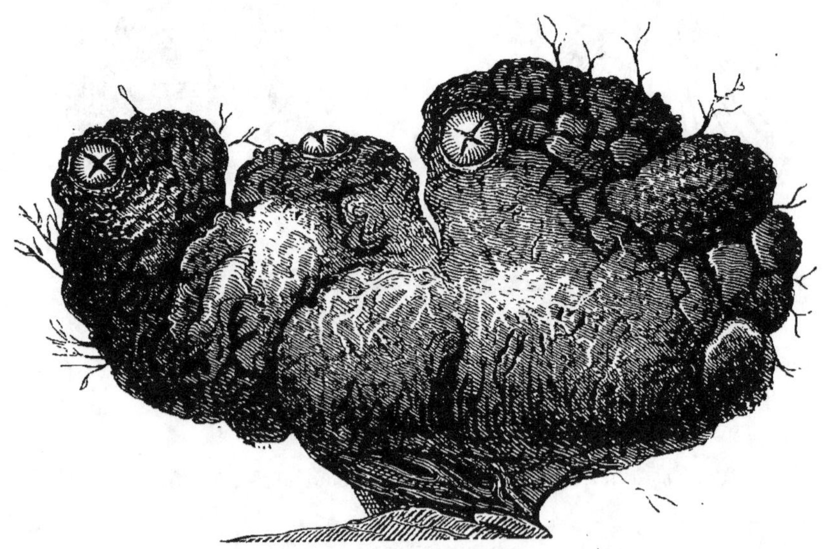

FIG. 268. — *Ascidie microscome.*

aux différents organes. Le cœur est allongé en forme de vaisseau, et la circulation y est oscillatoire.

Beaucoup de tuniciers restent habituellement fixés aux corps sous-marins, sauf toutefois pendant leur premier âge, durant lequel ils sont mobiles et pourvus d'un petit prolongement caudiforme rappelant la queue des têtards de grenouilles ou celle des cercaires; ce sont les ASCIDIES. Il y a des espèces d'ascidies dont les individus restent isolés (fig. 268); d'autres qui sont des agrégations d'individus (fig. 269) réunis au moyen d'une tige commune et d'autres qui résultent de l'association intime de plusieurs sujets confondus sous une enveloppe unique, ce qui les a fait appeler ascidies composées (fig. 270).

Les pyrosomes, si phosphorescents pendant la nuit, sont aussi des tuniciers composés; ils ressemblent à de jeunes ascidies, qui se seraient soudées les unes aux autres; leurs colonies sont libres, et flottent au sein des mers.

FIG. 269. — *Ascidie agrégée.*

FIG. 270. — *Ascidie composée.*

Les SALPES ou biphores (fig. 271) sont une autre forme de tuniciers hydrostatiques. Ce sont eux qui ont mis les naturalistes sur la voie des phénomènes de génération alternante. Dans ce mode de reproduction l'espèce est tour à tour gemmipare et pourvue de sexe, et les individus d'une première génération ont souvent une forme très-différente de ceux qui appartiennent à la seconde. Cette alternance, constituant une sorte de *dimorphisme animal*, donne l'explication de faits très-nombreux que l'on avait d'abord mal interprétés et qui avaient, dans plusieurs circonstances, conduit à décrire comme appartenant à des ordres ou même à des classes différentes des animaux que l'on sait aujourd'hui constituer les deux formes de certaines espèces douées de génération alternante.

Plusieurs genres d'annélides (sillys, myrianide, naïs, etc.) (fig. 193), les douves de l'ordre des trématodes (fig. 199), les ténias (fig. 200) qui sont des vers rubanés, les polypes de la classe des acalèphes, sont comme les tuniciers de la famille des salpes ou biphores des animaux à génération alternante.

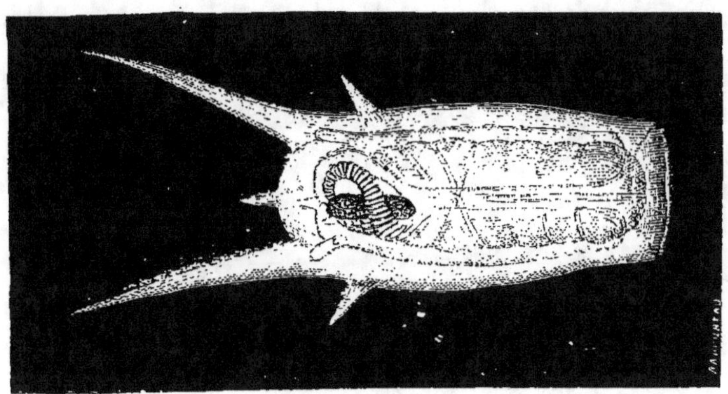

FIG. 271. — *Salpe* ou *Biphore.*

Les barillets de la Méditerranée (g. *Doliolum*) appartiennent aussi au groupe des tuniciers.

Ces animaux semblent former la transition des mollusques aux cestes, callianyres et beroés constituant la division des cténophores, qui sont classés parmi les zoophytes.

Les barillets sont des animaux pélagiens, aussi remarquables par la bizarrerie de leurs formes que par la transparence de leurs tissus, et sous ce rapport ils ressemblent

aux acalèphes. Leur corps sert de refuge à un petit crus-
tacé édriophthalme du genre phronyme, qui en est le parasite habituel.

CLASSE DES BRYOZOAIRES.

Cette classe termine l'embranchement des mollusques ;
les animaux qu'on y rapporte sont tous de très-petite dimension. Le plus souvent ils sont agrégés et vivent réunis
en communauté. La plupart présentent une assez grande
analogie avec les tuniciers, mais leurs branchies (fig. 272
et 273), d'ailleurs placées en avant de la bouche, forment
une sorte de panache, dont les filaments restent séparés
les uns des autres, tandis que celles des tuniciers représentent une véritable poche dont l'ouverture est fort petite
et simplement mamelonnée.

On les a pris quelquefois pour des polypes et réunis à
ces animaux ; mais leur corps binaire, l'état complet de leur
tube digestif (fig. 273) et leurs autres caractères principaux
ont dû les faire reporter parmi les mollusques. Ce sont des
mollusques véritables, quoique imparfaits, et la plupart
des caractères distinctifs qu'ils présentent sont en rapport
avec l'infériorité du rang qu'ils occupent dans ce vaste embranchement.

Nous avons plusieurs genres de bryozoaires dans nos
eaux douces (cristatelle, fig. 272), alcyonelle, plumatelle
(fig. 273), frédéricelle, paludicelle, etc.) ; ceux qui vivent
dans les eaux marines sont bien plus nombreux. Il y en a
parmi eux dont les cellules s'encroûtent d'un dépôt calcaire, destiné à les protéger, ce qui forme une sorte de polypier : ce sont les eschares, les réfépores, les tubulipo-
res, etc., genres dont il existe des espèces dans nos mers.

Chez un certain nombre de bryozoaires marins, les téguments conservent, au contraire, une consistance analogue
à celle du parchemin.

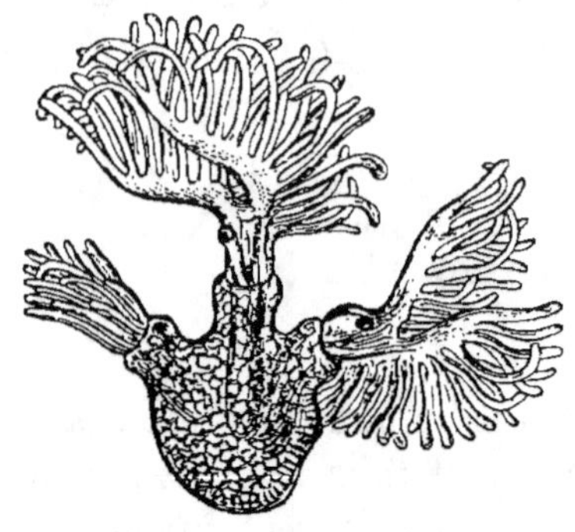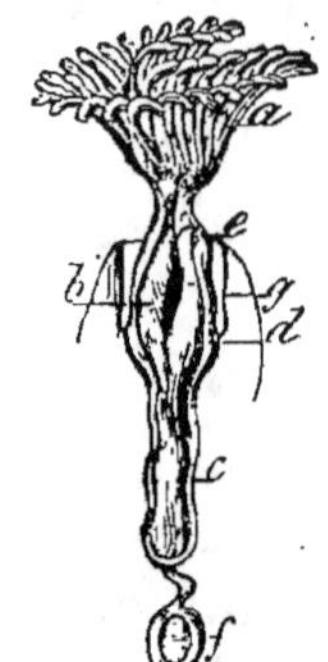

FIG. 272. — ⅓ *Cristatelle jeune.*   FIG. 273. — *Plumatelle.*

a) panache branchial; — *b*) œsophage; — *c*) estomac; — *d*) intestin; — *e*) anus; — *f*) œuf suspendu à l'ovaire.

Plusieurs terrains sont riches en débris fossiles de bryozoaires, dont les paléontologistes ont commencé à donner la description dans ces dernières années.

CHAPITRE XV.

ANIMAUX RAYONNÉS : ÉCHINODERMES ET POLYPES.

Les animaux rayonnés[1] se reconnaissent à la forme de leur corps toujours divisible en plus de deux parties qui

Fig. 274. — *Astérie rouge.*

1. *Zoologie*, 1ʳᵉ année : *Notions préliminaires*, p. 180.

sont situées comme autant de secteurs autour d'un axe central, au lieu d'être, comme dans les embranchements qui précèdent, au nombre de deux seulement, et placées à droite et à gauche du plan médian. Leur système nerveux forme autour de la bouche un cercle de ganglions desquels partent des filets allant aux différents organes.

Cette disposition a été plus particulièrement observée chez les échinodermes. L'embranchement des rayonnés ou quatrième embranchement du règne animal se partage en deux catégories secondaires, constituant l'une et l'autre un sous-embranchement. Nous en parlerons sous les noms d'échinodermes et de polypes. Cette seconde division principale des rayonnés comprend les polypes ordinaires, auxquels se joignent les acalèphes de Cuvier dont quelques-uns, tels que les méduses, ne sont qu'un état de certains polypes.

1. *Sous-embranchement des Échinodermes.*

Les échinodermes doivent ce nom aux pièces dures, assez souvent en forme de piquants, dont leur peau est hérissée. Ce sont : 1° les spatangues (fig. 276), les clypéastres, les scutelles, les cidaris (fig. 278) et les oursins de toutes sortes (fig. 275, 283, 284, 285) formant la classe des *échinides*; 2° les astéries ou étoiles de mer (fig. 274 et 275), les ophiures, les euryales (fig. 279 et 280), les comatules et les encrines (fig. 281) dont la réunion constitue les *stellérides*, et 3° les *holothurides*, divisés à leur tour en holothuries proprement dites, synaptes (fig. 282), etc.

La forme de ces animaux présente de singulières différences. Tantôt ils sont globuleux comme les oursins (fig. 275), dont certaines espèces portent les noms vulgaires de melons de mer, châtaignes de mer, etc.; tantôt ils sont aplatis et ressemblent à des écussons ou à des boucliers, c'est ce qui a lieu pour les scutelles. Les astéries ou étoiles de mer doivent leur nom à leur apparence étoilée, et les ophiures, qui s'en rapprochent, ressemblent à des queues de serpents qui seraient soudées autour d'un disque com-

FIG. 275. — *Oursin*.

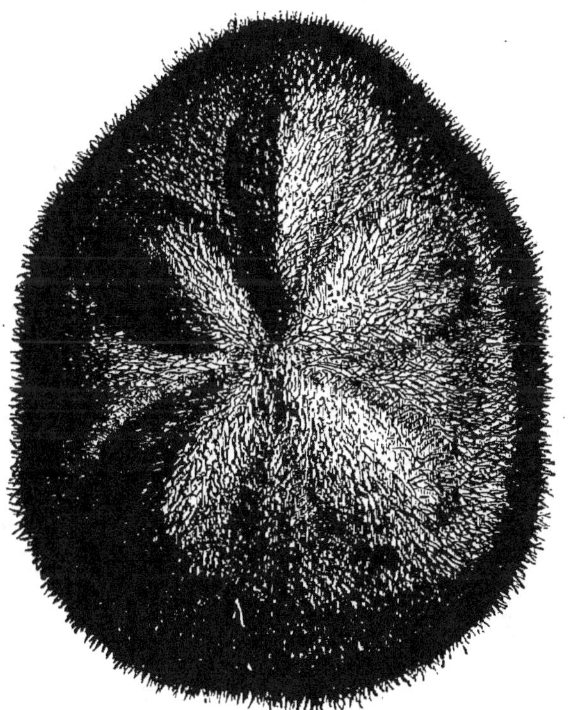

FIG. 276. — *Spatangue*.

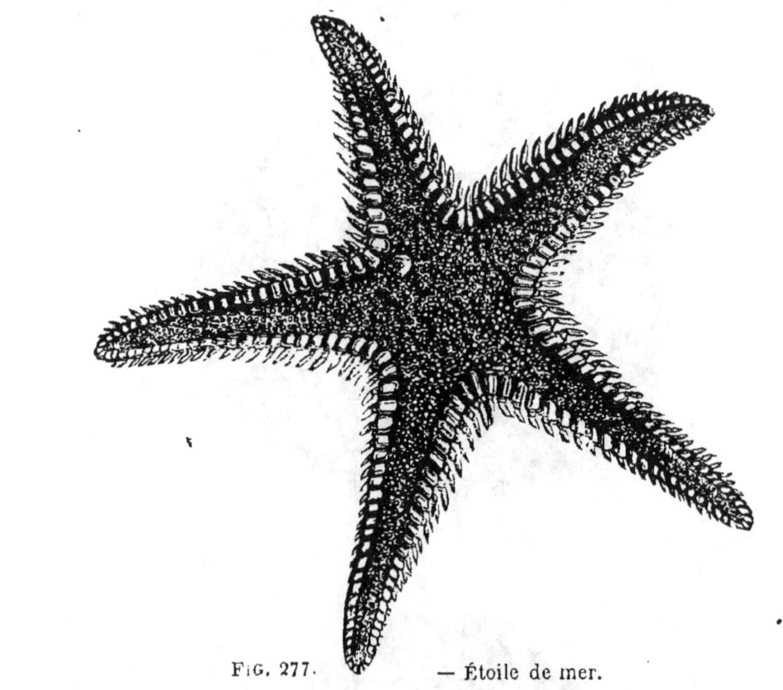

FiG. 277. — Étoile de mer.

FIG. 278. — *Cidaris* (face inférieure).

mun. Les euryales, de leur côté, sont remarquables par les nombreuses subdivisions de leurs rayons principaux. Quant aux encrines (fig. 281) elles ont l'apparence de fleurs à pétales multi-articulés et sont portées sur un pédicule mobile dont les comatules sont aussi pourvues, mais dans leur premier âge seulement[1]; enfin les holothuries sont allon-

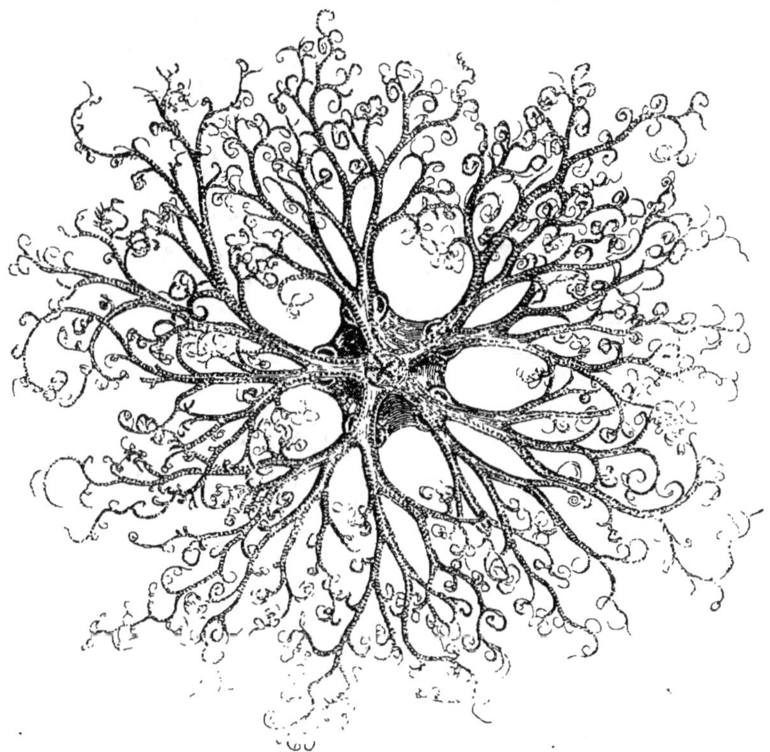

Fig. 279. — *Euryale.*

gées, et il est certains genres de cette dernière catégorie qui pourraient être pris pour des vers si l'on ne tenait compte de leur structure anatomique; les synaptes sont plus particulièrement dans ce cas.

1. Le *Pentacrinus europæus*, décrit comme appartenant à la division des encrines, est une jeune comatule encore pourvue de son pédoncule.

FIG. 280. — *Euryale.*

Malgré cette diversité de leurs formes, les échinodermes sont faciles à caractériser. Ils ont la peau soutenue par des pièces dures, de nature calcaire, qui sont quelquefois serrées les unes contre les autres de manière à simuler une sorte de marqueterie fort régulière enveloppant l'animal d'un véritable têt protecteur. La surface en est à son tour hérissée de piquants. Les oursins nous présentent cette disposition d'une manière très-évidente, et leur têt, ainsi que leurs piquants, qui sont plus développés dans certaines espèces que dans d'autres, fournissent d'excellents caractères lorsque l'on cherche à les distinguer entre eux. Les

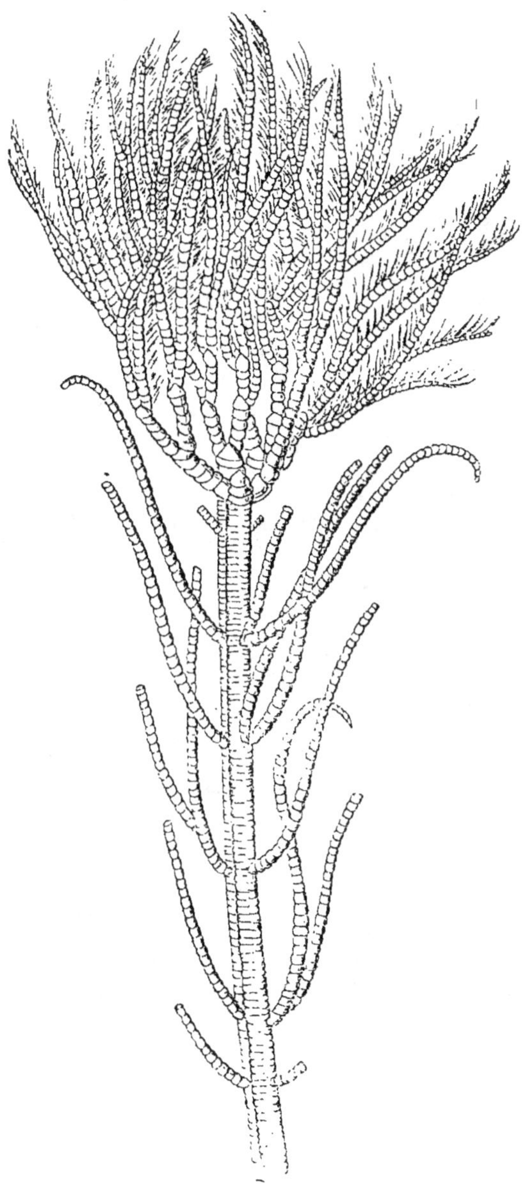

Fig. 281. — *Encrine des Antilles.*

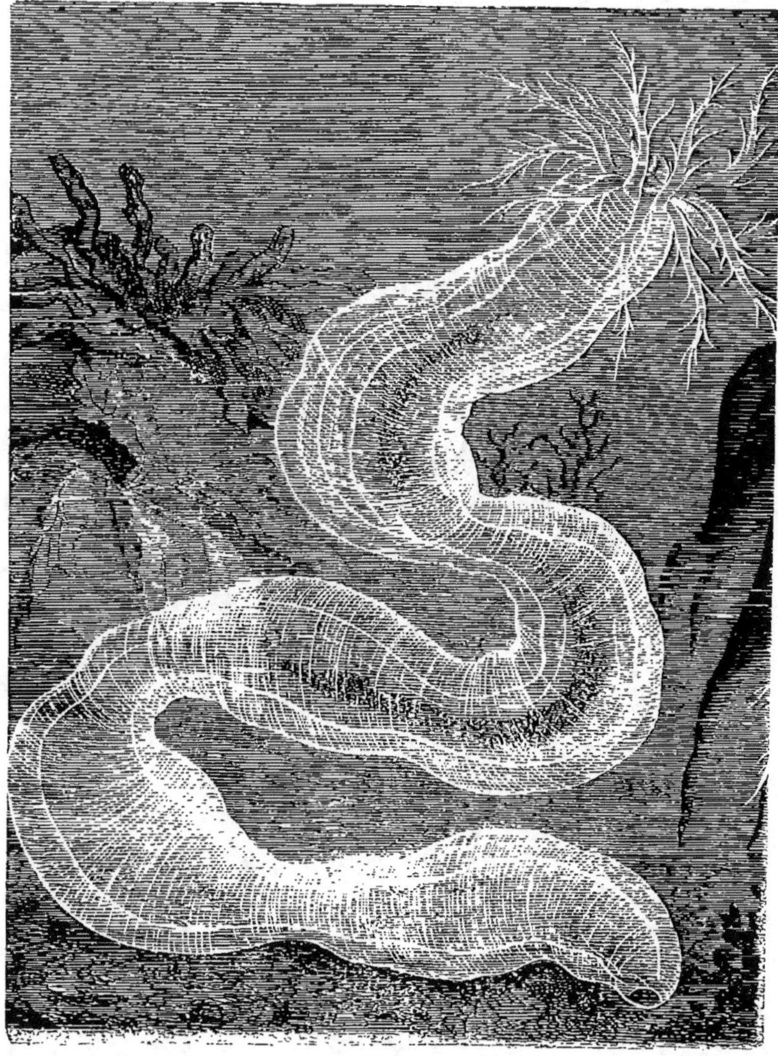

FIG. 282. — *Synapte.*

piquants des cidaris (fig. 278) sont plus forts que ceux
des autres échinides.

On trouve fréquemment sur les bords de la mer des
têts d'oursins ; ceux des espèces propres aux anciens âges
géologiques ne sont pas moins faciles à reconnaitre. Les

géologues les recherchent avec soin dans les terrains qui nous les ont conservés, et ils en tirent d'excellentes indications pour la classification chronologique de ces terrains.

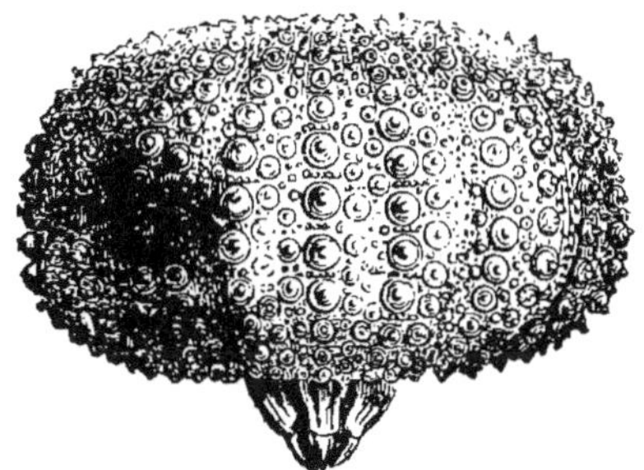

FIG. 283. — Têt et mâchoires d'*Oursin*.

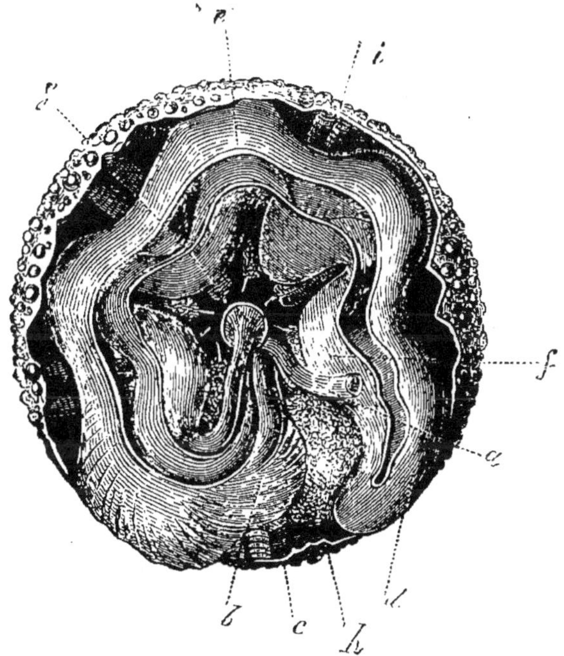

FIG. 284. — Principaux organes de l'*Oursin*.

a) œsophage ; — *b, e, f*) circonvolutions intestinales ; — *g*) anus : — *g* membrane enveloppant les viscères ; — *h*) un des ovaires ; — *i*) coque ou têt.

La présence de semblables débris dans une roche est une preuve certaine de son origine marine.

Le têt des échinodermes est habituellement percé de
trous disposés avec régularité, par lesquels sortent des cirrhes tentaculiformes, espèces de papilles douées de contractilité dont la fonction la plus apparente est de servir d'attache
à ces zoophytes, lorsqu'ils veulent adhérer à d'autres corps.
Chez les échinides ces cirrhes ont pour orifices les ambulacres, nombreuses perforations dont l'ensemble forme cinq
figures à peu près elliptiques, qui ressemblent à des rosaces.

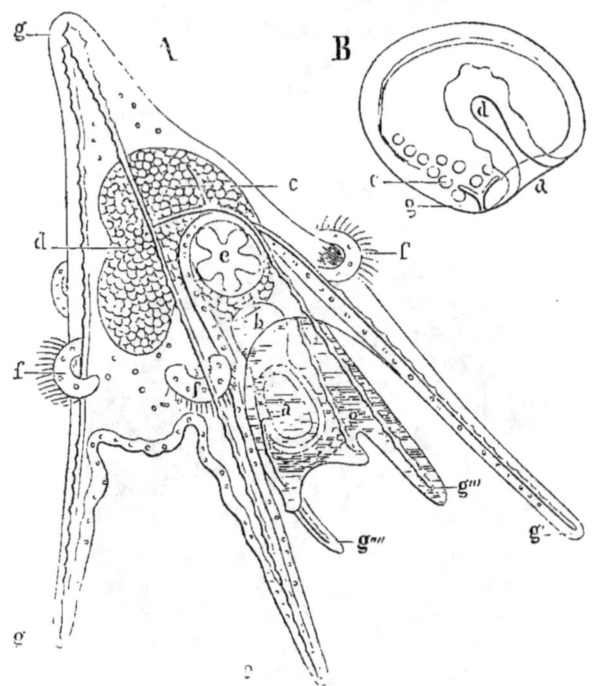

FIG. 285. — Larves d'*Oursins*.

A = arve mobile, grossie 166 fois ; — *a*) bouche ; — *b*) estomac ; — *c* et *d*)
ntestin ; — *e*) plaque calcaire appelée *disque échinodermique* ; — *f*) organes
ciliés servant à la natation et à la respiration ; peut-être les futurs ambulacres ;
— *g, g', g'', g'''*, tiges calcaires servant de charpente au corps de l'animal.
B = larve âgée de deux jours seulement ; — *a*) bouche ; — *b*) cavité stomacale ;
— *c*) emplacement de l'intestin ; — *d*) les tiges calcaires à peine développées.

Ils paraissent être aussi des organes de respiration ;
mais l'eau aérée qui s'introduit dans l'intérieur du corps
des échinodermes concourt également à hématoser leur

sang. Ces animaux ont des vaisseaux et quelquefois un organe contractile comparable à un cœur. Leur tube digestif est le plus souvent complet.

On a constaté la présence du système nerveux chez plusieurs d'entre eux. Il forme autour de la bouche un collier composé d'autant de petites masses ganglionnaires qu'il y a de divisions au corps. Chaque ganglion représente une sorte de petit cerveau duquel partent les filets nerveux destinés aux différentes parties avec lesquelles ce ganglion correspond. Les étoiles de mer montrent à l'extrémité de leurs rayons de petits organes qui sont de véritables yeux.

Les sexes des échinodermes sont tantôt séparés, tant t portés par le même individu. Leur reproduction est habituellement ovipare et, pendant leur premier âge, ils ont une forme très-différente de celle qu'ils devront acquérir plus tard. Ces métamorphoses (fig. 285) ont été, de la part de M. J. Muller, l'objet d'un examen attentif, et elles lui ont fourni le sujet de plusieurs mémoires remarquables.

On mange quelques espèces d'oursins. Ce sont les ovaires de ces animaux que l'on recherche. Leur goût est agréable et ils ont des qualités apéritives.

En Chine, une holothurie, nommée *trépang*, est aussi employée comme aliment ; elle y est l'objet d'un commerce considérable. C'est surtout sur les côtes malaises qu'on la pêche.

Sur certains rivages, on recueille les astéries rejetées par la mer, mais pour les employer comme engrais.

2. *Sous-embranchement des polypes.*

Il existe dans presque toutes les eaux douces de l'Europe, particulièrement dans celles qui sont stagnantes, un petit animal fort singulier. Il est mou et inarticulé ; n'a pour organes digestifs qu'une simple cavité pourvue d'un orifice unique, lequel est entouré de tentacules contractiles. Ce petit animal se multiplie par bourgeons comme une

plante, et produit aussi des espèces d'œufs; quand on le
coupe, chacun des morceaux qu'on en a faits devient lui-
même un être semblable à celui dont il provient et ses œufs
sont destinés à passer l'hiver au fond des eaux ou dans la
vase pour donner au printemps suivant naissance à de nouveaux sujets; sa forme est rayonnée et il a une structure
anatomique fort simple. C'est le *polype à bras* décrit avec
tant de soin par Trembley dans un ouvrage publié en 1745
et dont on a formé depuis lors un genre distinct auquel
Linné a donné le nom d'hydre (*Hydra*).

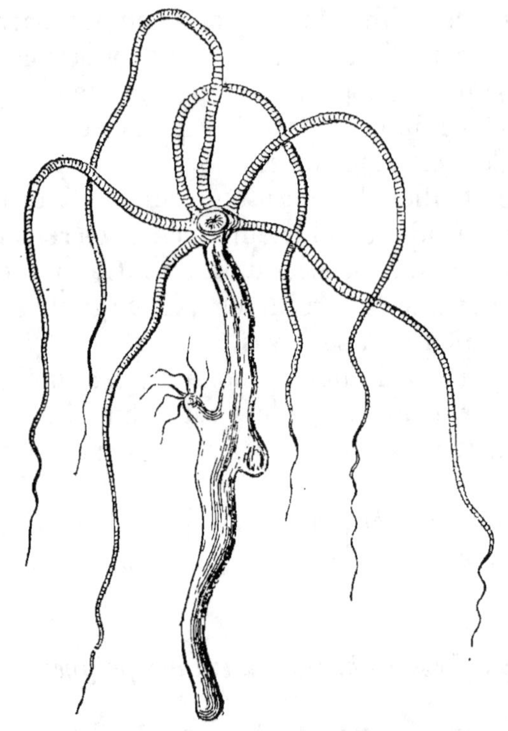

FIG. 286. — *Hydre* ou *Polype à bras.*

L'étude suivie qu'on en a faite, a porté l'attention des savants sur une foule de productions marines, ayant une ana-

logie apparente avec les végétaux, mais dures et pierreuses, malgré leur structure organisée, ce qui les avait fait appeler *lithophytes*. Ces productions, que l'on nomme aujourd'hui *polypiers*, sont dues à l'incrustation d'une portion des tissus de certains animaux assez semblables par la disposition de leurs organes mous à des hydres.

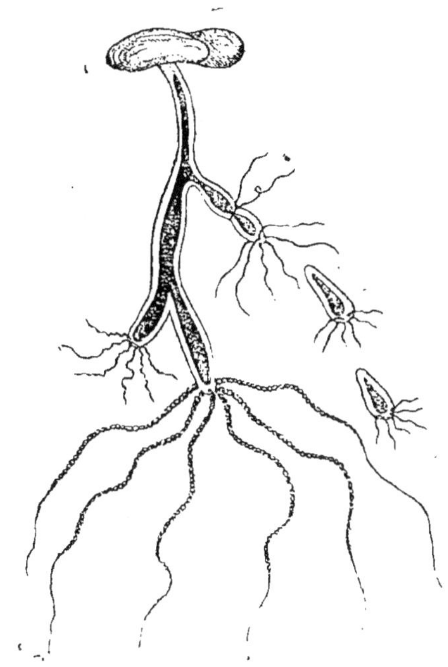

FIG. 287. — *Hydre*, ou polype des eaux douces.

Hydre, grossie. Elle est fixée sous une lentille d'eau et comprend trois individus, dont le plus grand a les bras ou tentacules plus étendus que les deux autres. Le tube noir qui longe intérieurement le corps représente leur tube digestif. L'individu situé à droite a été lié au-dessous de son point d'insertion au reste de la colonie, pour montrer un des moyens par lesquels on peut obtenir la multiplication de cette espèce par division ou scissiparité. Au-dessous de lui sont deux individus détachés, supposés obtenus par ce procédé.

Réaumur, Guettard et les naturalistes contemporains de Trembley, ont à cause de cela étendu la dénomination de *polypes*, détournée par eux de la signification qu'elle avait chez les anciens, aux animaux dont proviennent les litho-

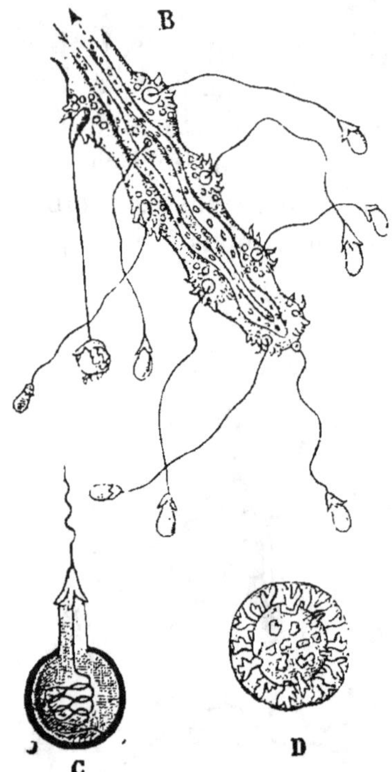

Fig. 288. — Un des bras de l'hydre.

b) tres-grossi pour montrer les organes urticants dont il est pourvu ; — *c*) une des capsules urticantes dont le fil suspenseur n'est encore qu'en partie déroulé ; très-grossie ; — *d*) est un œuf hybernal de l'hydre ; très-grossi.

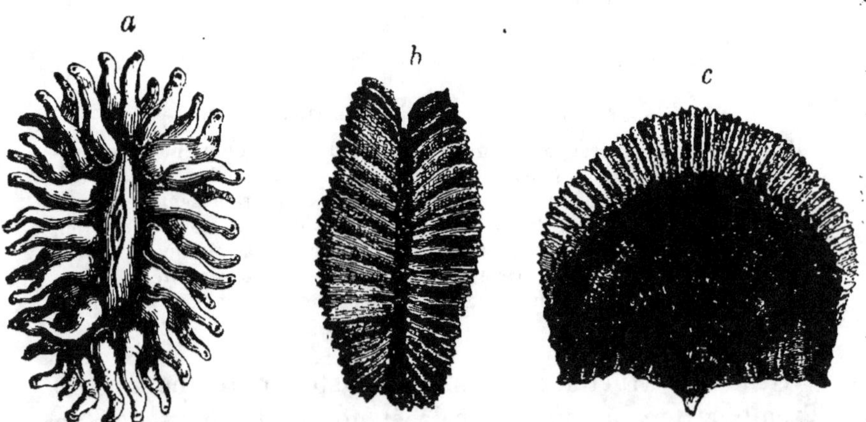

Fig. 289. — *Flabelline.*

a) l'animal avec ses tentacules et sa bouche ; — *b*) son polypier ; vu par la face supérieure ; — *c*) le même ; vu de profil.

phytes, et les espèces de concrétions dues à ces polypes ont dès lors été appelées des polypiers. Il y a des polypes qui ne produisent pas de polypiers.

C'est aussi un caractère de ces animaux d'avoir des tentacules plus ou moins semblables à ceux des hydres ou polypes d'eau douce, mais pleins au lieu d'être creux.

Toutefois on constate de grandes différences entre les polypes comparés les uns aux autres, et il y a non-seulement

FIG. 290. — *Dendrophyllie.*

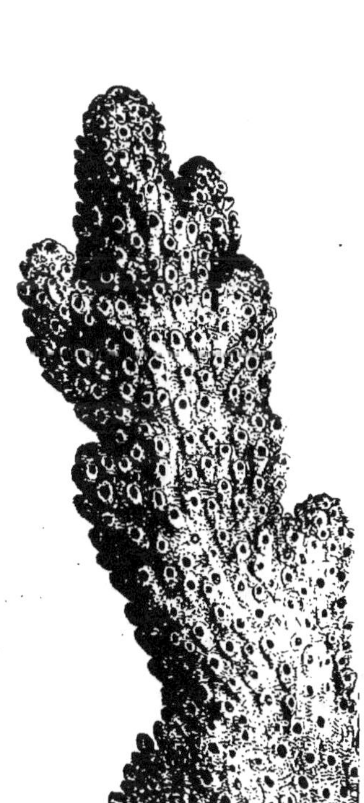

FIG. 291. — *Madrépore.*]

FIG. 292. — *Actinie* ou *Anémone de mer,* sur une coquille de gastéropode.

plusieurs genres, mais encore plusieurs ordres, peut-être même plusieurs classes parmi ces animaux.

Le corail (fig. 293 et 294) est un polype à polypier, propre à la Méditerranée, dont la partie calcaire, d'une belle couleur rose, est depuis très-longtemps employée en joaillerie.

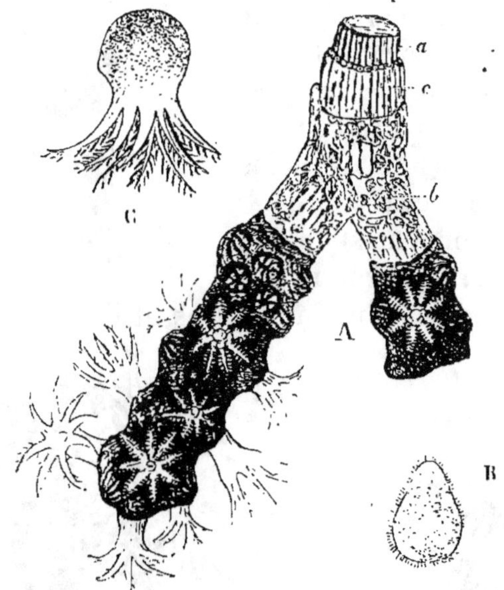

FIG. 293. — Structure et développement de *Corail*.

A = branche de corail détachée du reste de la colonie ; = l'axe du polypier constituant la partie rouge et solide employée dans les arts ; — b) la couche des vaisseaux réticulés ; — c) la couche des vaisseaux longitudinaux, placée entre la précédente et la partie solide intérieure. Les polypes, autrefois pris pour des fleurs à cause de leur forme, sont en rapport direct avec l'enveloppe sarcoïde ou corticale qui recouvre les deux couches b et c. Cette couche sarcoïde, c'est-à-dire d'apparence charnue, est teintée en noir dans la présente figure. On y voit quelques polypes épanouis et d'autres contractés sur eux-mêmes en forme de mamelons.

B = larve ciliée du corail.

C = larve ayant déjà pris la forme de polype et prête à se fixer. Elle est dès lors capable de donner naissance à une nouvelle colonie, en produisant par gemmation de nouveaux individus qui ne se sépareront pas d'elle et dont la réunion sera soutenue par la sécrétion pierreuse formant le polypier.

Les polypes du corail vivent en société, et un même rameau en porte un nombre considérable qui se voient à la surface de sa partie corticale, comme autant de petites fleurs qui seraient insérées sur l'écorce d'un arbre. Ils sont de couleur blanche et plus ou moins apparents, suivant qu'ils sont sortis ou rentrés dans la partie corticale.

Certains polypes, peu éloignés du corail, ne produisent pas de partie calcaire comparable à la sienne;

FIG. 294. — *Corail* (vu dans l'eau).

toute la substance de leur polypier est charnue ou coriace; la masse en est soutenue par une multitude de petits corpuscules, de formes très-variées, auxquelles on donne le nom de *spicules*. Nous en avons des exemples sur nos côtes et parmi eux les pennatules (fig. 296) ainsi que les vérétilles (fig. 297). Les ombellulaires (fig. 295), des côtes du Groënland, ont une forme plus bizarre encore.

FIG. 295. —
Ombellulaire.

La plupart des polypiers sont pierreux; mais s'ils sont en général trop grossiers pour servir aux mêmes usages que le corail, ils méritent toutefois de nous intéresser à d'autres titres. Dans les mers des pays chauds, il existe un

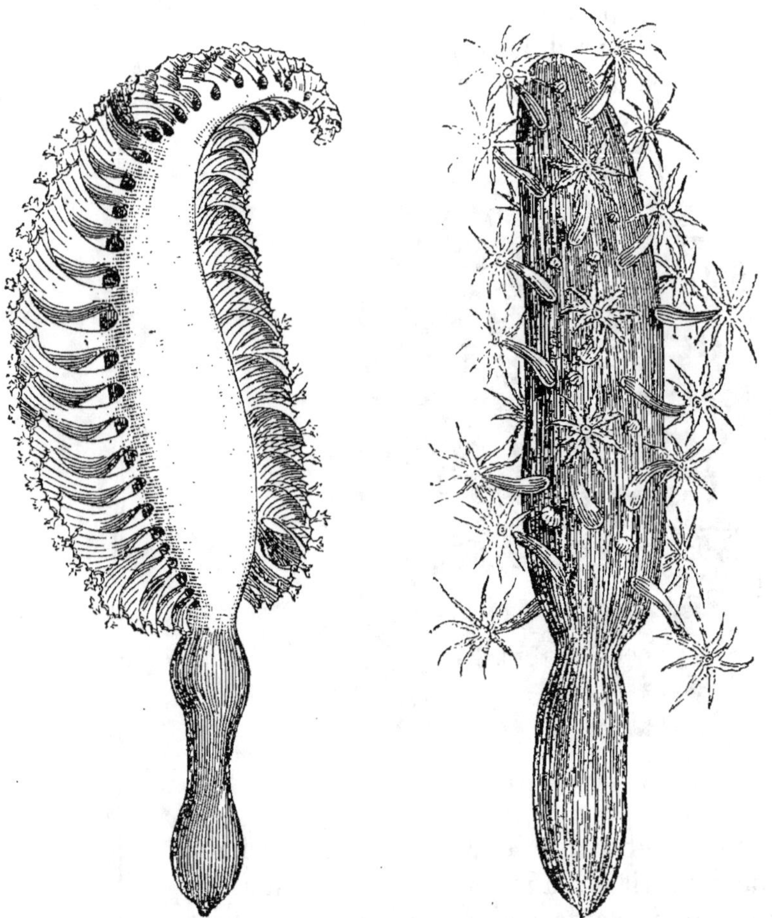

FIG. 296. — *Pennatule.*   FIG. 297. — *Vérétille.*

grand nombre d'espèces de ces polypiers; elles y pullulent avec une telle rapidité, que, en certains endroits, leur réunion forme des masses assez compactes pour qu'on puisse y tailler des matériaux de construction. Ailleurs ils sont l'origine de récifs dangereux, et certains îlots ayant cette origine ne sont autre chose que des amas de polypiers formant une sorte de couronne autour des monticules sous-marins; on les appelle quelquefois des îles madréporiques, par allusion au genre madrépore, qui est une des principales formes de polypiers qu'on y trouve. Ces îles portent aussi le nom d'atoles : elles sont nombreuses dans l'Océanie. Les millépores, les fongies (fig. 298), les astrées, les méandrines, etc., sont aussi des polypes pourvus de parties solides ou polypiers.

FIG. 298. — *Fongie.*

Certaines espèces ne produisent pas de ces incrustations calcaires et sont par conséquent dépourvues de polypiers; leur forme et leur couleur rappellent celles des fleurs : aussi les a-t-on souvent désignées par le nom d'anémones de mer; ce sont les ACTINIES. La facilité avec laquelle on les transporte hors de l'eau sans qu'elles périssent, permet de les expédier à d'assez grandes distances, et l'on s'en sert pour peupler les aquariums, dont elles sont un des principaux ornements (fig. 299).

Tous ces polypes ont un genre de vie sédentaire, et dans

certaines localités ils forment comme des buissons ou des tapis comparables aux pelouses qui garnissent le sol dans nos campagnes et nos prairies. Il en existe qui sont, au contraire, pélagiens, voguent dans la haute mer en nombre souvent considérable; ils nagent avec élégance pendant les temps calmes. La tempête disperse ou fait échouer sur la plage ces colonies flottantes que nous appelons des méduses, des vélelles, des physalies, des stéphanomies, etc. Dans la classification ces animaux singuliers sont souvent associés aux béroés sous le nom plus général d'*acalèphes*.

On les a en effet placés dans une classe différente de celle des polypes sédentaires, que de Blainville a appelés zoanthaires, c'est-à-dire animaux-fleurs; exemple, l'actinie. Mais les acalèphes eux-mêmes sont aussi des polypes, et les observations dont ils ont été l'objet de nos jours, ont singulièrement élucidé leur histoire.

FIG. 299. — *Actinie œillet.*

Ces zoophytes se propagent d'une manière analogue à celle que nous avons déjà signalée comme étant propre à certains vers intestinaux, tels que les ténias ou les douves, et dont les annélides sétigères nous ont aussi offert le modèle. Ils se reproduisent alternativement par œufs, et

par gemmes ou bourgeons. Les méduses sont, comme les
cucurbitains, des moyens de reproduction plus parfaits que

FIG. 300. — *Praya.*

les autres bourgeons dépourvus d'organes reproducteurs,
et desquels naîtront bientôt les œufs destinés à fournir de
nouveaux polypes agames ; de même les fleurs auxquelles
le fruit succède sont des individus sexués qu'engendrent
par agamie les rameaux verts des plantes, et, dans les arbres, ces rameaux jouent dans le développement de ces

colonies végétales un rôle analogue à celui des polypes
agames chargés d'engendrer des acalèphes.

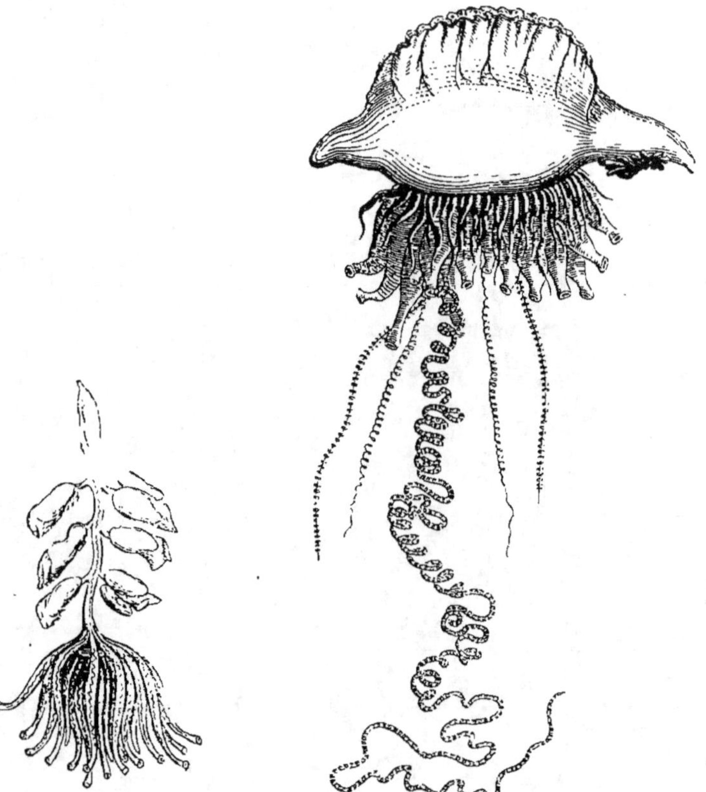

FIG. 301. — *Physophore.*   FIG. 302. — *Physale.*

Ces derniers ne doivent donc pas être séparés des polypes dans la classification, puisqu'ils ne sont que l'état
sexué de certains de ces animaux.

Voici comment les choses se passent en ce qui concerne
les *méduses*. Ces êtres, dont la consistance semble purement gélatineuse et dont la transparence égale celle du
cristal dans beaucoup d'espèces, ont la forme d'une om-
brelle surmontant des prolongements de même consistance
au milieu desquels est percée la bouche ou qui possèdent
eux-mêmes de petits orifices en communication avec des

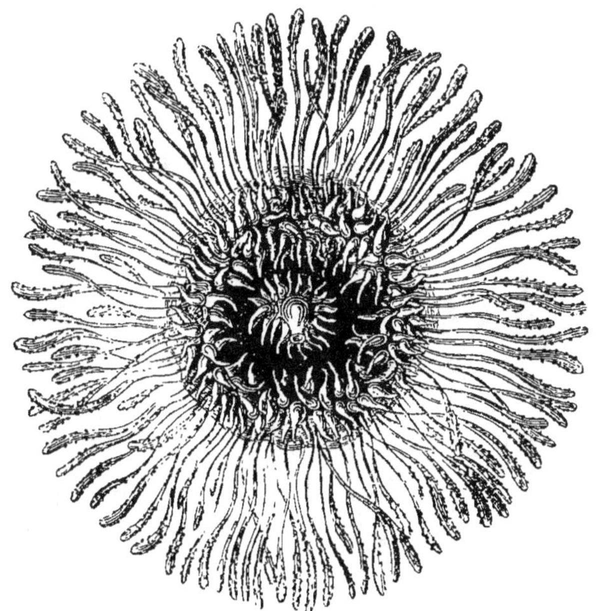

FIG. 303. — *Porpite.*

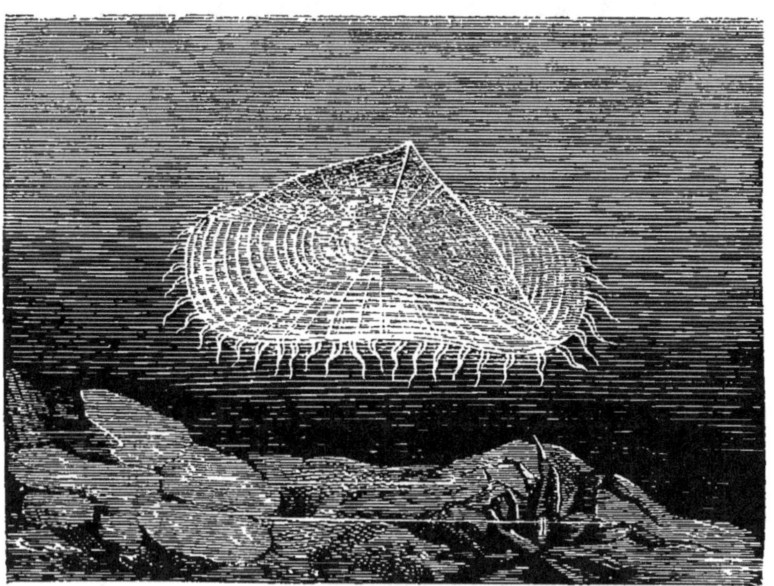

FIG. 304. — *Vélelle.*

canaux d'une nature intermédiaire entre les vaisseaux cir-
culatoires et l'intestin. Sur le dessus du corps des méduses
se voit une quadruple rosace que constitue l'appareil re-
producteur.

FIG. 305. — *Cassiopee*.

On a cru longtemps que ces animaux formaient des espèces à part, distinctes de toutes celles qu'on avait classées
parmi les polypes. C'est ainsi que les considérait Rondelet,
savant naturaliste de Montpellier, qui a publié vers le milieu du seizième siècle un ouvrage rempli de faits curieux
relatifs aux animaux marins; c'est aussi l'opinion qu'en
avaient conservée Cuvier et de Blainville.

Mais des observations plus récentes ont montré que

les méduses naissent de certains polypes d'abord classés parmi les polypes ordinaires sous les noms de campanulaires (fig. 306), de tubulaires et de corynes.

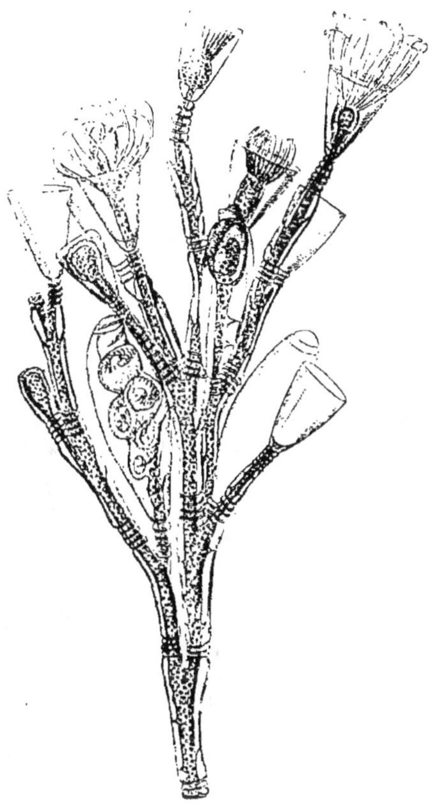

FIG. 306. — *Campanulaire*.

Si l'on met un de ces polypes à métamorphoses dans un aquarium, on ne tarde pas à voir apparaître dans le même vase des méduses, celles-ci n'étant autre chose que les capitules qui couronnent les rameaux de ces polypes détachés, devenus libres et parvenus à leur phase reproductrice.

Qu'on se représente les fleurs des végétaux se séparant des parties vertes au moment de la fécondation, comme cela a d'ailleurs lieu pour les fleurs mâles de vallisnéries,

qui sont des plantes aquatiques propres au midi de l'Eu-
prope, et l'on aura une idée exacte du mode suivant lequel
les méduses prennent naissance. La partie sédentaire des

FIG. 307. — *Rhizostome de Cuvier.*

polypes dont elles se détachent pour aller au loin produire
des œufs continue à s'accroître par bourgeonnement, ou,
comme l'on dit aujourd'hui, par génération agame, absolument comme le font les rameaux des plantes, c'est-à-dire

.eurs parties vertes issues des bourgeons ordinaires. Les méduses, ou individus libres et pourvus de sexes, naissent au contraire de la même manière que les boutons à fleurs et sont destinées au même rôle que les fleurs produites par ces derniers. Ce sont, comme elles, les individus sexués de la colonie dont elles font partie.

FIG. 308. — *Aurélie.*

On connaît des méduses de formes très-différentes les unes des autres et dont on a fait un assez grand nombre de genres. Celles de nos côtes, aurélies (fig. 308), sont des genres pélagie, cyanée, chrysoare, rhizostome (fig. 307).

L'histoire des *siphonophores* n'est pas moins curieuse. Ces animaux, que Cuvier appelait des acalèphes hydrostatiques, flottent en pleine mer comme les méduses, mais ils ont une forme bien différente. Ce sont des espèces de guirlandes comparables aux passementeries les plus délicates; on les dirait faits avec du cristal et des pierreries associés sous les formes les plus élégantes. Dans certains parages, on les voit, par les temps de calme, flotter près de la surface de la mer. Les eaux du golfe de Villefranche, près Nice, en possèdent des espèces fort curieuses, appartenant à plusieurs genres.

Ce ne sont plus, comme les méduses, des individus isolés; ils forment au contraire de véritables colonies, et l'on a reconnu que chacune de ces guirlandes animées se compose d'individus de plusieurs sortes. Les uns, placés à la tête de l'association, sont destinés à servir de flotteurs : leur forme est vésiculaire. D'autres, munis d'organes urticants, semblent préposés à la défense générale. D'autres encore sont chargés de nourrir la communauté, et il en est enfin dont la fonction est de produire des œufs. Ces œufs engendrent ainsi de nouvelles colonies, dans lesquelles les diverses sortes d'individus qui viennent d'être énumérés, apparaissent par bourgeonnement en arrière des individus vésiculifères fonctionnant comme flotteurs. Les vélelles (fig. 304), les porpites (fig. 303), les physales (fig. 302), les stéphanomies, les physophores[1] (fig. 301), les agames (fig. 300) et les diphyes sont les principaux genres de cette classe de polypes. Les béroés (fig. 209 et 210) se rapprochent déjà sensiblement des physophores et on les classe généralement parmi les acalèphes. C'est aussi à ce groupe de radiaires que l'on rapporte les callianyres, les cestes, etc., malgré la symétrie binaire de leur forme extérieure.

Mais nous devons nous contenter de citer ici ces animaux, sans entrer à leur égard dans aucun détail étendu.

CLASSIFICATION DES POLYPES. — Il résulte toutefois des

---

1. *Zoologie*, 1re année : *Notions générales*, fig. 172.

données qui précèdent, qu'il existe plusieurs catégories de polypes.

Un premier groupe répond à la classe des ACALÈPHES de Cuvier et comprend les *cténophores*, les *siphonophores*, les *polypo-méduses*, les *sertulaires* et les *hydres*.

Les cténophores sont des acalèphes vivant isolément, dont le corps est garni à l'extérieur de plusieurs rangées de cils disposés verticalement; leur apparence extérieure et quelques-uns de leurs caractères généraux les rattachent à certains tuniciers hydrotatiques au nombre desquels on peut citer les barillets. On les a nommés cestes, calianyres et béroés (fig. 309 et 310).

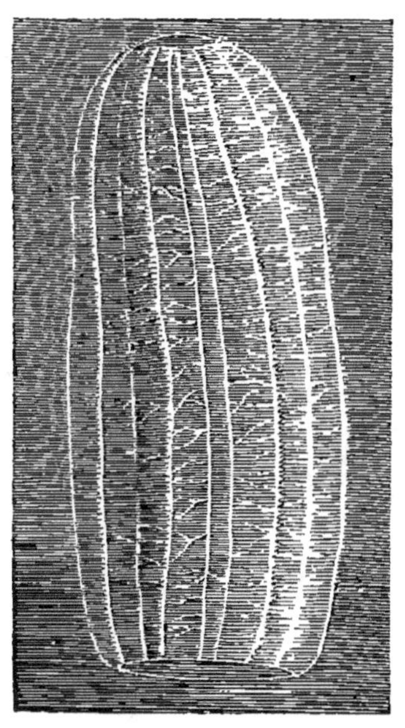

FIG. 309. — *Béroé de Forskal.*

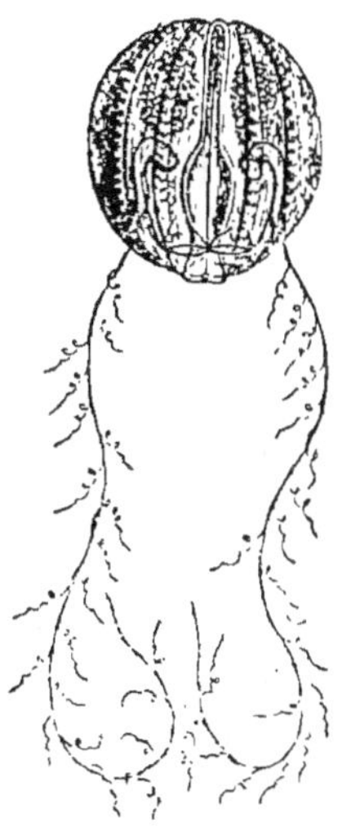

FIG. 310. — *Béroé globuleux.*

Les siphonophores forment des colonies composées d'individus de plusieurs sortes, et sont flottants au sein des mers. Exemple : les physales (fig. 302), les physophores (fig. 301[1]), les prayas (fig. 300), les vélelles (fig. 304) et les porpites (fig. 303).

Les polypo-méduses sont d'abord fixes et rameux ; sous cet état ils constituent des polypes auxquels on a donné les noms de campanulaires (fig. 306), de corynes, etc., lesquels donnent ensuite naissance par génération agame aux méduses, individus pourvus de sexes, qui se détachent des colonies au sein desquelles elles ont pris naissance et nagent librement. Il y a des formes très-différentes parmi les méduses ; on en a fait des genres assez nombreux, mais il est encore impossible de les rattacher pour la plupart aux polypes campanuliformes qui leur donnent naissance.

Les sertulaires sont d'autres polypes qui paraissent conserver la forme de polypes rameux à tous les âges.

Quant aux hydres ou polypes des eaux douces (fig. 287, 289), elles se rapprochent à plusieurs égards des méduses, mais elles n'accomplissent pas de métamorphoses et leurs colonies ne possèdent qu'une seule sorte d'individus.

II. — Une seconde classe est celle des polypes qu'on a nommés ZOANTHAIRES ; ils ne subissent pas de transformations analogues à celles des acalèphes proprement dits.

On les partage en actinies, madrépores et autres polypes mous ou à polypiers pierreux dont nos mers fournissent un nombre d'espèces bien moindre que celles des pays chauds. Leurs tentacules sont toujours nombreux, lisses et filiformes.

III. — La troisième classe des polypes est celle des CTÉNOCÈRES ou *Coralliaires*, qui ont les tentacules plus courts et festonnés à leurs bords. Le corail proprement dit (fig. 293 et 294) appartient à cette division, dont les gorgones ou arbres de mer[2], les lobulaires, les vérétilles (fig. 297) et les pennatules (fig. 296), représentés sur nos côtes par diverses espèces, font également partie. Leur apparence extérieure est souvent fort singulière, et leur parenchyme est soutenu

1. *Zoologie*, 1re année : *Notions générales*, fig. 35 et 185.
2. *Ibid.*, fig. 162.

par des spicules ou cristaux comparables aux raphides des végétaux et dont les formes sont également très-variées.

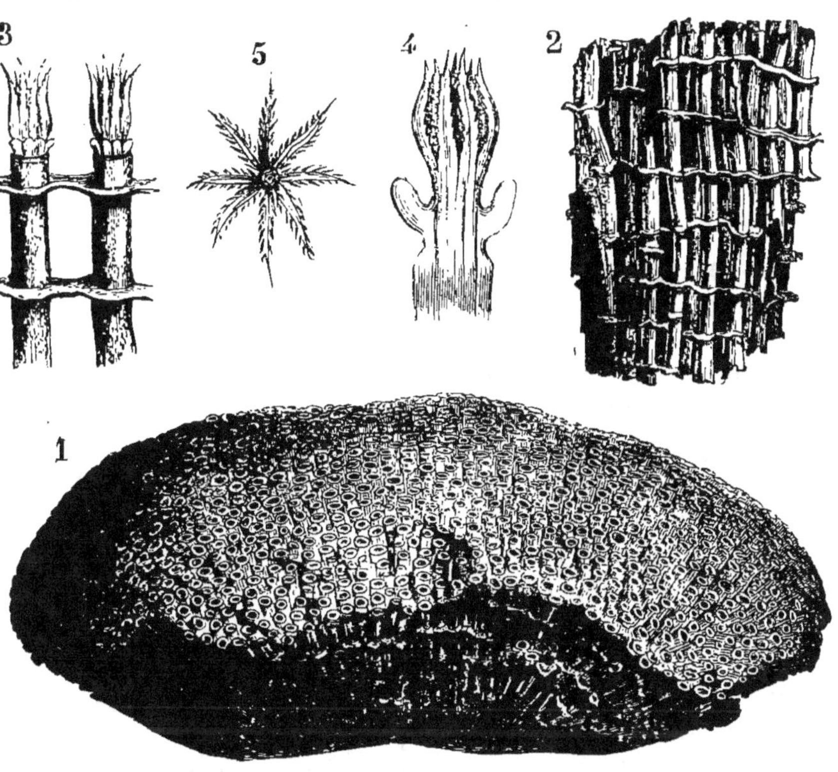

FIG. 311. — *Tubipore musique.*

1) le polypier ; — 2) quelques tubes ou loges; vus séparément; — 3) polype dans leurs tubes ou loges tubulaires; — 4) polype isolé; — 5) son appareil tentaculaire entourant la bouche.

Ajoutons à cette liste les tubipores (fig. 311) à polypiers d'un beau rouge dont les loges ressemblent à de petits tuyaux d'orgues.

Les antipathes, dont l'axe solide fournit le corail noir, se rapprochent des gorgones à plusieurs égards, mais sans avoir tous les caractères anatomiques de ces animaux.

CHAPITRE XVI.

Animaux diversiformes, agrégés ou isolés, n'ayant individuellement que de petites dimensions et dont la structure est toujours plus ou moins homogène; aussi ne distingue-t-on que difficilement les organes qui les constituent, et leur corps est souvent de nature sarcodaire. Ils sont aquatiques. Certains d'entre eux donnent lieu à des productions calcaires ou siliceuses comme le têt des foraminifères et spicules des spongiaires, qui peuvent jouer par leur accumulation au fond des eaux un rôle considérable dans la formation de certaines roches; d'autres participent à des phénomènes importants et apparaissent en grand nombre dans les substances en fermentation ou putréfaction (infusoires); il en est aussi qui nous fournissent des objets utiles (éponges).

Les protozoaires sont le dernier échelon de la série animale.

CLASSE DES SPONGIAIRES.

Les éponges usuelles, dont nous utilisons la partie chitineuse après les avoir débarrassées de la substance animale qui les enveloppe et des spicules calcaires qui en soutenaient la masse, sont formées par un amas de filaments tubiformes anastomosés entre eux dans toutes les directions et qui, bien préparés, se laissent aisément imbiber par les liquides avec lesquels on les met en contact. C'est cette propriété qui les fait rechercher. Les plus fines proviennent des côtes de Syrie, des îles Bahama et de quelques autres localités.

FIG. 312. — *Éponge usuelle.*

Les animaux de cette classe n'ont ni tentacules ni tube digestif, mais leur masse rappelle à certains égards le parenchyme des derniers polypes, c'est-à-dire des polypes cténocères, et on les a quelquefois considérés comme la dégradation extrême de ce groupe d'animaux. Leurs spicules ne sont pas toujours calcaires, comme ceux des éponges usuelles; beaucoup en ont de siliceux, et il est certains genres de spongiaires dont tout le parenchyme est soutenu par une sorte de feutrage entièrement formé de cette dernière substance.

La multiplication des éponges s'opère de deux manières différentes : d'abord par des germes ciliés et mobiles qui ressemblent assez à des infusoires, ensuite par des espèces de sporanges comparables aux germes des végétaux cryptogames. Ce double mode de propagation a été observé dans plusieurs espèces marines; on le retrouve aussi dans les spongilles ou éponges propres aux eaux douces qui diffèrent des éponges usuelles en ce qu'elles manquent de la partie chitineuse qui fait le mérite de ces dernières et que leurs spicules sont siliceux au lieu d'être calcaires.

Quelques auteurs placent les éponges dans la division des polypes; mais, ainsi que nous l'avons dit, il est impossible de leur reconnaître ni canal digestif, ni bouche, ni tentacules, et cette manière de voir ne semble pas fondée. La seule analogie que l'on puis e leur reconnaître avec les radiaires réside dans la pré ence de spicules parfois comparables à ceux que l'on observe dans le polypier des corollaires.

Un genre particulier de spongiaires vit dans les eaux douces; c'est celui de spongilles (fig. 313) dont nous reproduisons ici les principaux caractères. On n'en tire aucun parti. Cependant ses spicules qui sont silicieux pourraient servir à faire du tripoli, après l'incinération des autres parties dont sa masse est constituée.

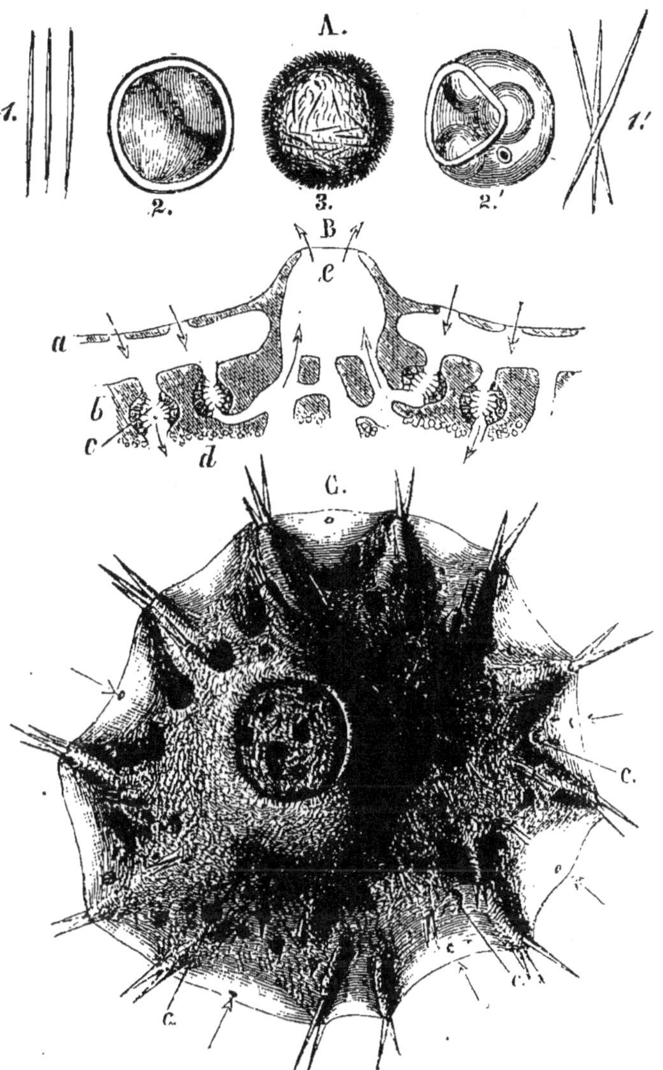

FIG. 313. — *Spongille ou éponge des eaux douces.*

A = 1 et 1) spicules siliceux formant le feutrage de la spongille ; — 2 et 2')
œufs hibernaux en forme de sporanges ; celui de la figure 2' a été ouvert pour
montrer qu'ils peuvent renfermer plusieurs corps reproducteurs ; — 3) ovule
mobile et cilié. On voit déjà des spicules dans son intérieur.

B = coupe d'une spongille en voie de développement. Les flèches indiquent
la direction des courants qui en parcourent l'intérieur pour la nourrir.

= *a*) substance extérieure de consistance gélatiniforme dont la spongille est entourée; — *b*) masse formée par le feutrage des spicules; — *c*) chambres ciliées, probablement respiratrices; — *c*) orifice commun pour la sortie des courants; — *d*) couche inférieure formée par les corps reproducteurs.

Tout autour de la masse commune se voit une expansion de la partie gélatiniforme soutenue par des faisceaux de spicules.

C = masse de la spongille; vue de dessus. Les flèches indiquent les oscules ou orifices servant à l'entrée des courants respiratoires; — *cc*) sont les ouvertures des chambres ciliées; — au centre de la masse est l'orifice de sortie des courants marqués *e* sur la figure B.

CLASSE DES FORAMINIFÈRES.

Ces animaux présentent le plus souvent un têt calcaire composé d'une ou de plusieurs loges très-diversement empilées les unes sur les autres et qui communiquent habituellement entre elles par un petit orifice; de là leur nom de *foraminifères*, signifiant qu'ils portent des perforations.

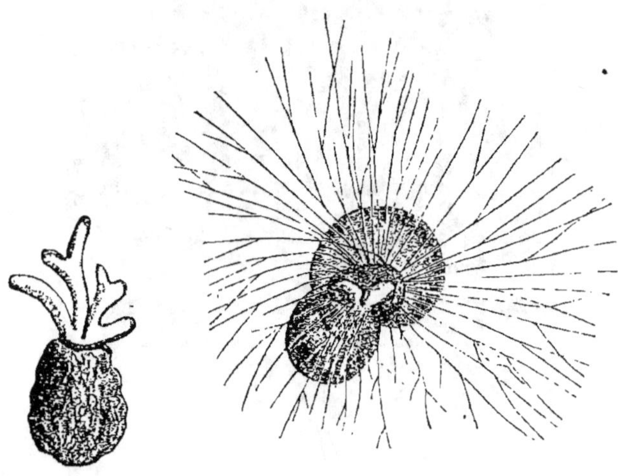

FIG. 314 et 315. — *Difflugie et Miliole.*

La forme de ces espèces de protozoaires a souvent une singulière ressemblance avec celle des coquilles de certains mollusques, particulièrement avec celle des nautiles vivants ou fossiles; mais, ainsi que nous l'avons déjà dit,

cette analogie n'est qu'apparente, et l'organisation des foraminifères n'a aucun rapport avec celle des céphalopodes.

Les parties molles, renfermées dans l'intérieur des loges
dont résulte leur têt, consistent en un tissu d'apparence
homogène qui émet au dehors des filaments sarcodiques
très-ténus, de forme extrêmement variable, servant à ces
animaux de moyen d'attache et d'appareil locomoteur
(fig. 314 et 315).

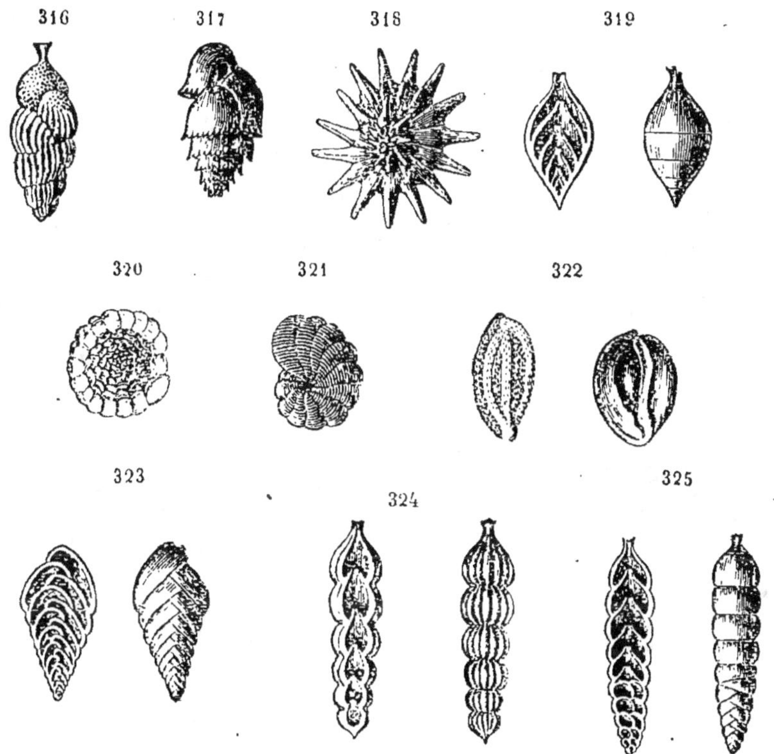

FIG. 316 à 325. — Énumération des genres de *Foraminifères* représentés
par ces figures :

316) Uvigérine, — 317) Bulimine, — 318) Calcarine, — 319) Glanduline, —
320, Planorbuline, — 321) Cristellaire, — 322) Triloculine, — 323) Textulaire,
— 324) Nodosaire, — 325) Bigénérine.

Les foraminifères vivent principalement dans les eaux
salées, et dans beaucoup de localités on trouve leurs petites

coquilles mêlées au sable de la mer, ainsi qu'aux autres sédiments qu'elle dépose ; par endroits ils en constituent presque entièrement le fond.

Leur volume, quoique généralement peu considérable, peut, dans certains cas, l'être davantage. Ainsi, il y a des nummulites (fig. 326) qui ressemblent à des pièces de monnaie et qui ont plusieurs centimètres de diamètre. Les foraminifères de ce genre ne sont connus qu'à l'état fossile.

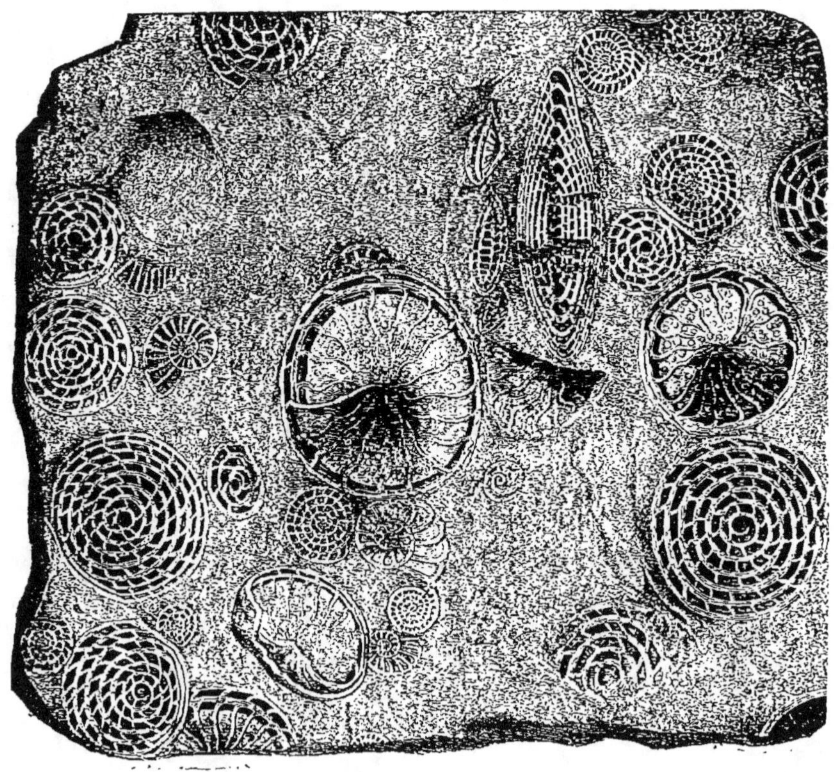

FIG. 326. — *Nummulites.*

A Rimini, dans l'Adriatique, et sur quelques points du littoral de la Corse, des Antilles, etc., le sable des plages est riche en coquilles de foraminifères ; on en retire également, au moyen de sondes jetées à de grandes profondeurs au milieu de l'Océan, et aux époques géologiques qui ont précédé la nôtre, il en a de même existé de nombreuses espèces. Elles ont eu, par l'accumulation de leurs carapaces, une grande influence sur la formation de différents terrains.

Ainsi les nummulites constituent, dans plusieurs parties du monde, d'immenses bancs dont le dépôt remonte aux premiers âges de la période tertiaire inférieure. La craie, qui appartient à une époque plus ancienne et dont l'étendue est si considérable en Europe, en Asie et dans l'Amérique septentrionale où elle forme des bancs extrêmement puissants, est, de même, presque entièrement formée de débris de foraminifères; ceux-ci sont pour la plupart microscopiques (fig. 327).

FIG. 327. — Foraminifères microscopiques de la craie de Meudon, près Paris (très-grossis).

On trouve aussi des quantités innombrables de ces petites coquilles dans un dépôt tertiaire d'apparence crayeuse propre aux environs d'Oran, et il en a été également observé dans des assises différentes de celles-là; ainsi le calcaire à miliolites, qui fournit une partie de la pierre employée sous le nom de moellon pour les constructions, à Paris et dans les environs de cette ville, n'est qu'un immense amas de coquilles de foraminifères appartenant au genre miliole, dont il existe aussi des espèces dans les mers actuelles (fig. 315).

Ces foraminifères sont des animaux particuliers aux eaux salées et les fossiles du même groupe dont on a décrit un nombre considérable d'espèces étaient aussi dans ce cas. Il y a dans les eaux douces des espèces qui s'en rapprochent par leur structure, mais n'ont pas le têt calcaire. Telles sont les difflugies (fig. 314) et les arcelles.

CLASSE DES INFUSOIRES.

Les infusoires, aussi nommés animaux microscopiques parce que le microscope permet seul de les apercevoir tant ils sont petits, sont des êtres d'une organisation fort simple, qui vivent en quantité innombrable dans les liquides organiques en décomposition, ainsi que dans les eaux, soit douces, soit marines, dans lesquelles pourrissent des corps organisés. Les infusions faites au moyen de ces substances permettent de se procurer pour ainsi dire à volonté des animalcules; c'est même à cause de cela que ces petits animaux ont reçu le nom qui sert à les désigner.

Quoique les infusoires aient des organes de reproduction, divers auteurs ont pensé que ces protozoaires se développaient dans certains cas par génération spontanée, c'est-à-dire sans parents ni germes, et que les agents physiques pouvaient suffire à leur apparition. Et, ce qui permettait de supposer qu'il en est réellement ainsi, c'est que les infusions en fournissent après qu'on les a exposées à une température très-élevée, capable même de détruire tous les germes qu'elles auraient pu contenir. Mais l'eau et la matière organique sont à elles seules impuissantes à fournir des

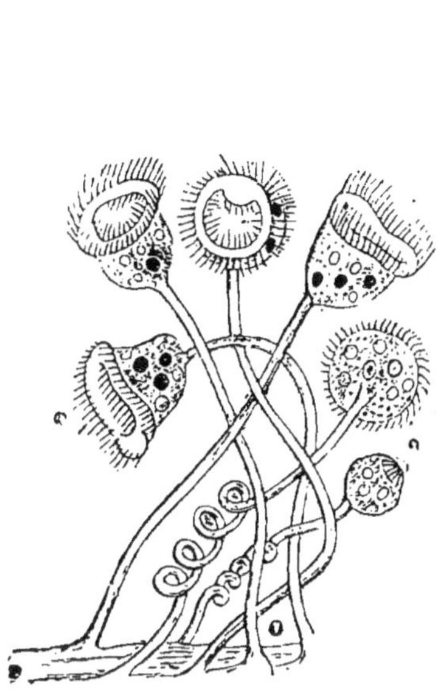

FIG. 328. — *Vorticelles.* — Plusieurs individus fixés par leur pédicule.

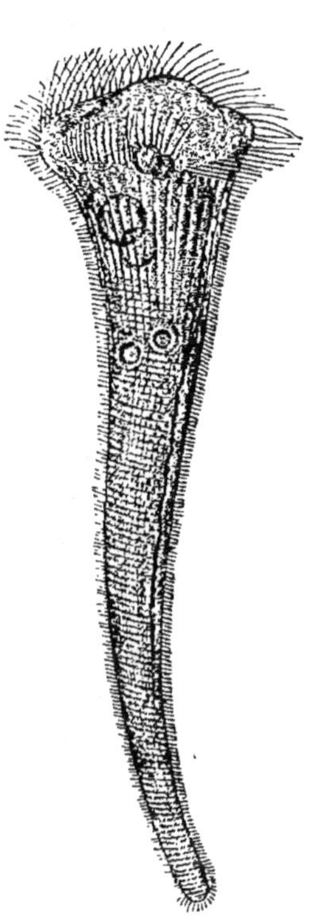

FIG. 329. — *Stentor.*

infusoires. L'air qu'on y ajoute ne peut pas davantage leur donner cette propriété, si l'on a pris la précaution de lui faire préalablement traverser un tube chauffé au rouge, ou si on l'y a amené en le lavant dans un vase qui renferme de l'acide sulfurique.

On est donc fondé à penser que dans le cas où les germes ont été préalablement détruits, c'est l'air pris à l'atmosphère sans les précautions que nous venons d'indiquer, qui fournit la semence des infusoires, et l'on a depuis longtemps comparé l'atmosphère elle-même à une sorte de mer chargée de particules vivantes qui n'attendent, comme des œufs ou des graines, pour se développer, que de rencontrer les circonstances favorables à leur germination. Les infusoires étant du nombre des êtres qui peuvent se multiplier par gemmation et par division, un seul individu, et par suite un seul germe, est capable dans beaucoup d'espèces d'en fournir en peu de temps un nombre considérable d'individus.

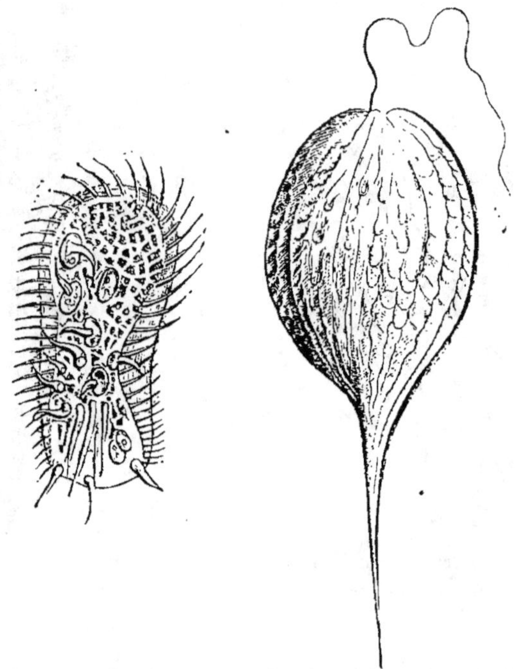

FIG. 330. — *Plesconie.* FIG. 331. — *Phacus.*

Le nombre des genres de cette classe est assez considérable et il a été possible de les partager en deux ordres, suivant qu'ils ont le corps garni de cils nombreux ou simplement pourvus d'un ou deux filets analogues mais beaucoup plus allongés. Toutefois de nouvelles observations sont nécessaires pour en assurer définitivement la classification, car il n'est pas certain, par exemple, que beaucoup d'infusoires pourvus d'un ou deux longs cils, c'est-à-dire les infusoires flagellifères ne soient pas un premier état de certaines algues. Les phacus rentrent dans cette catégorie.

Les observations des micrographes ont montré que certains infusoires possèdent une bouche, parfois même un anus, et que la substance qui les constitue est creusée intérieurement de plusieurs vésicules pulsatiles; ces vésicules avaient d'abord été prises pour des estomacs véritables; c'est là ce qui avait conduit M. Ehrenberg, le célèbre micrographe de Berlin, à donner aux animaux microscopiques dont nous parlons l'épithète de polygastriques, faisant allusion à la multiplicité supposée de leurs estomacs.

FIG. 332. — *Amibes* (deux formes successives du même exemplaire).

On classe encore parmi les protozoaires plusieurs autres groupes d'animalcules :

1° Les *amibes* (fig. 332), microscopiques diffluents, quelquefois nommés protées à cause des variations incessantes de leur forme.

FIG. 333. — *Noctiluques.*

2° Les *Noctiluques* (fig. 333), animaux marins qui apparaissent parfois en quantité extraordinaire dans les eaux marines et sont la cause principale de la phosphorescence de ces eaux.

3º Les *radiolaires* ou *polycystines* (fig. 334 et 335), également marins et dont les jolies carapaces calcaires se mêlent dans le sable ou la vase à celles des foraminifères.

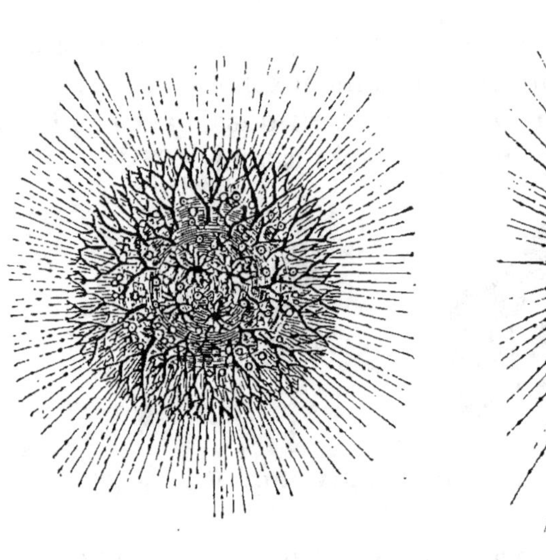

FIG. 334. — *Cladococcus cervicorne.*

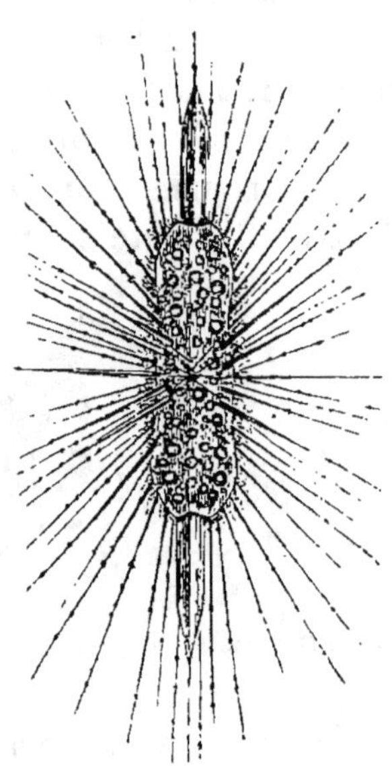

FIG. 335. — *Amphilonche héléracanthe.*

Les *grégarines*, qui sont parasites des insectes ainsi que des crustacés.

FIN

TABLE DES MATIÈRES.

ZOOLOGIE. Ens. spéc., 2ᵉ année. 19

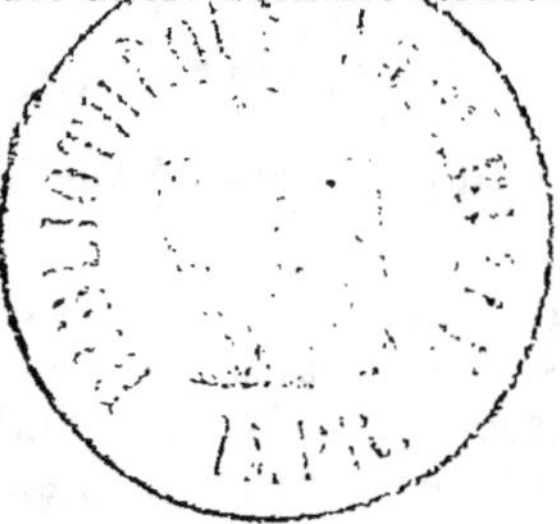

FIN DE LA TABLE.

Imprimerie générale de Ch. Lahure, rue de Fleurus, 9, à Paris.

NOUVELLES PUBLICATIONS

RÉDIGÉES CONFORMÉMENT AUX PROGRAMMES OFFICIELS DE 186.

POUR L'ENSEIGNEMENT SECONDAIRE SPÉCIAL

(Tous les volumes ci-après sont imprimés dans le format in-18 jésus et cartonnés)

LANGUE FRANÇAISE.

Grammaire de l'enseignement secondaire spécial, par M. Somm r. 1 vol. 1 fr. 50 c.

Lectures ou dictées, par M. Pelion-Damiens, économe du collège Rollin (année préparatoire et 1re année). 3 vol. :

Tome I, contrées agricoles. 1 fr. 50 c.

Tome II, contrées commerciales. 1 fr. 50 c.

Tome III, contrées industrielles.

Premiers principes de style et de composition, par M. Pellissier, professeur au collège Chaptal (2e année). 1 vol. 1 fr. 50 c.

Morceaux choisis des classiques français, (prose et vers), adaptés au précédent ouvrage. 1 vol. 1 fr. 50 c.

Principes de rhétorique française, par M. Pellissier (3e année). 1 vol. 3 fr.

Morceaux choisis des classiques français (prose et vers), adaptés au précédent ouvrage. 1 vol. 2 fr. 50 c.

Textes classiques de la littérature française, extraits des grands écrivains français, avec notices biographiques et bibliographiques, appréciations littéraires et notes explicatives, par M. Demogeot (3e année), 2 vol. 6 fr.

GÉOGRAPHIE ET HISTOIRE.

Géographie de la France, par M. Richard Cortambert (année préparatoire), 1 vol. 1 fr.

Atlas correspondant. Grand in-8°. 2 fr. 50 c.

Géographie des cinq parties du monde, par M. E. Cortambert (1re année). 1 vol. 1 fr. 50 c.

Atlas correspondant Grand in-8°.

Géographie agricole, industrielle, commerciale et administrative de la France et de ses colonies, par le même auteur (2e année). 1 vol. 2 fr.

Atlas correspondant. Grand in-8°.

Géographie commerciale des cinq parties du monde, par M. Richard Cortambert (3e année). 1 v. 3 fr.

Atlas correspondant. Grand in-8°.

Simples récits d'histoire de France, par MM. Ducoudray et Feillet (année préparatoire). 1 vol. avec gravures. 2 fr. 50 c.

Simples récits des histoires ancienne, grecque, romaine et du moyen âge, par les mêmes (1re année). 1 vol. 3 fr. 50 c.

Histoire de la France depuis l'origine jusqu'à la Révolution française, et grands faits de l'histoire moderne de 1453 à 1789, par M. Ducoudray (2e année). 1 vol. 3 fr. 50 c.

Histoire de France et histoire générale depuis 1789 jusqu'à nos jours, par le même auteur (3e année), 1 vol. 3 fr. 50 c.

Histoire moderne et contemporaine, depuis 1643 jusqu'à nos jours (4e année). 1 vol. 4 fr. 50 c.

ARITHMÉTIQUE ET COMPTABILITÉ.

Éléments d'arithmétique, par M. Pichot, professeur au lycée Louis-le-Grand (année préparatoire et 1re année). 1 vol. 2 fr. 50 c.

Arithmétique élémentaire, par M. Bovier-Lapierre, professeur à l'Ecole normale de Cluny (année préparatoire et 1re année). 1 vol. 2 fr. 50 c.

Cours d'arithmétique commerciale, par M. E. Jeanne, professeur à l'Ecole supérieure du Commerce (2e année). 1 vol. 3 fr.

Cours d'arithmétique commerciale, par M. Bovier-Lapierre, professeur à l'Ecole normale de Cluny. 1 vol.

Cours de comptabilité, par M. Courcelle-Seneuil (1re, 2e, 3e et 4e années). 4 vol. Chaque volume, 1 fr. 50 c.

GÉOMÉTRIE, TRIGONOMÉTRIE, ALGÈBRE, GÉOMÉTRIE DESCRIPTIVE.

Géométrie, par M. Saint-Loup, professeur à la Faculté des sciences de Strasbourg :

Année préparatoire (géométrie plane). 1 fr.

Première année (géométrie plane), 2 fr.

Deuxième année (géom. dans l'espace), 1 fr. 50

Principes d'algèbre, par MM. H. Sonnet et E. Jeanne (3e et 4e années). 1 vol. 2 fr. 50 c.

Cours élémentaire de géométrie descriptive, par M. Kizes (3e et 4e années). 2 vol. 5 fr.

Traité élémentaire de trigonométrie rectiligne, par M. Bovier-Lapierre, professeur à l'Ecole normale de Cluny (4e année). 1 vol. in-8, broché, 2 fr. 50.

Notions élémentaires de trigonométrie rectiligne, par M. Bezodis (4e année). 1 vol. 1 fr. 50 c.

Notions élémentaires sur les courbes usuelles, par le même (4e année). 1 vol. 2 fr.

HISTOIRE NATURELLE, PHYSIQUE, CHIMIE, MÉCANIQUE, COSMOGRAPHIE

Éléments de zoologie, par M. Gervais, professeur à la Faculté des sciences de Paris ;

Année préparatoire. 1 vol.

1re année : *Notions générales et histoire des Mammifères*, 1 vol. 3 fr. 50.

2e année : *Vertébrés ovipares et Animaux sans vertèbres*. 1 vol. 3 fr.

3e année : *Anatomie et physiologie des animaux*. 1 vol. 2 fr. 50

4e année : *Zoologie appliquée à l'agriculture, à l'industrie et à l'hygiène*. 1 vol.

Éléments de botanique. 3 volumes :

Année préparatoire, 1re et 2e années, 2 vol.

Troisième et quatrième années (classification et usages des plantes). 1 vol. 3 fr.

Éléments de géologie, par M. Raulin. (année préparatoire). 1 vol

Première année (*Géologie de la France*) 1 vol. 2 fr. 50.

Deuxième et troisième années. 2 vol.

Quatrième année, par MM. Marié Davy et Sonrel. 1 vol.

Cours élémentaire de physique, par M. Gossin, professeur au prytanée de la Flèche :

Première année. 1 vol. 3 fr.

Deuxième année. 1 vol. 3 fr.

Troisième année. 1 vol. 3 fr.

Quatrième année. 1 vol.

Éléments de chimie, par MM. Dehérain et Tissandier.

Première année. 1 vol. 1 fr. 50.

Deuxième année. 1 vol. 2 fr. 50.

Troisième année. 1 vol. 3 fr.

Quatrième année. 1 vol.

Cours de mécanique, par M. Ed. Collignon, répétiteur à l'Ecole polytechnique :

Troisième année, 1re partie (*Cinématique*). 1 vol. 2 fr. 50.

Troisième année, 2e partie (*Statique*). 1 vol.

Quatrième année (*Dynamique*). 1 vol.

Éléments de cosmographie, par M. Amédée Guillemin (3e année). 1 vol. 3 fr. 50.

LÉGISLATION, MORALE, INDUSTRIE, ÉCONOMIE POLITIQUE.

Éléments de législation usuelle, par M. Delacourtie, avocat, docteur en droit (3e année). 1 vol. 3 fr.

Éléments de législation commerciale et industrielle, par le même auteur (4e année). 1 vol. 3 fr.

Éléments de morale, par M. A. Franck, membre de l'Institut (3e et 4e années). 1 vol. 2 fr.

Les grandes inventions scientifiques et industrielles, par M. L. Figuier (4e année). 1 vol. 1 fr. 50.

Cours d'économie rurale, industrielle et commerciale, par M. Levasseur (4e année). 1 vol. 3 fr.